高职高专土建类专业教材编审委员会

高职高专"十三五"规划教材

建筑工程质量与安全管理

第二版

李云峰　　主　编
徐　丽　刘继鹏　副主编

化学工业出版社

·北京·

本书内容包括建筑工程质量管理概述，质量管理体系，施工项目质量控制，施工质量控制实施要点及常见质量通病防治，建筑工程施工质量验收，建筑工程质量事故的处理，现代建筑工程安全管理基本知识，建筑工程事故规律，建筑工程安全事故概述及案例分析，施工企业安全管理，施工现场安全管理，施工机械、防火与临时用电安全管理。本书具有较强的针对性、实用性和通用性，理论联系实际，注重实践能力，便于学生学习。

本书可作为高等职业教育建筑工程技术、工程管理、工程监理、建筑安装等专业及相关专业教材，也可作为成人教育土建类及相关专业的教材，还可供从事建筑工程等技术工作的人员参考。

图书在版编目（CIP）数据

建筑工程质量与安全管理/李云峰主编．—2版．—北京：
化学工业出版社，2015.6（2023.3重印）
高职高专"十三五"规划教材
ISBN 978-7-122-23681-4

Ⅰ．①建…　Ⅱ．①李…　Ⅲ．①建筑工程-工程质量-质量
管理-高等职业教育-教材②建筑工程-安全管理-高等职业教
育-教材　Ⅳ．①TU71

中国版本图书馆 CIP 数据核字（2015）第 079262 号

责任编辑：李仙华　　　　　　　　　　　装帧设计：韩　飞
责任校对：王素芹

出版发行：化学工业出版社（北京市东城区青年湖南街 13 号　邮政编码 100011）
印　　装：北京科印技术咨询服务有限公司数码印刷分部
787mm×1092mm　1/16　印张 15¾　字数 404 千字　2023 年 3 月北京第 2 版第 6 次印刷

购书咨询：010-64518888　　　　　　　售后服务：010-64518899
网　　址：http://www.cip.com.cn
凡购买本书，如有缺损质量问题，本社销售中心负责调换。

定　　价：42.00 元　　　　　　　　　　　　　版权所有　违者必究

前　言

　　本教材是在原有第一版基础上修订的，按照国家最新颁布的《建筑工程施工质量验收统一标准》（GB 50300—2013）及与它配合使用的一系列工程施工质量验收规范、《中华人民共和国安全生产法》（2014 年施行）以及一系列有关建设工程安全生产的法律法规与标准规范等进行修订，根据高等职业教育建筑工程技术专业指导性教学计划及教学大纲编写而成。

　　本教材修改的主要章节内容包括：质量管理体系文件的构成及质量管理体系的建立和运行、砌体工程的质量控制、钢筋混凝土工程的质量控制、防水工程的质量控制、现行施工质量验收标准及配套使用的系列规范、建筑工程施工质量控制及验收规定、建筑工程质量验收程序和组织、施工质量验收的资料、建筑工程质量事故处理的依据和程序、建设工程安全生产管理有关法律法规与标准规范、建筑工程安全事故概述、事故与安全管理、企业安全组织机构与规章制度等，以及附录中建筑法、安全生产法的相关内容。

　　本书由李云峰任主编，徐丽、刘继鹏任副主编。第一、二章由刘继鹏编写，第三章由王崇革编写，第四章由胡愈编写，第五章由朱奎胜编写，第六章由李冰编写，第七、第十章由徐丽编写，第八、第十一章由李云峰编写，第九章由初明祥编写，第十二章由杜荣强编写，全书由李云峰统稿。

　　本书提供有电子教案，可登录 www.cipedu.com.cn 免费获取。

　　由于笔者水平有限，书中难免有不妥之处，恳请读者批评指正。

编　者

第一版前言

本书根据《国务院关于大力发展职业教育的决定》、《教育部关于加强高职高专人才培养工作的意见》和《面向21世纪教育振兴行动计划》等文件要求,为大力推进高等职业教育改革和发展,以培养高质量的工程技术应用型人才为目标,以素质为基础,以能力为本位,以就业为导向,根据高等职业教育建筑工程技术专业指导性教学计划及教学大纲编写而成。

建筑工程质量与安全管理是建筑工程技术专业的一门重要课程。通过本课程的学习,使学生了解我国建设工程施工质量管理与安全生产管理方面的法律、法规,掌握建筑工程质量管理与安全管理的基本知识,牢固树立"质量第一"、"安全第一"的意识并大力培养在施工项目管理中以质量和安全管理为核心的自觉性。同时,根据现行建筑工程施工验收标准和规范对工程建设实体各阶段质量进行控制检查和验收;能够在施工现场检查和实施安全生产的各项技术措施,掌握处理质量事故和安全事故的程序和方法。

本书编写坚持"素质为本、能力为主、需要为准、够用为度"的原则。在编写过程中,努力体现高等职业教育教学特点,并结合现行建筑工程安全管理特点精选内容,贯彻理论联系实际、注重实践能力、力求加强可操作性,突出针对性和实用性,便于学生学习。本书提供有电子教案,可发信到 cipedu@163.com 邮箱免费获取。

本书由李云峰主编,初明祥、刘继鹏副主编。第一、二章由刘继鹏编写,第三章由王崇革编写,第四章由胡愈编写,第五章由朱奎胜编写,第六章由李冰编写,第七章由徐丽编写,第八、十一章由李云峰编写,第九、十章由初明祥编写,第十二章由杜荣强编写。全书由李云峰统稿。

本书在编写过程中参阅了有关文献资料,在此对这些文献作者表示衷心的感谢!

由于编者水平有限,书中难免有不妥之处,恳请读者批评指正。

编 者
2009 年 6 月

目 录

上篇　建筑工程质量管理

下篇 建筑工程安全管理

上篇
建筑工程质量管理

第一章 建筑工程质量管理概述

【知识目标】
- 了解建筑工程质量管理的重要性和发展阶段
- 理解工程质量管理的概念和有关术语
- 了解我国建筑工程质量管理的相关法规

【能力目标】
- 能够掌握建筑工程质量管理的重要性
- 能够掌握建筑工程质量管理的概念
- 能够了解现阶段我国建筑工程质量管理的法规

　　建筑工程质量管理是一个系统工程，涉及企业管理的各层次和生产现场的每一个操作工人，再加上建筑产品生产周期长、外界影响因素多等特点，决定了质量管理的难度大。因此，生产企业必须运用现代管理的思想和方法，按照 ISO 9000 系列国际质量管理标准建立自己的质量体系并保持有效运行，覆盖所有生产项目和每个项目生产的全过程，才能保证企业质量水平不断提高，在市场激烈竞争中立于不败之地。

第一节　建筑工程质量管理的重要性和发展阶段

一、建筑工程质量管理的重要性

　　《中华人民共和国建筑法》第一条明确了制定此法的目的是"为了加强对建筑活动的监督管理，维护建筑市场秩序，保证建筑工程的质量和安全，促进建筑业的健康发展"。第三条又再次强调了对建筑活动的基本要求："建筑活动应当确保建筑工程质量和安全，符合国家的建筑工程安全标准。"由此可见，建筑工程质量与安全问题在建筑活动中占有重要地位。数十年来几乎在所有建筑工地上都悬挂着"百年大计，质量第一"的醒目标语，这实质上是质量与安全的高度概括。所以，工程项目的质量是项目建设的核心，是决定工程建设成败的关键。它对提高工程项目的经济效益、社会效益和环境效益具有重大意义，它直接关系到国家财产和人民生命安全，关系着社会主义建设事业的发展。

　　要确保和提高工程质量，必须加强质量管理工作。如今，质量管理工作已经越来越为人们所重视，大部分企业领导清醒地认识到高质量的产品和服务是市场竞争的有效手段，是争取用户、占领市场和发展企业的根本保证。

　　作为建设工程产品的工程项目，投资和耗费的人工、材料、能源都相当大，投资者付出巨大的投资，要求获得理想的、满足使用要求的工程产品，以期在预定时间内能发挥作用，为社会经济建设和物质文化生活需要做出贡献。如果工程质量差，不但不能发挥应有的效用，而且还会因质量、安全等问题影响国计民生和社会环境安全。因此，从发展战略的高度来认识质量问题，质量已关系到国家的命运、民族的未来，质量管理的水平已关系到行业的兴衰、企业的命运。

建筑施工项目质量的优劣，不但关系到工程的适用性，而且还关系到人民生命财产的安全和社会安定。因为施工质量低劣，造成工程质量事故或潜伏隐患，其后果是不堪设想的，所以在工程建设过程中，加强质量管理，确保国家和人民生命财产安全是施工项目管理的头等大事。

工程质量的优劣，直接影响国家经济建设的速度。工程质量差本身就是最大的浪费，低劣的质量一方面需要大幅度增加返修、加固、补强等人工、材料、能源的消耗，另一方面还将给用户增加使用过程中的维修、改造费用。同时，低劣的质量必将缩短工程的使用寿命，使用户遭受经济损失。此外，质量低劣还会带来其他的间接损失（如停工、降低使用功能、减产等），给国家和使用者造成的浪费、损失将会更大。因此，质量问题直接影响着我国经济建设的速度。

综上所述，加强工程质量管理是市场竞争的需要，是加快社会主义建设的需要，是实现现代化生产的需要，是提高施工企业综合素质和经济效益的有效途径，是实现科学管理、文明施工的有力保证。我国已由国务院发布了《建设工程质量管理条例》，它是指导我国建设工程质量管理（含施工项目）的法典，也是质量管理工作的灵魂。

二、建筑工程质量管理的发展阶段

1. 质量检验阶段（1940 年以前）

1911 年，美国工程师泰勒首先提出科学管理的新理论，提出了计划与执行、检验与生产的职能需要分开的主张，企业中设置专职检验人员。它的缺点是事后检验，不能预防废品产生。

2. 统计质量管理阶段（1940～1960 年）

美国贝尔电话研究所工程师、统计学家哈特，出版了《工业产品质量经济管理》一书，将数理统计方法应用于质量管理中。第二次世界大战后至 20 世纪 50 年代末流行于世界。它的优点是事先预防，而且成本低，效率高。但是由于过分强调数理统计方法，而忽视组织、管理和生产者能动性的发挥。

3. 全面质量管理（TQM）阶段（1960 年以后）

全面质量管理产生于 20 世纪 60 年代的美国，形成于 20 世纪 70 年代的日本。代表人物是美国通用电气工程师费根堡姆和质量管理学家朱兰。我国从 20 世纪 80 年代开始推行。全面质量管理实行全员参加、全方位实施和全过程管理，是保证任何活动有效进行的、合乎逻辑的工作程序。

全面质量管理（TQM）的基本工作思路是：一切按 PDCA 循环办事，又称戴明环（由美国质量管理专家戴明博士提出的）。P→D→C→A→P，P 表示计划（Plan），D 表示实施（Do），C 表示检查（Check），A 表示处理（Action）。

全面质量管理使管理思想发生了根本性转变：一是使质量标准由设计者、制造者、检验者认可，转向市场和用户认可；二是使质量观由狭义转向广义。质量管理既见物又见人；既见个别又见系统。由单纯重视产品质量转到重视工作质量。管理思想的转变，给质量管理带来了深刻的变革，从而引发了 ISO 9000 族标准的产生。

4. ISO 9000 质量管理体系阶段（1987 年至今）

（1）ISO 9000 质量管理体系标准的产生　国际贸易发展到一定程度，不仅对产品质量提出要求，同时还对供应厂商提出质量可持续保证的要求。在供需双方的贸易活动中，ISO 9000 质量管理体系标准是获得需方信任获得订单的前提。所以 ISO 9000 质量管理体系标准是进入国际市场的金钥匙。ISO 是国际标准化组织（International Standard Organization）

的英文简称，9000 是该组织 1987 年发布的第 9000 号标准。

（2）ISO 9000 族标准的修订和发展　　1990 年提出的修改原则：让全世界都接受和使用 ISO 9000 族标准，为所有组织提高运作能力提供有效的方法。1994 年推出 94 版，2000 年 12 月 15 日推出 2000 版，统称为 2000 版 ISO 9000 族标准。至今已有 150 个国家和地区采用，广泛应用于目前已知的所有的行业和部门。2008 年 11 月 15 日，ISO 发布了 2008 版 ISO 9001 标准，中国国家标准 GB/T 19001—2008 标准于 2008 年 12 月 30 日发布，2009 年 3 月 1 日实施。

（3）ISO 9000 族标准与 TQM 的关系　　ISO 9000 族标准是 TQM 发展到一定阶段的产物。TQM 是组织质量管理的基础要求（最低要求）。ISO 9000 族标准是达到和保持世界级质量水平的要求。两者之间的关系是"打基础"和"求发展"的关系。它们为人类全方位的质量管理提供了科学方法，是世界质量史上的里程碑。

第二节　工程质量管理的概念

一、质量和工程质量的概念

质量是指反映实体满足明确或者隐含需要能力的特性的总和。质量的主体是"实体"，实体可以是活动或者过程的有形产品。例如：建成的厂房，装修后的住宅，或是无形的产品（质量措施规划等），也可以是某个组织体系或人，以及上述各项的组合。由此可见，质量的主体不仅包括产品，而且包括活动、过程、组织体系或人，以及它们的组合。

质量中要求满足的能力通常被转化为一些规定准则的特性，例如实用性、安全性、可靠性、耐久性等。

工程质量除了具有上述普遍意义上的质量的含义以外，还具有自身的一些特点。在工程质量中，所说的满足明确或者隐含的需要，不仅是针对客户的，还要考虑到社会的需要和符合国家有关的法律、法规的要求。

一般认为工程质量具有如下的特性。

1. 工程质量的单一性

这是由工程施工的单一性所决定的，即一个工程一个情况，即使是使用同一设计图纸，由同一施工单位来施工，也不可能有两个工程具有完全一样的质量。因此，工程质量的管理必须管理到每项工程，甚至每道工序。

2. 工程质量的过程性

工程的施工过程，在通常的情况下是按照一定的顺序来进行的。每个过程的质量都会影响到整个工程的质量，因此工程质量的管理必须管理到每项工程的全过程。

3. 工程质量的重要性

一个工程质量的好与坏，影响很大，不仅关系到工程本身，业主和参与工程的各个单位都将受到影响。所以，政府必须加强对工程质量的监督和控制，以保证工程建设和使用阶段的安全。

4. 工程质量的综合性

工程质量不同于一般的工业产品，工程是先有图纸后有工程，是先交易后生产或是边交易边生产。影响工程质量的原因很多，有设计、施工、业主、材料供应商等多方面的因素。只有各个方面做好了各个阶段的工作，工程的质量才有保证。

综合以上的特点，工程质量可以定义为工程能够满足国家建设和人民需要所具备的自然属性。

二、质量管理与工程质量管理

1. 质量管理

质量管理是为保证和提高产品质量而进行的一系列管理工作。国家标准 GB/T 19000—2008 对质量管理的定义是"在质量方面指挥和控制组织的协调的活动"。

质量管理的首要任务是确定质量方针、目标和职责。质量管理的核心是建立有效的质量管理体系，通过具体的四项活动，即质量策划、质量控制、质量保证和质量改进，确保质量方针、目标的实施和实现。

2. 工程质量管理

工程质量管理就是在工程项目的全生命周期内，对工程质量进行的监督和管理。针对具体的工程项目，就是项目质量管理。

3. 项目质量管理原则

首先要满足顾客和项目利益相关者的需求，应规定项目过程、所有者及其职责和权限，必须注重过程质量和项目交付物质量，以满足项目目标，管理者对营造项目质量环境负责，管理者对持续改进负责。

4. 项目质量要求

没有具体的质量要求和标准，无法实现项目的质量控制。项目质量要求既包括对项目最终交付物的质量要求，又包括对项目中间交付物的质量要求。对于项目中间交付物的质量要求应该尽可能地详细和具体。项目质量要求包括明示的、隐含的和必须履行的需求或期望。明示的要求一般是指在合同环境中，用户明确提出的需要或要求，通常是通过合同、标准、规范、图纸、技术文件等所做出的明文规定。隐含的要求一般是指非合同环境（即市场环境）中，用户未提出明确要求，而由项目组织通过市场调研进行识别的要求或需要。

5. 质量信息的作用和要求

质量信息在项目质量管理中的作用是为质量方面的决策提供依据，为控制项目质量提供依据，为监督和考核质量活动提供依据。

对质量信息的要求是准确、及时、全面、系统。质量信息必须能够准确反映实际情况，才能使人们正确地作出决断。虚假的或不正确的信息不仅没有作用，反而会起反作用。质量信息的价值往往随时间的推移而变动。如果能够将质量信息及时而迅速地反映出来，就有可能避免一次质量事故而减少损失。否则，就会贻误时机，造成损失。质量信息应当全面、系统地反映项目质量管理活动，这样才能掌控项目质量变化的规律，及时采取预防措施。

6. 质量管理的工作体系

企业以保证和提高产品质量为目的，利用系统的概念和方法，把企业各部门、各环节的质量管理职能组织起来，形成一个有明确任务、职责、权限，互相协调、互相促进的有机整体。质量管理的工作体系包括目标方针体系、质量保证体系和信息流通体系。工作体系的运转方式是 PDCA 循环。

第三节　我国工程质量管理的法规

我国现行的工程质量监督管理制度始于 1983 年原城乡建设环境保护部和国家技术监督局联合颁布的《建设工程质量监督条例》和 1984 年国务院国发〔1984〕123 号文件的授权。30 年来，围绕建设工程质量管理，我国已相继制定并颁布了一系列法律、法规、规章并增补、修订了大量的技术标准，随着建筑市场的不断发展，相关配套法规也在逐步完善和健全，特别是 2000 年《建设工程质量管理条例》全面实施，使建设工程质量监督管理机构的职能发生了根本的转变，对规范市场行为，减少质量事故的发生，促进企业加强质量管理，提高我国工程质量水平起了重要作用。

为了便于在实践工作中贯彻执行，特将有关法规列于附录中。

小　结

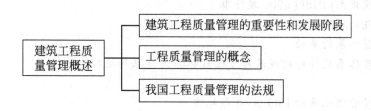

建筑工程质量管理概述 — 建筑工程质量管理的重要性和发展阶段
建筑工程质量管理概述 — 工程质量管理的概念
建筑工程质量管理概述 — 我国工程质量管理的法规

自测练习

1. 建筑工程质量管理的重要性是什么？
2. 什么是质量？什么是工程质量？
3. 质量管理的任务是什么？为什么要推行全面质量管理？
4. 我国建筑工程管理相关法规有哪些？

第二章 质量管理体系

【知识目标】
- 了解质量管理体系的 ISO 9000 族标准
- 理解质量管理的八项原则
- 了解质量管理体系的基础
- 掌握质量管理体系文件的构成及质量管理体系的建立和运行

【能力目标】
- 能够了解质量管理体系的 ISO 9000 族标准
- 能够熟悉质量管理的八项原则的具体内容
- 能够熟悉质量体系文件的编制和使用

随着地区化、集团化、全球化经济的发展，市场竞争日趋激烈，顾客对质量的期望越来越高，每个组织为了竞争和保持良好的经济效益，努力设法提高自身的竞争能力以适应市场竞争的需要。为了取得质量成效，需要采用一种系统和透明的方式进行质量管理。经过长期的实践和总结，人们将这种系统和透明的方式发展形成了质量管理体系的概念。在实践中人们逐渐认识到，要使组织获得长期成功，就必须针对所有相关方的需求，实施并保持持续改进组织业绩的质量管理体系。这里所谓的相关方是指与组织的业绩或成就有利益关系的个人或团体，比如顾客、所有者、员工、供方、银行、工会、合作伙伴和社会等。如前所述，质量管理体系（QMS）是在质量方面指挥和控制组织的管理体系（ISO 9000）。质量管理体系是质量管理的核心，人们需要明确健全和完善 QMS，这样做的目的主要包括：

(1) 满足顾客需求和期望；
(2) 满足社会的法律、法规要求；
(3) 满足组织实现目标的要求；
(4) 提高质量管理的有效性和效率；
(5) 保证以有竞争力的价格及时供货；
(6) 提供信任和持续改进。

之所以说健全和完善 QMS，是因为组织在质量管理方面的实践即已在客观上形成一个质量管理体系，如何使其有效并支持组织的持续发展是质量管理理论和实践发展中的重要内容。

第一节 质量管理体系与 ISO 9000 标准

一、质量管理体系

（一）质量管理体系的定义

任何组织都需要管理。当管理与质量有关时，则为质量管理。实现质量管理的方针目标，有效地开展各项质量管理活动，必须建立相应的管理体系，这个体系就是质量管理体系。

质量管理指企业内部建立的、为保证产品质量或质量目标所必需的、系统的质量活动。它根据企业特点选用若干体系要素加以组合，加强从设计研制、生产、检验、销售、使用全过程的质量管理活动，并且制度化、标准化，成为企业内部质量工作的要求和活动程序。

2000年12月15日，ISO/TC 176正式发布了2000年版本的ISO 9000族标准。该标准的修订充分考虑了1987年和1994年版标准，以及现有其他管理体系标准的使用经验，使质量管理体系更加适合组织的需要，更能适应组织开展其商业活动的需要。在现代企业管理中，ISO 9001:2000质量管理体系是企业普遍采用的质量管理体系。ISO 9001:2000标准是由国际标准化组织成立的质量管理和质量保证技术委员会（TC176）制定的质量管理系列标准之一。

（二）质量管理体系的内涵

1. 质量管理体系应具有复合性

欲有效开展质量管理，必须设计、建立、实施和保持质量管理体系。组织的最高管理者对依据ISO 9001国际标准设计、建立、实施和保持质量管理体系的决策负责，对建立合理的组织结构和提供适宜的资源负责；管理者代表和质量职能部门对形成文件的程序的制定和实施、过程的建立和运行负直接责任。

2. 质量管理体系应具有唯一性

质量管理体系的设计和建立，应结合组织的质量目标、产品类别、过程特点和实践经验。因此，不同组织的质量管理体系有不同的特点。

3. 质量管理体系应具有系统性

质量管理体系是相互关联和作用的组合体，包括以下内容：

① 组织结构　合理的组织机构和明确的职责、权限及其协调的关系；

② 程序　规定到位的形成文件的程序和作业指导书，是过程运行和进行活动的依据；

③ 过程　质量管理体系的有效实施，是通过其所需的过程的有效运行来实现的；

④ 资源　必需、充分且适宜的资源包括人员、资金、设施。设备、料件、能源、技术和方法等。

4. 质量管理体系应具有全面有效性

质量管理体系的运行应是全面有效的，既能满足组织内部质量管理的要求，又能满足组织与顾客的合同要求，还能满足第二方认定、第三方认证和注册的要求。

5. 质量管理体系应具有预防性

质量管理体系应能采用适当的预防措施，有一定的防止重要质量问题发生的能力。

6. 质量管理体系应具有动态性

最高管理者定期批准进行内部质量管理体系审核，定期进行管理评审，以改进质量管理体系；还要支持质量职能部门采用纠正措施和预防措施改进过程，从而完善体系。

7. 质量管理体系应持续受控

质量管理体系所需的过程及其活动应持续受控。

8. 质量管理体系应最佳化

组织应综合考虑利益、成本和风险，通过质量管理体系持续有效运行使其最佳化。

（三）质量管理体系的特点

（1）它代表现代企业或政府机构思考如何真正发挥质量的作用和如何最优地作出质量决策的一种观点。

（2）它是深入细致的质量文件的基础。

（3）质量体系是使公司内更为广泛的质量活动能够得以切实管理的基础。

（4）质量体系是有计划、有步骤地把整个公司主要质量活动按重要性顺序进行改善的基础。

二、ISO 9000 标准

ISO 9000 标准是国际标准化组织（ISO）在 1994 年提出的概念，是指"由 ISO/TC 176（国际标准化组织质量管理和质量保证技术委员会）制定的国际标准"。ISO 9001 用于证实组织具有提供满足顾客要求和适用法规要求的产品的能力，目的在于增进顾客满意。随着商品经济的不断扩大和日益国际化，为提高产品的信誉、减少重复检验、削弱和消除贸易技术壁垒、维护生产者、经销者、用户和消费者各方权益，这个第三认证方不受产销双方经济利益支配，公证、科学，是各国对产品和企业进行质量评价和监督的通行证；作为顾客对供方质量体系审核的依据，企业有满足其订购产品技术要求的能力。

ISO 现已制定出国际标准共 10300 多个，主要涉及各行各业各种产品（包括服务产品、知识产品等）的技术规范。

ISO 制定出来的国际标准除了有规范的名称之外，还有编号。编号的格式是：ISO＋标准号＋［杠＋分标准号］＋冒号＋发布年号（方括号中的内容为可选项），如 ISO 8402：1987、ISO 9000-1:1994 等，分别是某一个标准的编号。

但"ISO 9000"不是指一个标准，而是一族标准的统称。根据 ISO 9000-1:1994 的定义，"ISO 9000 族"是由 ISO/TC 176 制定的所有国际标准。

1. 1987 版

TC176 最早制定的一个标准是 ISO 8402:1986，名为《品质-术语》，于 1986 年 6 月 15 日正式发布。1987 年 3 月，ISO 又正式发布了 ISO 9000:1987、ISO 9001:1987、ISO 9002：1987、ISO 9003:1987、ISO 9004:1987 共 5 个国际标准，与 ISO 8402:1986 一起统称为"ISO 9000 系列标准"。

2. 1994 版

TC176 于 1990 年发布了一个标准，1991 年发布了三个标准，1992 年发布了一个标准，1993 年发布了五个标准；1994 年没有另外发布标准，但是对前述"ISO 9000 系列标准"统一作了修改，分别改为 ISO 8402:1994、ISO 9000-1:1994、ISO 9001:1994、ISO 9002:1994、ISO 9003:1994、ISO 9004-1:1994，并把 TC 176 制定的标准定义为"ISO 9000 族"。1995 年，TC 176 又发布一个标准，编号是 ISO 10013:1995。至今，ISO 9000 族一共有 17 个标准。

对于上述标准，作为专家应该通晓，作为企业，只需选用如下三个标准之一。

（1）ISO 9001:1994《品质体系设计、开发、生产、安装和服务的品质保证模式》；

（2）ISO 9002:1994《品质体系生产、安装和服务的品质保证模式》；

（3）ISO 9003:1994《品质体系最终检验和试验的品质保证模式》。

3. 2000 版

国际标准化组织对 ISO 9000 族系列标准进行"有限修改"，于 1994 年正式颁布实施 ISO 9000 族系列标准。在广泛征求意见的基础上，又启动了修订战略的第二阶段，即"彻底修改"。1999 年 11 月提出了 2000 版 ISO/DIS 9000、ISO/DIS 9001 和 ISO/DIS 9004 国际标准草案。此草案经充分讨论并修改后，于 2000 年 12 月 15 日正式发布实施。ISO 规定自正式发布之日起三年内，1994 版标准和 2000 版标准将同步执行，2000 版标准正式发布三年期满后，1994 版标准立即废止。

2000 版 ISO 9000 族标准包括以下一组密切相关的质量管理体系核心标准。

① ISO 9000《质量管理体系 基础和术语》；

② ISO 9001《质量管理体系 要求》；

③ ISO 9004《质量管理体系 业绩改进指南》；

④ ISO 19011《质量和（或）环境管理体系审核指南》。

4. 2008 版

根据 ISO/TC 176/SC2（国际标准化组织/质量管理和质量保证技术委员会/质量体系分委员会）的工作规划，ISO 9001:2008 版标准于 2008 年 10 月 31 日正式发布实施。

第二节　质量管理的八项原则

一、质量管理的基本原则

ISO/TC176 在总结 1994 年版 ISO 9000 标准的基础上提出了质量管理八项原则，作为 2000 年版 ISO 9000 族标准的设计思想。人们普遍认为，这八项质量管理原则，不仅是 2000 年版 ISO 9000 族标准的理论基础，而且应该成为任何一个组织建立质量管理体系并有效开展质量管理工作所必须遵循的基本原则。

1. 以顾客为关注焦点

H.J. 哈林顿曾说过两条质量管理定律。

① 天字第一号问题是顾客、顾客、顾客、顾客、顾客；

② 竞争取胜的步骤。第一步，向顾客提供超过其期望的产品；第二步，回到第一步，但要做得更好。

组织总是依存于他们的顾客。组织的变革和发展都离不开顾客，所以组织应充分理解顾客当前和未来的需求，满足顾客需求并争取超过顾客的期望。

对于企业而言，必须做好下列工作。

（1）通过全面而广泛的市场调查，了解顾客对产品性能的要求　企业必须认识顾客对不同产品价格的承受能力以及不同消费阶层、不同地区的消费者的消费能力，并把它们转化成为具体的质量要求，采取有效措施使其在产品中实现。例如，苏比尔·乔杜里在其演讲中提到一个例子：他曾受邀去韩国汽车厂参观，有一款新开发的越野车，目标顾客是 18～25 岁的驾车族美国消费者。乔杜里在仔细看了这款新产品之后，非但没有像该厂领导所期望的那样对这款车予以赞美，而是认为他们的产品在越野镜、杯托和坐椅纤维料上存在问题。该厂领导不以为然，冷淡送客，但是该厂在试销产品并展开顾客调查后，发现正如乔杜里所言，因此半年后请他再次回来成为该厂咨询专家，自此双方成为合作伙伴。

（2）谋求在顾客和其他受益者（企业所有者、员工、社会等）的需求和期望之间达到平衡　在确定顾客所能接受的价格后，还应该分析产品所能取得的利润，是否使企业所有者及其股东能够获得适当的利益；是否能够提高员工的福利待遇，这样的待遇能否对员工起到相应的激励作用；产品的销售是否会带来正面的社会效益，从而扩大企业的社会影响力；同时考虑是否会污染环境或给社会带来其他不良影响等。这里体现了拓展的顾客概念（内外部顾客/相关者），既有购买和使用产品的消费者、也有受企业经营活动影响的员工和社会，后者形成了诸如工作安全、环保和精神文明建设等方面的要求。

（3）将顾客的需求和期望传达到整个企业　把进行顾客调查所得到的资料分门别类，采取科学的方法进行分析、归纳。随后，将这些分析结果采用各种形式传达给企业内的每一个员工，使其更加确定顾客的期望，并把这些顾客的期望贯穿在生产、服务的每一个环节（管理的全过程方式/充分运用内部顾客的服务理念）。这样的方法，将会使企业的每一个成员牢固树立"顾客就是上帝"的观念。同时使企业形成相应的企业文化，在社会上树立良好的企业形象。

（4）测定顾客的满意度，并为提高顾客的满意度而努力　顾客对产品质量的评价，存在于顾客的主观感觉中，反映在市场的变化之中。促使顾客满意及评判顾客满意的标准只有一个——是否满足顾客需要并超越其期望。顾客对特定事物的满意度受到三个基本因素的影响：不满意因素、满意因素和非常满意因素。不满意产生抱怨、非常满意会产生忠诚，而忠诚能够从根本上提高产品的市场占有率，对组织的生存是非常重要的。因此，任何忽视顾客满意度的行为，都会明显地影响到企业的经营和生存发展。顾客的满意度可以通过多种方法获得，如采用市场问卷调查、新产品试用、售后服务获得信息等方法。

2. 领导作用

H.J. 哈林顿关于领导作用的一句名言是："管理者在过程之上工作，员工在过程之中工作。"

领导作用的原则强调了组织最高管理者的职能是确立组织统一的宗旨及方向，并且应当创造并保持使员工能充分参与实现组织目标的内部环境，使组织的质量管理体系在这种环境下得以有效运行。

就企业而言，企业最高管理者应该发挥以下作用：①制定并保持企业的质量方针和质量目标；②通过增强员工的质量意识及其参与质量管理的积极性，在整个企业内促进质量方针和质量目标的实现；③确保整个企业关注顾客要求；④确保实施适宜的过程以满足顾客和其他相关方要求并实现企业的质量目标；⑤确保企业建立、实施和保持一个有效的质量管理体系以实现企业的质量目标；⑥确保企业的质量管理活动能获得必要的资源；⑦定期评审质量管理体系；⑧决定企业有关质量方针和质量目标的措施；⑨决定改进企业质量管理体系的措施。

3. 全员参与

组织的质量管理不仅需要最高管理者的正确领导，还有赖于组织全体员工的参与。只有全体员工的充分参与，才能使他们的才干为组织带来收益。

对于企业而言，应鼓励全体员工积极参与质量管理工作，具体包括：①承担起解决质量问题的责任；②不断增强技能、知识和经验，主动地寻找机会进行质量改进；③在团队中自由地分享知识和经验，关注为顾客创造价值；④在生产过程中对企业的质量管理目标进行不断的改进和创新，通过产品所具有的质量和个人行为向顾客和社会展示自己的企业；⑤从工作中能够获得满足，并为是企业的一名成员而感到骄傲和自豪。

4. 过程方法

将活动和相关的资源作为过程进行管理，可以更高效地得到期望的结果。任何使用资源将输入转化为输出的活动或一组活动就是一个过程。系统地识别和管理组织所应用的过程，特别是这些过程之间的相互作用，称为"过程方法"。组织可利用过程方法达到活动有效性和效率的同时提高。

质量管理体系的四大过程是：管理职责，资源管理，产品实现及测量、分析和改进。以过程为基础的质量管理体系模式如图2-1所示。

在质量管理体系中，过程方法强调：①对整个过程给予界定，以理解并满足要求和实现组织的目标；②从增值的角度考虑过程；③识别过程内部和外部的顾客，供方和其他受益者；④识别并测量过程的输入和输出，获得过程业绩和有效性的结果；⑤基于客观的测量进行持续的过程改进。

5. 管理的系统方法

所谓系统管理是指，将相互关联的过程作为系统加以识别、理解和管理，有助于组织提高实现目标的有效性和效率。

在本原则实施的过程中，应注意以下几点：①正确识别相关过程；②以最有效的方式实现目标；③正确理解各过程的内在关联性及相互影响；④持续地进行评估、分析和改进；⑤正确认识资源对目标实现的约束。

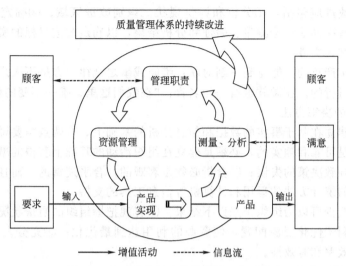

图 2-1　以过程为基础的质量管理体系模式

实施系统管理的原则可达到以下效果：①有利于组织制定出相关的具有挑战性的目标；②使各过程的目标与组织设定的总目标相关联；③对各过程的有效监督、控制和分析，可以对问题产生的原因有比较透彻的了解，并及时地进行改进和防止；④协调各职能部门，减少部门之间的障碍，提高运行效率。

下面举例说明。

（1）对于一个预制构件厂，生产作业排序和设备管理的过程都应该比较明确，前者是满足客户订货需求，在市场经济中，更多的是按订单生产（make to order），后者是对设备进行正常的维修、保养，如中修、大修、周保、季保等，但现在在订单繁忙的情况下只能中修、年保，当然最终目的也是为生产服务。但问题是在顾客订单不确定，生产计划不断发生变化，而往往要求设备不能停，这最后只能造成设备运行故障的发生。那么，如何按要求给设备进行必要的停机和保养，而同时也能满足企业的生产要求？这就需要充分运用系统管理的原则来协调这些相互关联的过程。

（2）在市场竞争日趋激烈的今天，传统的由设计开发部门主导的产品设计开发方法已经越来越难以满足企业对变幻莫测的市场的快速反应的需求，因此并行工程（co-current engineering）的方法日益受到重视，即将制造工艺、市场销售、售后服务、甚至供应商等多方面的部门和人员纳入到产品开发过程中，并且需要对产品开发过程、制造过程、服务过程、供应过程等多个过程进行协调，这也需要管理的系统方法的思想。

6. 持续改进

由于质量最本质的含义是不断满足顾客的需求，而顾客的需求是随着社会的进步和科技的发展不断变化、提高。所以对于一个组织而言，应当为质量改进事业奋斗终生。

改进是指产品质量、过程及体系有效性和效率的提高。

持续改进质量管理体系的目的在于增加顾客和其他相关方满意的机会。为此，在持续改进过程中，首先要关注顾客的需求，努力提供满足顾客的需求并争取超出其期望的产品。另外，一个组织必须建立起一种"永不满足"的组织文化，使得持续改进成为每个员工所追求的目标。

持续改进是一项系统工程，它要求组织从上到下都有这种不断进取的精神，而且需要各部门的良好协作和配合，使组织的目标与个人的目标相一致，这样才能使持续改进在组织内顺利推行。持续改进应包括：①分析和评价现状，识别改进区域；②确定改进目标；③寻找、评价和实施解决办法；④测量、验证和分析结果，以确定改进目标的实现；⑤正式采纳更改，并把更改纳入文件。

在丰田汽车生产车间，能见到一副对联：唯晓成事之规律，方持不灭之改善心。其实该句话反过来也是可行的。在微软也有一句名言："在我们这里，唯一不变的就是变化。"

7. 基于事实的决策方法

有效决策是建立在基于事实的数据和信息分析的基础上。有两点需要说明：①所提供的数据和信息必须是可靠和翔实的，必须是建立在组织活动的基础上获得的事实，错误的信息和数据，必然会导致决策的失误；②分析必须是客观的，合乎逻辑的，而且分析方法是科学的和有效的，比如统计方法的运用和计算机等信息工具的支持。

实施本原则至少可以为组织带来以下结果：①客观把握组织的质量状况，减少错误决策的可能性；②有利于优化资源配置，使资源的利用达到最优化；③充分发挥科学方法的作用，提高决策的效率和有效性。

8. 与供方互利的关系

组织与供方是相互依存的，互利的关系可增强双方创造价值的能力。在当今社会分工越来越细的情况下，选择一个良好的供方和寻找一个良好的顾客一样重要。因此，如何保证供方提供及时而优质的产品，也是组织质量管理中一个重要的课题。

（1）供需双方应保持一种互利关系。只有双方成为利益的共同体时，才能实现供需双方双赢的目标。把供方看成合作的伙伴是互利关系的基础，在获取组织利益的同时也注重供方的利益，将有助于组织目标的实现。如果把供方看成是谈判的敌方，尽量在谈判中争取更多的既得利益，将会损害供方的利益，并最终导致组织利益的损失。例如日本丰田为了实现其零库存计划，三年训练其供应商（像训练自己单位员工一样），达到协调运作，质量毫无瑕疵的状态。丰田有 250 个供应商，50 个是在丰田的周围，另 200 个在 5 小时的卡车车距之内。它要求供应商准时供货，货到都不需要进仓库。而美国通用 2500 个供应商，甚至到欧洲。不过后来的也作了很大的改进，例如上海通用供应商开发管理体系就非常成熟。随着汽车行业的日渐成熟，基本上运营良好的汽车制造商都与其供应商建立良好的合作伙伴关系，当然汽车制造商与其经销商也是一个相互依存的共同体，尤其是在特许经营的模式中，经销商的服务质量（包括设施和人员的标识与对产品充分的了解）也是汽车品牌的重要体现，因此对于经销商的支持、培训和奖励也是必不可少的，例如上海大众有一个完善的经销商网络管理体系，曾经奖励其明星经销商去南非旅游考察，费用基本全包，还有人均 2000 美元的零花额度。

（2）供方也需要不断完善其质量管理体系。不仅是质量管理体系，随着质量概念日渐拓展到包括资源节约和环境保护在内的大质量概念时，组织对其供方的要求也越来越"苛刻"。例如 GE（通用电器）和 CISCO（思科）等大型企业往往花上 1~3 年的时间去选择供方，并要求其不仅通过质量管理体系的认证，还要求通过环境管理体系甚至职业健康安全管理体系的认证。选择的过程一般是：选择行业内前 50 名的，通过电话咨询初选，然后供方评审（除了体系的要求之外，还有企业自身的要求），再现场验证选择。

（3）积极肯定供方的改进和成就，并鼓励其不断改进。供方的质量改进，带来的是供需双方的共同利益。每个供方都这么做，整体的质量和竞争力将会得到巨大的提高，双赢的目标就能得到持续稳定的保证。

八项基本原则的中心是以顾客为关注焦点，其他七项基本原则都是围绕该项基本原则展开。建立和完善组织的质量管理体系，必须坚持全员参与，并贯穿整个生产和服务过程，这中间还包含了 20 世纪 60 年代 A. V. Feigenbaum 和 J. M. Juran 等人提出的全面质量管理思想的贡献。

二、质量管理体系要求

采用质量管理体系需要组织的最高管理者进行战略决策。一个组织质量管理体系的设计和实施受其变化着的需求、具体目标、所提供的产品、所采用的过程以及该组织的规模和结构的影响。组织建立质量管理体系的目的是：①识别并满足其顾客和其他相关方（组织的人员、供方、所有者、社会）的需求和期望，以获得竞争优势，并以有效和高效的方式实现；②实现、保持并改进组织的整体业绩和能力。

1. 质量管理原则的应用

前述的八项质量管理原则是组织质量管理体系的基础。按 2008 年版 ISO 9000 族标准的设计思想，八项质量管理原则是为组织的最高管理者制定的，目的是使最高管理者领导组织进行业绩改进。八项质量管理原则的应用不仅可为组织带来直接利益，而且也对成本和风险的管理起着重要作用。

八项原则对于成本管理的重要作用：成本控制的持续改进；通过全员参与可以减少因部门壁垒而带来的管理成本；通过过程方法、管理的系统方法可以提高管理的效率，减少时间、精力等成本。对于风险管理的重要作用：减少不良供方所带来的风险；基于事实的决策方法可以减少错误决策所带来的巨大风险。

考虑利益、成本和风险的管理对组织、顾客和其他相关方而言都很重要，关于组织整体业绩的这些考虑可影响：①顾客的忠诚；②业务的保持和发展；③营运结果，如收入和市场份额；④对市场机会的灵活与快速反应；⑤成本和周转期（通过有效和高效地利用资源达到）；⑥对最好地达到预期结果的过程的整合；⑦通过提高组织能力获得的竞争优势；⑧了解并激励员工去实现组织的目标以及参与持续改进；⑨相关方对组织有效性和效率的信心，这可通过该组织业绩的经济和社会效益、产品寿命周期以及信誉来证实；⑩通过优化成本和资源以及灵活快速地共同适应市场的变化，为组织及其供方创造价值的能力。

2. 过程方法

2008 年版 ISO 9000 族标准鼓励组织在建立、实施质量管理体系以及提高质量管理体系的有效性和效率时，采用过程方法，以便通过满足相关方的要求来提高其满意程度。

为使组织能有效和高效地运作，组织必须识别并管理许多相互关联的活动，这就是"过程方法"。过程方法的优点是它可对由诸过程构成的系统内的各过程之间的连接，以及它们之间的联系和相互作用进行连续地控制。

当过程方法用于质量管理体系时，着重强调以下方面的重要性：①理解并满足要求；②需要从增值方面考虑过程；③获取过程业绩和有效性方面的结果；④以目标测量为依据对过程进行持续改进。

3. 体系和过程的管理

2008 年版 ISO 9000 族标准希望组织的最高管理者通过以下方式建立一个以顾客为中心的组织：①确定体系和过程，这些体系和过程要得到准确地理解以及有效和高效地管理和改进；②确保过程有效和高效地运行并受控，并确保具有用于确定组织良好业绩的测量方法，连续地收集并使用过程数据和信息；③引导组织进行持续改进，并使用适宜的方法评价过程改进，如自我评价和管理评审。

2008 年版 ISO 9000 族标准提出了质量管理体系要求，这是许多专家和企业长期研究和实践的结晶。具体的内容是：①识别质量管理体系所需的过程及其在组织中的应用；②确保这些过程的顺序和相互作用；③确定为确保这些过程有效运行和控制所需的准则与方法；④确保可获得必要的资源和信息，以支持这些过程的有效运作和对这些过程的监控；⑤测量、监控与分析这些过程；⑥实施必要的措施，以实现对这些过程所策划的结果和对这些过程的持续改进。

4. 文件

组织的管理者应规定建立、实施并保持质量管理体系以及支持组织过程有效和高效运行所需的文件，包括相关记录。文件的性质和范围应满足合同、法律法规要求以及顾客和其他相关方的需求和期望，并应与组织相适应。文件可以采取适合组织需求的任何形式或媒体。

组织应该根据其规模和活动的类型、过程及其相互作用的复杂程度、人员的能力等因素来决定其质量管理体系文件的详略程度以及采用媒体的形式或类型。

（1）文件要求 组织的质量管理体系文件应包括：形成文件的质量方针和质量目标声明；质量手册；形成文件的程序；组织为确保其过程有效策划、运作和控制所需的文件；质量记录。

（2）质量手册 组织应编制和保持质量手册，质量手册包括：①质量管理体系的范围，包括任何删减的细节与合理性；②为质量管理体系编制的形成文件的程序或对其引用；③质量管理体系过程的相互作用的表述。

（3）文件控制 质量管理体系所要求的文件应予以控制。为此，组织应编制形成文件的程序，以规定以下方面所需的控制：文件发布前得到批准，以确保文件是充分的；必要时对文件进行评审、更新并再次批准；确保文件的更改和现行修订状态得到识别；确保在使用处可获得有关版本的适用文件；确保文件保持清晰、易于识别；确保外来文件得到识别，并控制其分发；防止作废文件的非预期使用，若因任何原因而保留作废文件时，对这些文件进行适当的标识。

（4）记录的控制 质量记录是一种特殊类型的文件，应进行严格的控制。组织应制定并保持质量记录，以提供质量管理体系符合要求和有效运行的证据。根据 2008 年版 ISO 9000 族标准的要求，组织应编制形成文件的程序，以规定质量记录的标识、贮存、保护、检索、保存期限和处置所需的控制。质量记录应保持清晰、易于识别和检索。记录的形式可以有：纸质、多媒体、软盘、电子文档、Email。

总之，GB/T 19001—2008 标准所规定的对需要采用标准的组织而言，是最基本要求。组织所建立的质量管理体系不能低于标准的要求。

第三节 质量管理体系基础

2008 版 GB/T 19000 提出了质量管理体系的 12 条基础，是八项质量管理原则在质量管理体系中的具体应用。

一、质量管理体系的理论说明

质量管理体系能够帮助组织增进顾客满意。

顾客要求产品具有满足其需求和期望的特性，这些需求和期望在产品规范中表述，并集中归结为顾客要求。顾客要求可以由顾客以合同方式规定或由组织自己确定，在任一情况下，顾客最终确定产品的可接受性。因为顾客的需求和期望是不断变化的，这就促使组织持续地改进其产品和过程。

质量管理体系方法鼓励组织分析顾客要求，规定相关的过程，并使其持续受控，以实现顾客能接受的产品。质量管理体系能提供持续改进的框架，以增加使顾客和其他相关方满意的可能性。质量管理体系还就组织能够提供持续满足要求的产品，向组织及其顾客提供信誉保证。

二、质量管理体系要求与产品要求

GB/T 19000 族标准把质量管理体系要求与产品要求区分开来。

GB/T 19001 规定了质量管理体系要求。质量管理体系要求是通用的，适用于所有行业或经济领域，不论其提供何种类别的产品。GB/T 19001 本身并不规定产品要求。

产品要求可由顾客规定，或由组织通过预测顾客的要求规定，或由法规规定。在某些情况下，产品要求和有关过程的要求可包含在诸如技术规范、产品标准、过程标准、合同协议和法规要求中。

三、质量管理体系方法

建立和实施质量管理体系的方法包括以下步骤：

(1) 确定顾客和其他相关方的需求和期望；

(2) 建立组织的质量方针和质量目标；

(3) 确定实现质量目标必需的过程和职责；

(4) 确定和提供实现质量目标必需的资源；

(5) 规定测量每个过程的有效性和效率的方法；

(6) 应用这些测量方法确定每个过程的有效性和效率；

(7) 确定防止不合格并消除产生原因的措施；

(8) 建立和应用过程以持续改进质量管理体系。

上述方法也适用于保持和改进现有的质量管理体系。

采用上述方法的组织能对其过程能力和产品质量建立信任，为持续改进提供基础。这可增加顾客和其他相关方满意并使组织成功。

四、过程方法

任何使用资源将输入转化为输出的活动或一组活动可视为过程。

为使组织有效运行，必须识别和管理许多相互关联和相互作用的过程。通常，一个过程的输出将直接成为下一个过程的输入。系统的识别和管理组织所使用的过程，特别是这些过程之间的相互作用，称为"过程方法"。

本标准鼓励采用过程方法管理组织。

五、质量方针和质量目标

建立质量方针和质量目标为组织提供了关注的焦点。两者确定了预期的结果，并帮助组织利用其资源达到这些结果。质量方针为建立和评审质量目标提供了框架。质量目标需要与质量方针和持续改进的承诺相一致，并是可测量的。质量目标的实现对产品质量、作业有效性和财务业绩都有积极的影响，因此对相关方的满意和信任也产生积极影响。

六、最高管理者在质量管理体系中的作用

最高管理者通过其领导活动可以创造一个员工充分参与的环境，质量管理体系能够在这种环境中有效运行。基于质量管理原则最高管理者可发挥以下作用：

(1) 制定并保持组织的质量方针和质量目标；

(2) 在整个组织内促进质量方针和质量目标的实现，以增强员工的意识、积极性和参与程度；

(3) 确保整个组织关注顾客要求；

(4) 确保实施适宜的过程以满足顾客和其他相关方要求并实现质量目标；

(5) 确保建立、实施和保持一个有效的质量管理体系以实现这些质量目标；

(6) 确保获得必要资源；

(7) 定期评价质量管理体系；

(8) 决定有关质量方针和质量目标的措施；

（9）决定质量管理体系的改进措施。

七、文件

文件能够沟通意图、统一行动，它有助于：

（1）符合顾客要求和质量改进；

（2）提供适宜的培训；

（3）重复性和可追溯性；

（4）提供客观证据；

（5）评价质量管理体系的持续适宜性和有效性。

文件的形成本身并不是很重要，它应是一项增值的活动。

八、质量管理体系评价

1. 质量管理体系过程的评价

当评价质量管理体系时，应对每一个被评价的过程，提出如下四个基本问题：

（1）过程是否予以识别和适当规定；

（2）职责是否予以分配；

（3）程序是否被实施和保持；

（4）在实现所要求的结果方面，过程是否有效。

综合回答上述问题可以确定评价结果。质量管理体系评价在涉及的范围上可以有所不同，并可包括很多活动，如质量管理体系审核和质量管理体系评审以及自我评定。

2. 质量管理体系审核

审核用于确定符合质量管理体系要求的程度。审核发现用于评价质量管理体系的有效性和识别改进的机会。

第一方审核用于内部目的，由组织自己或以组织的名义进行，可作为组织自我合格声明的基础。

第二方审核由组织的顾客或由其他人以顾客的名义进行。

第三方审核由外部独立的审核服务组织进行。这类组织通常是经认可的，提供符合（如GB/T 19001）要求的认证或注册。

GB/T 19011 提供了审核指南。

3. 质量管理体系评审

最高管理者的一项任务是对质量管理体系关于质量方针和质量目标的适宜性、充分性、有效性和效率进行定期的、系统的评价。这种评审可包括考虑修改质量方针和目标的需求以响应相关方需求和期望的变化。评审包括确定采取措施的需求。审核报告与其他信息源一道用于质量管理体系的评审。

4. 自我评定

组织的自我评定是一种参照质量管理体系或优秀模式对组织的活动和结果所进行的全面和系统的评审。

自我评定可提供一种对组织业绩和质量管理体系的成熟程度总的看法，它还能有助于识别组织中需要改进的领域并确定优先开展的事项。

九、持续改进

持续改进质量管理体系的目的在于增加顾客和其他相关方满意的可能性，改进包括下述活动：

（1）分析和评价现状，以识别改进范围；

（2）确定改进目标；

（3）寻找可能的解决办法以实现这些目标；

（4）评价这些解决办法并作出选择；

（5）实施选定的解决办法；

（6）测量、验证、分析和评价实施的结果以确定这些目标已经满足；

（7）将更改纳入文件。

必要时，对结果进行评审，以确定进一步改进的机会。从这种意义上说，改进是一种持续的活动。顾客和其他相关方的反馈，质量管理体系的审核和评审也能用于识别改进的机会。

十、统计技术的作用

使用统计技术可帮助组织了解变异，从而有助于组织解决问题并提高有效性和效率。这些技术也有助于更好地利用可获得的数据进行决策。

在许多活动的状态和结果中，甚至是在明显的稳定条件下，均可观察到变异。这种变异可通过产品和过程的可测量特性观察到，并且在产品的整个寿命期（从市场调研到顾客服务和最终处置）的各个阶段，均可看到其存在。

统计技术可帮助测量、表述、分析、说明这类变异并将其建立模型，甚至在数据相对有限的情况下也可实现。这种数据的统计分析能对更好地理解变异的性质、程度和原因提供帮助。从而有助于解决，甚至防止由变异引起的问题，并促进持续改进。

GB/Z 19027 给出了统计技术在质量管理体系中的指南。

十一、质量管理体系与其他管理体系的关注点

质量管理体系是组织的管理体系的一部分，它致力于使与质量目标有关的结果适当地满足相关方的需求、期望和要求。组织的质量目标与其他目标，如增长、资金、利润、环境及职业健康与安全等目标相辅相成。一个组织的管理体系的某些部分，可以由质量管理体系相应部分的通用要素构成，从而形成单独的管理体系。这将有利策划、资源配置、确定互补的目标并评价组织的总体有效性。组织的管理体系可以对照其要求进行评价，也可以对照国际标准如 GB/T 19001 和 GB/T 24001 的要求进行审核，其审核可分开进行，也可同时进行。

十二、质量管理体系与优秀模式之间的关系

GB/T 19000 族标准提出的质量管理体系方法和组织优秀模式方法是依据共同的原则，它们两者均：

（1）使组织能够识别它的强项和弱项；

（2）包含对照通用模式进行评价的规定；

（3）为持续改进提供基础；

（4）包含外部承认的规定。

GB/T 19000 族质量管理体系与优秀模式之间的不同在于它们应用范围的不同。GB/T 19000 族标准为质量管理体系提出了要求，并为业绩改进提供了指南。质量管理体系评价确定这些要求是否满足。优秀模式包含能够对组织业绩比较评价的准则，并能适用于组织的全部活动和所有相关方。优秀模式评价准则提供了一个组织与其他组织的业绩相比较的基础。

第四节 质量管理体系文件的构成及质量管理体系的建立和运行

一、质量管理体系文件的构成

相对于 1994 版标准，2000 版 ISO 9001 标准的主要变化之一是减少了强制性的"形成文件的程序"，表明标准注重组织的实际控制能力、证实能力和实际效果，而不是用文件化来约束组织。所以，在确保控制的原则下，组织可以根据自身的需要制定文件。小型企业在建立质量管理体系时，可以尽量简化文件和文件结构。

ISO/FDIS 9001 的 4.2.1 条款规定的质量管理体系文件应包括以下内容：

（1）形成文件的质量方针和质量目标声明；

（2）质量手册；

（3）本标准所要求的形成文件的程序；

（4）组织为确保其过程有效策划、运作和控制所需的文件；

（5）本标准所要求的质量记录。

上述规定的有关说明如下。

（1）本标准出现"形成文件的程序"之处即要求建立该程序，形成文件，并加以实施和保持。

（2）不同组织的质量管理体系文件的详略程度取决于：组织的规模和活动的类型；过程及其相互作用的复杂程度；人员的能力。

（3）文件可采用任何形式或类型的媒体。

ISO/FDIS 9000 对质量手册的定义是"规定组织质量管理体系的文件"。ISO/FDIS 9001 的 4.2.2 条款规定组织应编制和保持质量手册，质量手册包括：质量管理体系的范围，包括任何删减的细节与合理性；为质量管理体系编制的形成文件的程序或对其引用；质量管理体系过程的相互作用的表述。

组织可以根据自己的实际需求，就 ISO/FDIS 9001:2008 提出"应规定"、"应确定"、"应制定"、"应识别"要求的条款，考虑是写入质量手册还是形成相关的作业指导文件。

下面是按照 ISO/FDIS 9001:2008 编写质量手册的示例，在质量手册的目录中，明确规定了负责部门和协助部门，可以快速查找本部门的规定要求。

0.1 质量手册实施令

0.2 目录

0.3 质量手册修改控制

1. 前言

2. 组织机构

3. 质量管理职责

4. 质量管理体系

  4.1 质量管理体系总要求

  4.2 文件要求

    4.2.1 文件要求的总则

    4.2.2 质量手册

    4.2.3 文件控制

    4.2.4 记录控制

5. 管理职责

  5.1 管理承诺

  5.2 以顾客为关注焦点

  5.3 质量方针

  5.4 质量目标和质量管理体系策划

  5.5 职责、权限和沟通

5.6　管理评审

6. 资源管理

6.1　资源的提供

6.2　人力资源

6.3　基础设施

6.4　工作环境

7. 产品实现

7.1　产品实现的策划

7.2　与顾客有关的过程

7.3　设计和开发

7.4　采购

7.5　生产和服务提供

7.5.1　生产和服务提供的控制

7.5.2　生产和服务提供过程的确认

7.5.3　标识和可追溯性

7.5.4　顾客财产

7.5.5　产品防护

7.6　监视和测量设置的控制

8. 测量分析和改进

8.1　测量、分析和改进的总则

8.2　监视和测量

8.2.1　顾客满意

8.2.2　内部审核

8.2.3　过程的监视和测量

8.2.4　产品的监视和测量

8.3　不合格品控制

8.4　数据分析

8.5　改进

8.5.1　持续改进

8.5.2　纠正措施

8.5.3　预防措施

二、质量管理体系的建立和运行

建立、完善质量体系一般要经历质量体系的策划与设计，质量体系文件的编制，质量体系的试运行，质量体系审核和评审四个阶段，每个阶段又可分为若干具体步骤。

（一）质量体系的策划与设计

该阶段主要是做好各种准备工作，包括教育培训，统一认识，组织落实，拟定计划；确定质量方针，制定质量目标；现状调查和分析；调整组织结构，配备资源等方面。

1. 教育培训，统一认识

质量体系建立和完善的过程，是始于教育，终于教育的过程，也是提高认识和统一认识的过程，教育培训要分层次、循序渐进地进行。

第一层次为决策层，包括党、政、技（术）领导。主要培训以下内容：

（1）通过介绍质量管理和质量保证的发展和本单位的经验教训，说明建立、完善质量体系的迫切性和重要性；

（2）通过 ISO 9000 族标准的总体介绍，提高按国家（国际）标准建立质量体系的认识；

（3）通过质量体系要素讲解（重点应讲解"管理职责"等总体要素），明确决策层领导在质量体系建设中的关键地位和主导作用。

第二层次为管理层，重点是管理、技术和生产部门的负责人，以及与建立质量体系有关的工作人员。

这两个层次的人员是建设、完善质量体系的骨干力量，起着承上启下的作用，要使他们全面接受 ISO 9000 族标准有关内容的培训，在方法上可采取讲解与研讨结合。

第三层次为执行层，即与产品质量形成全过程有关的作业人员。对这一层次人员主要培训与本岗位质量活动有关的内容，包括在质量活动中应承担的任务，完成任务应赋予的权限，以及造成质量过失应承担的责任等。

2. 组织落实，拟定计划

尽管质量体系建设涉及一个组织的所有部门和全体职工，但对多数单位来说，成立一个精干的工作班子可能是需要的，根据一些单位的做法，这个班子也可分三个层次。

第一层次：成立以最高管理者（厂长、总经理等）为组长，质量主管领导为副组长的质量本系建设领导小组（或委员会）。其主要任务如下。

（1）体系建设的总体规划；

（2）制定质量方针和目标；

（3）按职能部门进行质量职能的分解。

第二层次：成立由各职能部门领导（或代表）参加的工作班子。这个工作班子一般由质量部门和计划部门的领导共同牵头，其主要任务是按照体系建设的总体规划具体组织实施。

第三层次：成立要素工作小组。根据各职能部门的分工明确质量体系要素的责任单位，例如，"设计控制"一般应由设计部门负责，"采购"要素由物资采购部门负责。组织和责任落实后，按不同层次分别制订工作计划，在制订工作计划时应注意以下几点。

（1）目标要明确　要完成什么任务，要解决哪些主要问题，要达到什么目的。

（2）要控制进程　建立质量体系的主要阶段要规定完成任务的时间表、主要负责人和参与人员以及他们的职责分工及相互协作关系。

（3）要突出重点　重点主要是体系中的薄弱环节及关键的少数。这少数可能是某个或某几个要素，也可能是要素中的一些活动。

3. 确定质量方针，制定质量目标

质量方针体现了一个组织对质量的追求，对顾客的承诺，是职工质量行为的准则和质量工作的方向。制定质量方针的要求是：

（1）与总方针相协调；

（2）应包含质量目标；

（3）结合组织的特点；

（4）确保各级人员都能理解和坚持执行。

4. 现状调查和分析

现状调查和分析的目的是为了合理地选择体系要素，内容包括如下。

（1）体系情况分析。即分析本组织的质量体系情况，以便根据所处的质量体系情况选择质量体系要素的要求。

（2）产品特点分析。即分析产品的技术密集程度、使用对象、产品安全特性等，以确定要素的采用程度。

（3）组织结构分析。即分析组织的管理机构设置是否适应质量体系的需要。应建立与质量体系相适应的组织结构并确立各机构间隶属关系、联系方法。

（4）生产设备和检测设备能否适应质量体系的有关要求。

（5）技术、管理和操作人员的组成、结构及水平状况的分析。

（6）管理基础工作情况分析。即标准化、计量、质量责任制、质量教育和质量信息等工作的分析。

对以上内容可采取与标准中规定的质量体系要素要求进行对比性分析。

5. 调整组织结构，配备资源

因为在一个组织中除质量管理外，还有其他各种管理。组织机构设置由于历史沿革多数并不是按质量形成客观规律来设置相应的职能部门的，所以在完成落实质量体系要素并展开成对应的质量活动以后，必须将活动中相应的工作职责和权限分配到各职能部门。一方面是客观展开的质量活动，一方面是人为的现有的职能部门，两者之间的关系处理，一般地讲，一个质量职能部门可以负责或参与多个质量活动，但不要让一项质量活动由多个职能部门来负责。目前我国企业现有职能部门对质量管理活动所承担的职责、所起的作用普遍不够理想，总的来说应该加强。在活动展开的过程中，必须涉及相应的硬件、软件和人员配备，根据需要应进行适当的调配和充实。

（二）质量体系文件的编制

质量体系文件的编制内容和要求，从质量体系的建设角度讲，应强调以下几个问题。

（1）体系文件一般应在第一阶段工作完成后才正式制订，必要时也可交叉进行。如果前期工作不做，直接编制体系文件就容易产生系统性、整体性不强，以及脱离实际等弊病。

（2）除质量手册需统一组织制订外，其他体系文件应按分工由归口职能部门分别制订，先提出草案，再组织审核，这样做有利于今后文件的执行。

（3）质量体系文件的编制应结合本单位的质量职能分配进行。按所选择的质量体系要求，逐个展开为各项质量活动（包括直接质量活动和间接质量活动），将质量职能分配落实到各职能部门。质量活动项目和分配可采用矩阵图的形式表述，质量职能矩阵图也可作为附件附于质量手册之后。

（4）为了使所编制的质量体系文件做到协调、统一，在编制前应制订"质量体系文件明细表"，将现行的质量手册（如果已编制）、企业标准、规章制度、管理办法以及记录表式收集在一起，与质量体系要素进行比较，从而确定新编、增编或修订质量体系文件项目。

（5）为了提高质量体系文件的编制效率，减少返工，在文件编制过程中要加强文件的层次间、文件与文件间的协调。尽管如此，一套质量好的质量体系文件也要经过自上而下和自下而上的多次反复编制和修订。

（6）编制质量体系文件的关键是讲求实效，不走形式。既要从总体上和原则上满足 ISO 9000 族标准，又要在方法上和具体做法上符合本单位的实际。

（三）质量体系的试运行

质量体系文件编制完成后，质量体系将进入试运行阶段。其目的是通过试运行，考验质量体系文件的有效性和协调性，并对暴露出的问题采取改进措施和纠正措施，以达到进一步完善质量体系文件的目的。在质量体系试运行过程中，要重点抓好以下工作。

（1）有针对性地宣贯质量体系文件。使全体职工认识到新建立或完善的质量体系是对过去质量体系的变革，是为了向国际标准接轨，要适应这种变革就必须认真学习、贯彻质量体系文件。

（2）实践是检验真理的唯一标准。体系文件通过试运行必然会出现一些问题，全体职工应将在实践中出现的问题和改进意见如实反映给有关部门，以便采取纠正措施。

（3）将体系试运行中暴露出的问题，如体系设计不周、项目不全等进行协调、改进。

（4）加强信息管理，不仅是体系试运行本身的需要，也是保证试运行成功的关键。所有与质量活动有关的人员都应按体系文件要求，做好质量信息的收集、分析、传递、反馈、处理和归档等工作。

（四）质量体系的审核与评审

质量体系审核在体系建立的初始阶段往往更加重要。在这一阶段，质量体系审核的重点，主要是验证和确认体系文件的适用性和有效性。

1. 审核与评审的主要内容

（1）规定的质量方针和质量目标是否可行。

（2）体系文件是否覆盖了所有主要质量活动，各文件之间的接口是否清楚。

（3）组织结构能否满足质量体系运行的需要，各部门、各岗位的质量职责是否明确。

（4）质量体系要素的选择是否合理。

（5）规定的质量记录是否能起到见证作用。

（6）所有职工是否养成了按体系文件操作或工作的习惯，执行情况如何。

2. 该阶段体系审核的特点

（1）体系正常运行时的体系审核，重点在符合性，在试运行阶段，通常是将符合性与适用性结合起来进行。

（2）为使问题尽可能地在试运行阶段暴露无遗，除组织审核组进行正式审核外，还应有广大职工的参与，鼓励他们通过试运行的实践，发现和提出问题。

（3）在试运行的每一阶段结束后，一般应正式安排一次审核，以便及时对发现的问题进行纠正，对一些重大问题，也可根据需要适时地组织审核。

（4）在试运行中要对所有要素审核覆盖一遍。

（5）充分考虑对产品的保证作用。

（6）在内部审核的基础上，由最高管理者组织一次体系评审。

应当强调，质量体系是在不断改进中行以完善的，质量体系进入正常运行后，仍然要采取内部审核，管理评审等各种手段以使质量体系能够不断完善。

小　结

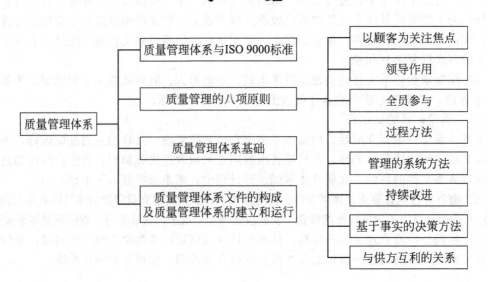

自测练习

1. 质量管理体系的内涵是什么？
2. ISO 9000 族标准是如何建立的？
3. 质量管理的八项原则是什么？
4. 什么是质量方针？什么是质量目标？
5. 持续改进的含义是什么？
6. 质量手册是如何编写的？

第三章　施工项目质量控制

【知识目标】
- 了解施工项目质量控制的特点
- 掌握从影响施工项目质量的主要因素（人、机械、材料、方法和环境）进行质量控制的操作要点
- 理解施工项目质量控制的原则、方法和手段

【能力目标】
- 能够熟悉工程项目质量、施工项目质量控制的概念
- 能够应用相关知识实施对施工项目质量的控制

第一节　施工项目质量控制的特点

一、工程项目质量概述

1. 工程项目质量概念

工程项目质量是指国家现行的有关法律、法规、技术标准、设计文件及工程合同中对工程的安全、使用、经济、美观等特性综合的要求，工程项目是按照建设工程项目承包合同条件下形成的，其质量也是在相应合同条件下形成的，而合同条件是业主的需要，是质量的重要内容，通常表现在项目的适用性、可靠性、经济性、外观质量与环境协调等方面。

2. 工程项目质量的内容

任何工程项目都是由分项工程、分部工程、单位工程及单项工程所构成，就工程项目建设而言，是由一道道工序完成的。因此，工程项目质量包含工序质量、分项工程质量（包括检验批质量）、分部工程质量、单位工程质量以及单项工程质量。同时工程项目质量还包括工作质量，工作质量是指参与工程建设者，为了保证工程项目质量所从事工作的水平和完善程度，因工程项目质量的高低是由业主、勘察、设计、施工、监理等单位各方面、各环节工程质量的综合反映，并不是单纯靠质量检验检查出来的，要保证工程项目质量就必须提高工作质量。

3. 工程项目质量阶段

工程项目质量不仅包括活动或过程的结果，还包括活动或过程本身，即包括工程项目形成全过程，按照我国工程项目建设程序所包括的四阶段八步骤，工程项目质量包括工程项目决策质量、工程项目设计质量、工程项目施工质量、工程项目验收保修质量。

4. 工程项目质量的特点

工程项目质量的特点由工程项目的特点决定，建筑工程项目特点主要体现在其施工生产上，而施工生产又由建筑产品特点反映，建筑产品特点表现在产品本身位置上的固定性、类型上的多样性、体积庞大性三个方面，从而建筑施工具有生产的单体性、生产的流动性、露天作业和生产周期长的特点。

由于上述工程项目的特点，造就了工程项目质量具有以下特点。

（1）影响因素多　如决策、设计、材料、机械、环境、施工工艺、施工方案、施工人员素质等都直接或间接影响工程项目质量。

（2）质量波动大　工程项目建设因其单件性、施工的复杂性，其生产工艺和检测技术均不完善，其工业化程度、机械化操作程度低，因而其质量波动大。

（3）易产生质量变异　由于影响工程项目质量因素多，任何一个因素出现偏差，均会造成质量事故。由于影响质量的系统性因素和偶然性因素存在，工程项目易产生质量变异。

（4）质量具有隐蔽性　由于工程项目在施工过程中，工序交接多，中间产品多，隐蔽工程多，若不及时检查验收，发现存在的质量问题，事后查看虽质量较好，却容易产生第二类判断错误，即将不合格的产品认为是合格的。

（5）终检局限大　当工程项目建成后，无法拆卸和解体来检查内在的质量问题，而是通过过程中形成的相关资料进行评定，因而工程项目终检验收时难以发现内在的隐蔽质量缺陷。当建筑工程项目建成后发现有质量问题，是无法重新更换零件的，更不可能退货。因此，对于建筑工程项目质量应重视事前控制和过程控制，防患于未然，将质量事故消灭在萌芽状态。

二、施工项目质量控制

1. 质量控制

质量控制是指为达到一定的质量要求所采取的作业技术和活动。其质量要求需要转化为可用定性和定量的规范表示的质量特性，以便于质量控制的执行和检查。

2. 施工项目质量控制

施工项目质量控制：为达到工程项目质量要求采取的作业技术和活动，即为了保证达到工程合同、设计文件、技术规程规定的质量标准而采取的一系列措施、手段和方法。

3. 施工项目质量控制分类

施工项目质量控制按其实施者，分为三个方面。

（1）业主和监理的质量控制，属于外部的，横向的控制。

① 控制目的　保证施工项目能够按照工程合同规定的质量要求达到业主的建设意图，取得良好的投资效益。

② 控制依据　合同文件、设计图纸、国家现行法律、法规。

③ 控制内容　在设计阶段及其前期以审查可行性研究报告及设计文件、图纸为主，在审查基础上确定设计是否符合业主要求。在施工阶段进驻现场实施监理，检查是否严格按图施工，并达到合同文件规定的质量标准。

（2）政府监督机构的质量控制，属于外部的、纵向的控制。

① 控制目的　维护社会公共利益，保证技术性法规和标准贯彻执行。

② 控制依据　相关的法律文件和法定技术标准。

③ 控制内容　在设计阶段及其前期以审查设计纲要、选址报告、建设用地申请及设计图纸为主，施工阶段以不定期的检查为主，审核是否违反城市规划，是否符合有关技术法规、标准的规定，对环境影响的性质和程度大小，有无防止污染、公害的技术措施。

（3）承建商的质量控制，属于内部的、自身的控制。

① 控制目的　按业主的需求将蓝图建造成实物。

② 控制依据　合同文件、设计图纸、相关的法律法规和标准。

③ 控制内容　以施工项目的质量、成本、进度、安全和现场管理等为主。

4. 施工项目质量控制的基本要求

质量控制的目的是为了满足预定的质量要求，以取得期望的经济效益。对于建筑工程，一般来说，有效的质量控制的基本要求有以下几点。

（1）提高预见性　要实现这项要求，就应及时地通过工程建设过程中的信息反馈预见可能发生的重大工程质量问题，采取切实可行的措施加以防范，以满足"预防为主"的宗旨。

（2）明确控制重点　一般是以关键工序和特殊工序为重点，设置控制点。

（3）重视控制效益　工程质量控制同其他质量控制一样，要付出一定的代价，投入和产出的比值是必须考虑的问题。对建筑工程来说，是通过控制其质量与成本的协调来实现。

（4）系统地进行质量控制　系统地进行质量控制，它要求有计划地实施质量体系内各有关职能的协调和控制。

（5）制定控制程序　质量控制的基本程序是：按照质量方针和目标，制定工程质量控制措施并建立相应的控制标准；分阶段地进行监督检查，及时获得信息与标准相比较，作出工程合格性判定；对于出现的工程质量的问题，及时采取纠偏措施，保证项目预期目标的实现。

5. 工程项目质量控制原则

工程项目质量控制应遵循以下原则。

（1）坚持质量第一，用户至上。

（2）以人为核心。

（3）以预防为主。

（4）用数据说话，坚持质量标准、严格检查。

（5）贯彻科学、公正、守法的职业规范。

6. 工程项目质量控制的过程

从工程项目的质量形成过程来看，要控制工程项目质量，就要按照建设过程的顺序依法控制各阶段的质量。

（1）项目决策阶段的质量控制　选择合理的建设场地，使项目的质量要求和标准符合投资者的意图，并与投资目标相协调；使建设项目与所在的地区环境相协调，为项目的长期使用创造良好的运行环境和条件。

（2）项目设计阶段的质量控制　第一，选择好设计单位，要通过设计招标，必要时组织设计方案竞赛，从中选择能够保证质量的设计单位。第二，保证各个部分的设计符合决策阶段确定的质量要求。第三，保证各个部分设计符合有关的技术法规和技术标准的规定。第四，保证各个专业设计之间协调。第五，保证设计文件、图纸符合现场和施工的实际条件，其深度应满足施工的要求。

（3）项目施工阶段的质量控制　首先，展开施工招标，选择优秀施工单位，认真审核投标单位的标书中关于保证质量的措施和施工方案，必要时组织答辩，使质量作为选择施工单位的重要依据。其次，在于保证严格按设计图纸进行施工，并最终形成符合合同规定质量要求的最终产品。

（4）项目验收与保修阶段的质量控制　按《建筑工程施工质量验收统一标准》（GB 50300—2013）系列质量验收标准组织验收，经验收合格，备案签署合格证和使用证，监督承建商按国家法律、法规规定的内容和时间履行保修义务。

三、工程项目施工阶段质量控制过程

根据工程质量形成阶段的时间，施工阶段的质量控制可以分为事前控制、事中控制和事后控制。

1. 事前质量控制

事前质量控制即在施工前进行质量控制，其具体内容有以下几方面：

（1）审查各承包单位的技术资质；

（2）对工程所需材料、构件、配件的质量进行检查和控制；

（3）对永久性生产设备和装置，按审批同意的设计图纸组织采购或订货；

（4）施工方案和施工组织设计中应含有保证工程质量的可靠措施；

（5）对工程中采用的新材料、新工艺、新结构、新技术，应审查其技术鉴定书；

（6）检查施工现场的测量标桩、建筑物的定位放线和高程水准点；

（7）完善质量保证体系；

（8）完善现场质量管理制度；

（9）组织设计交底和图纸会审。

2．事中质量控制

事中质量控制即在施工过程中进行质量控制，其具体内容有以下几方面：

（1）完善的工序控制；

（2）严格工序之间的交接检查工作；

（3）重点检查重要部位和专业过程；

（4）对完成的分部、分项工程按照相应的质量评定标准和办法进行检查、验收；

（5）审查设计图纸变更和图纸修改；

（6）组织现场质量会议，及时分析通报质量情况。

3．事后质量控制

（1）按规定质量评定标准和办法对已完成的分项分部工程、单位工程进行检查验收；

（2）组织联动试车；

（3）审核质量检验报告及有关技术性文件；

（4）审核竣工图；

（5）整理有关工程项目质量的技术文件，并编目、建档。

四、工序质量控制

1．工序及工序质量

施工工序是产品（工程）构配件或零部件生产（施工）过程的基本环节，是构成生产的基本单位，也是质量检验的基本环节。从工序的组合和影响工序因素看，工序就是人、机、料、法和环境对产品（工程）质量起综合作用的过程。工序的划分主要是取决于生产技术的客观要求，同时也取决于劳动分工和提高劳动生产率的要求。

工序质量是工序过程的质量。在生产（施工）过程中，由于各种因素的影响而造成产品（工程）产生质量波动，工序质量就是去发现、分析和控制工序中的质量波动，使影响各道工序质量的制约因素都能控制在一定范围内，确保每道工序的质量，不使上道工序的不合格品转入下道工序。工序质量决定最终产品（工程）的质量，因此，对于施工企业来说，搞好工序质量就是保证单位工程质量的基础。

工序管理的目的是使影响产品（工程）质量的各种因素能始终处于受控状态的一种管理方法。因此，工序管理实质上就是对工序质量的控制，一般采用建立质量控制点（管理点）的方法来加强工序管理。

工程项目施工质量控制就是对施工质量形成的全过程进行监督、检查、检验和验收的总称。施工质量由工作质量、工序质量和产品质量三者构成。工作质量是指参与项目实施全过程人员，为保证施工质量所表现的工作水平和完善程度，例如管理工作质量、技术工作质量、思想工作质量等。产品质量是指建筑产品必须具有满足设计规范所要求的安全可靠性、经济性、适用性、环境协调性、美观性等。工序质量包括工序作业条件和作业效果质量。工程项目的施工过程是一系列相互关联、相互制约的工序构成，工序质量是基础，直接影响工程项目的产品质量，因此，必须先控制工序质量，从而保证整体质量。

2. 工序质量控制的程序

工序质量控制就是通过工序子样检验，来统计、分析和判断整道工序质量，从而实现工序质量控制。工序质量控制的程序如下。

(1) 选择和确定工序质量控制点；

(2) 确定每个工序控制点的质量目标；

(3) 按规定检测方法对工序质量控制点现状进行跟踪检测；

(4) 将工序质量控制点的质量现状和质量目标进行比较，找出二者差距及产生原因；

(5) 采取相应的技术、组织和管理措施，消除质量差距。

3. 工序质量控制的要点

(1) 必须主动控制工序作业条件，变事后检查为事前控制。对影响工序质量的各种因素，如材料、施工工艺、环境、操作者和施工机具等项，要预先进行分析，找出主要影响因素，并加以严格控制，从而防止工序质量出现问题。

(2) 必须动态控制工序质量，变事后检查为事中控制。及时检验工序质量，利用数理统计方法分析工序质量状态，并使其处于稳定状态。如果工序质量处于异常状态，则应停止施工。在分析原因，采取措施消除异常状态后，方可继续施工。

(3) 建立工序质量控制点，合理设置工序质量控制点，并做好工序质量预控工作。

① 确定工序质量标准，并规定其抽样方法、测量方法、一般质量要求和上下波动幅度。

② 确定工序技术标准和工艺标准，具体规定每道工序的操作要求。并进行跟踪检验。

五、质量控制点设置

1. 质量控制点的概念

质量控制点的定义是：为保证工序处于受控状态，在一定的时间和一定的条件下，在产品制造过程中需重点控制的质量特性、关键部件或薄弱环节。质量控制点也称为"质量管理点"。

质量控制点是根据对重要的质量特性需要进行重点质量控制的要求而逐步形成的。任何一个施工过程或活动总是有许多项的特性要求，这些质量特性的重要程度对工程使用的影响程度不完全相同。质量控制点就是在质量管理中运用"关键的少数"、"次要的多数"这一基本原理的具体体现。

质量控制点一般可分为长期型和短期型两种。对于设计、工艺方面要求较高的关键、重要项目，是必须长期重点控制的，而对于工序质量不稳定、不合格品多或用户反馈的项目，或因为材料供应、生产安排等在某一时期内的特殊需要，则要设置短期适量控制点。当技术改进项目的实施、新材料的采用、控制措施的标准化等经过一段时间验证有效后，可以相应撤销，转入一般的质量控制。

如果对产品（工程）的关键特性、关键部位和重要因素都设置了质量控制点，得到了有效控制，则这个产品（工程）的质量就有了保证。同时控制点还可以收集大量有用的数据、信息，为质量改进提供依据。所以设置建立质量控制点，加强工序管理，是企业建立质量体系的基础环节。

2. 质量控制点的设置原则

在什么地方设置质量控制点，需要通过对工程的质量特性要求和施工过程中的各个工序进行全面分析来确定。设置质量控制点一般应考虑下列原则。

（1）对产品（工程）的适用性（可靠性、安全性）有严格影响的关键质量特性、关键部位或重要影响因素，应设置质量控制点。

（2）对工艺上有严格要求，对下道工序有严重影响的关键部位应设置质量控制点。

（3）对经常容易出现不良产品的工序，必须设立质量控制点。

（4）对会影响项目质量的某些工序的施工顺序，必须设立质量控制点。

（5）对会严重影响项目质量的材料质量和性能，必须设立质量控制点。

（6）对会影响下道工序质量的技术间歇时间，必须设立质量控制点。

（7）对某些与施工质量密切相关的技术参数，要设立质量控制点。

（8）对容易出现质量通病的部位，必须设立质量控制点。

（9）某些关键操作过程，必须设立质量控制点。

（10）对用户反馈的重要不良项目应建立质量控制点。

建筑产品（工程）在施工过程中应设置多少质量控制点，应根据产品（工程）的复杂程度、技术文件上标记的特性分类以及缺陷分级的要求而定。

3. 质量控制点实施

根据质量控制点的设置原则，质量控制点的落实与实施一般有以下几个步骤。

（1）确定质量控制点，编制质量控制点明细表。

（2）绘制"工程质量控制程序图"及"工艺质量流程图"，明确标出建立控制点的工序、质量特性、质量要求等。

（3）组织有关人员进行工序分析，绘制质量控制点设置表。

（4）组织有关部门对质量部门进行分析，明确质量目标、检查项目、达到标准及各质量保证相关部门的关系及保证措施等，并编制质量控制点内部要求。

（5）组织有关人员找出影响工序质量特性的主导因素，并绘制因果分析图和对策表。

（6）编制质量控制点工艺指导书。

（7）按质量评定表进行验评。为保证质量，严格按照建筑工程质量验评标准进行验评。

六、施工项目质量控制方法和手段

（一）施工项目质量控制的方法

施工项目质量控制的方法，主要是审核有关技术文件、报告和直接进行现场质量检验或必要的试验等。

对技术文件、报告、报表的审核，是项目管理者对工程质量进行全面控制的重要手段，其具体内容有：

（1）审核有关技术资质证明文件；

（2）审核开工报告，并经现场核实；

（3）审核施工方案、施工组织设计和技术措施；

（4）审核有关材料、半成品的质量检验报告；

（5）审核反映工序质量动态的统计资料或控制图表；

（6）审核设计变更、修改图纸和技术核定书；

（7）审核有关质量问题的处理报告；

（8）审核有关应用新工艺、新材料、新技术、新结构的技术鉴定书；

（9）审核有关工序交接检查，分项、分部工程质量检查报告；

（10）审核并签署现场有关技术签证、文件等。

现场质量检验主要包括以下内容：

（1）开工前检查。目的是检查是否具备开工条件，开工后能否连续正常施工，能否保证工程质量。

（2）工序交接检查。对于重要的工序或对工程质量有重大影响的工序，在自检、互检的基础上，还要组织专职人员进行工序交接检查。

（3）隐蔽工程检查。凡是隐蔽工程均应检查认证后方能掩盖。

（4）停工后复工前的检查。因处理质量问题或某种原因停工后需复工时，亦应经检查认可后方能复工。

（5）分项、分部工程完工后，应经检查认可，签署验收记录后，才能进行下一阶段施工。

（6）成品保护检查。检查成品有无保护措施，或保护措施是否可靠。

此外，还应经常深入现场，对施工操作质量进行巡视检查。必要时，还应进行跟班或追踪检查。

（二）施工质量控制

1. 质量控制的方法

（1）PDCA 循环工作方法　PDCA 循环是指由计划（plan）、实施（do）、检查（check）和处理（action）四个阶段组成的工作循环。

① 计划　包含分析质量现状，找出存在的质量问题；分析产生质量问题的原因和影响因素；找出影响质量的主要因素；制定改善质量的措施；提出行动计划并预计效果。

② 实施　组织对质量计划或措施的执行。

③ 检查　检查采取措施的结果。

④ 处理　总结经验，巩固成绩。提出尚未解决的问题，反馈到下一步循环中去，使质量水平不断提高。

（2）质量控制统计法　包括以下几种方法。

① 排列图法　又称主次因素分析图法，用来寻找影响工程质量主要因素的一种方法。

② 因果分析图法　又称树枝图或鱼刺图，它是用来寻找某种质量问题的所有可能原因的有效方法。

③ 直方图法　又称频数（或频率）分布直方图，它是把从生产工序搜集来的产品质量数据，按数量整理分成若干级，画出以组距为底边，以根数为高度的一系列矩形图。通过直方图可以从大量统计数据中找出质量分布规律，分析判断工序质量状态，进一步推算工序总体的合格率，并能鉴定工序能力。

④ 控制图法　又称管理图，它是用样本数据分析判断工序（总体）是否处在稳定状态的有效工具。它的主要作用有二：一是分析生产过程是否稳定，为此，应随机地连续收集数据，绘制控制图，观察数据点分布情况并评定工序状态；二是控制工序质量，为此，要定时抽样取得数据，将其描在图上，随时进行观察，以发现并及时消除生产过程中的失调现象，预防不合格的产生。

⑤ 散布图法　它是用来分析两个质量特性之间是否存在相关关系。即根据影响质量特性因素的各对数据，用点表示在直角坐标图上，以观察判断两个质量特性之间的关系。

⑥ 分层法　又称分类法。它是将搜集的不同数据，按其性质、来源、影响因素等进行分类和分层研究的方法。它可以使杂乱的数据和错综复杂的因素系统化、条理化，从而找出主要原因，采取相应措施。

⑦ 统计分析表法　它是用来统计整理数据和分析质量问题的各种表格，一般根据调查项目，可设计出不同表格格式的统计分析表，对影响质量的原因作粗略分析和判断。

2. 质量控制的手段

（1）日常性的检查，即是在现场施工过程中，质量控制人员（专业工长、质检员、技术人员）对操作人员进行操作情况及结果的检查和抽查，及时发现质量问题或质量隐患、事故苗头，以便及时进行控制。

（2）测量和检测，利用测量仪器和检测设备对建筑物水平和竖向轴线、标高、几何尺寸、方位进行控制，对建筑结构施工的有关砂浆或混凝土强度进行检测，严格控制工程质量，发现偏差及时纠正。

（3）试验及见证取样，各种材料及施工试验应符合相应规范和标准的要求，诸如原材料的性能，混凝土搅拌的配合比和计量，坍落度的检查和成品强度等物理力学性能及打桩的承载能力等，均需通过试验的手段进行控制。

（4）实行质量否决制度，质量检查人员和技术人员对施工中存有的问题，有权以口头方式或书面方式要求施工操作人员停工或者返工，纠正违章行为，责令不合格的产品推倒重做。

（5）按规定的工作程序控制，预检、隐检应有专人负责并按规定检查，作出记录，第一次使用的配合比要进行开盘鉴定，混凝土浇筑应经申请和批准，完成的分项工程质量要进行实测实量的检验评定等。

（6）对使用安全与功能的项目实行竣工抽查检测。

对于施工项目质量影响的因素，归纳起主要有五大方面（人、材料、机械、施工方法和环境因素），以下将针对影响质量的主要原因的控制进行讲述。

第二节　人的因素控制

人，是指直接参与工程建设的决策者、组织者、指挥者和操作者。人作为控制的对象，要避免产生失误；人作为控制的动力，要充分调动其积极性，发挥"人的因素第一"的主导作用。

为了避免人的失误，调动人的主观能动性，增强人的责任感和质量观，达到以工作质量保工序质量、促工程质量的目的，除了加强政治思想教育、劳动纪律教育、职业道德教育、专业技术知识培训、健全岗位责任制、改善劳动条件、公平合理的激励外，还需根据工程项目的特点，从确保质量出发，本着适才适用，扬长避短的原则来控制人的使用。

在工程质量控制中，人员的参与，一种是以个体形态存在，另一种方式常以某一组织的形态参与，下面分别介绍两种形态下的人的控制。

一、个体人员因素控制

1. 领导者的素质

在对设计、监理、施工承包单位进行资质认证和优选时，一定要考核领导层领导者的素质。因为领导层整体的素质好，必然决策能力强，组织机构健全，管理制度完善，经营作风正派，技术措施得力，社会信誉高，实践经验丰富，善于协作配合。这样，就有利于合同执行，有利于确保质量、投资、进度三大目标的控制。事实证明，领导层的整体素质，是提高工作质量和工程质量的关键。

2. 人的理论、技术水平

人的理论、技术水平直接影响工程质量水平，尤其是对技术复杂、难度大、精度高、工艺新的建筑结构设计或建筑安装的工序操作。例如：功能独特、造型新颖的建筑设计；特种结构；空间结构的理论计算；危害性大、原因复杂的工程质量事故分析处理等均应选择既有丰富理论知识，又有丰富实践经验的建筑师、结构工程师和有关的工程技术人员承担。必要时还应对他们的技术水平予以考核，进行资质认证。

3. 人的违纪违章

人的违纪违章，指人粗心大意、漫不经心、注意力不集中、不懂装懂、无知而又不虚心、不履行安全措施、安全检查不认真、随意乱扔东西、任意使用规定外的机械装置、不按规定使用防护用品、碰运气、图省事、玩忽职守、有意违章等，都必须严加教育、及时制止。

4. 施工企业管理人员和操作人员控制

建筑施工队伍的管理者和操作者，是建筑工程的主体，是工程产品形成的直接创造者，人员素质高低及质量意识的强弱都直接影响到工程产品的优劣，应认真抓好操作者的素质教育，不断提高操作者的生产技能，严格控制操作者的技术资质、资格与准入条件，是施工项目质量管理控制的关键途径。

（1）持证上岗 项目经理实行持证上岗制度。从事工程项目施工管理的项目经理，必须取得《全国建筑施工企业项目经理培训合格证》和《建筑施工企业项目经理资质证书》（一、二、三级资质）。

项目经理是岗位职务，在承担工程建设时，必须具有国家授予的项目经理资质，其承担工程规格应符合项目经理资质等级许可的范围；按照国家相关规定的要求，以及同国际操作方式的接轨需求，从 2008 年开始，项目经理必须由取得建造师执业资格证书（分为一级建造师和二级建造师）的人员担任。

项目技术负责人的资格应与所承包的工程项目的结构特征、规模大小和技术要求相适应。

专业工长和专业管理人员（九大员）必须经培训、考核合格，具有岗位证书的人员担任。

特殊专业工种（焊工、电工、防水工等）的操作人员应经专业培训并获得相应资格证书，其他工种的操作工人应取得高、中、初级工的技能证书。

（2）素质教育 学习有关建设工程质量的法律、法规、规章，提高法律观念、质量意识，树立良好的职业道德。

学习国家标准、规范、规程等技术法规，提高业务素质，加强技术标准、管理标准和企业标准化建设。

组织工人学习工艺、操作规程，提高操作技能，开展治理质量通病活动，消除影响结构安全和使用功能的质量通病。

全面开展"五严活动"。严禁偷工减料，严禁粗制滥造，严禁假冒伪劣、以次充好，严禁盲目指挥、玩忽职守，严禁私招乱揽、层层转包、违法分包。

二、组织体人员因素控制

人在参与施工项目质量控制时，是以各种组织的身份来作出或不作出某种行为的，这就要求参与人必须充分了解并切实履行所代表的组织在施工项目质量控制中应承担的质量责任和义务。

1. 建设单位的质量责任和义务

（1）建设单位应当将工程发包给具有相应资质等级的承建单位，建设单位不得将建设工程肢解发包。

（2）建设单位应当依法对工程项目的勘察、设计、施工、监理以及工程建设有关的重要设备、材料采购进行招标。

（3）建设单位必须向有关的勘察、设计、工程监理等单位提供与建筑工程有关的原始资料，原始资料必须真实、准确、齐全。

（4）建设单位不得明示或者暗示设计单位或者施工单位违反工程建设强制性标准，降低建设工程质量。

（5）建设单位应将施工图设计文件报县级以上人民政府建设行政主管部门或者其他有关部门审查。施工图设计文件审查的具体办法，由国务院建设行政主管部门会同国务院其他有关部门制定。施工图设计文件未经审查的，不得使用。

（6）实行监理的工程，建设单位应当委托具有相应资质等级的工程监理单位进行监理，也可以委托具有工程监理相应资质等级并与被监理工程的施工承包单位没有隶属关系或者其他利害关系的该工程的设计单位进行监理。下列建设工程必须实施监理。

① 国家重点建设工程；

② 大中型公用事业工程；

③ 成片开发建设的住宅小区工程；

④ 利用外国政府或者国际组织贷款、援助资金的工程；

⑤ 国家规定必须实行监理的其他工程。

（7）建设单位在领取施工许可证或者开工报告前，应当按照国家有关规定办理工程质量监督手续。

（8）建设单位不得明示或者暗示施工单位使用不合格的建筑材料、建筑构配件和设备。

（9）房屋建筑使用者在装修过程中，不得擅自变动房屋建筑材料、建筑主体和承重结构。

（10）建设工程竣工验收应具备下列条件。

① 完成建设工程设计和合同约定的各项内容；

② 有完整的技术档案和管理资料；

③ 有工程使用的主要建筑材料、建筑配件和设备的进场试验报告；

④ 有勘察、设计、施工、工程监理等单位分别签署的质量合格文件；

⑤ 有施工单位签署的工程保修书。

建设工程经验收合格的，方可交付使用。

（11）建设单位应当严格按照国家有关档案管理的规定，及时收集、整理建设项目各环节的文件资料，建立、健全建设项目档案，并在建设工程竣工验收后，及时向建设行政主管部门或者其他有关部门移交建设项目档案。

2. 勘察、设计单位的质量责任和义务

（1）从事建设工程勘察、设计的单位应当依法取得相应等级的资质证书，并在其资质等级许可的范围内承揽工程。

禁止勘察、设计单位超越其资质等级许可的范围或者以其他勘察、设计单位的名义承揽工程。禁止勘察、设计单位允许其他单位或者个人以本单位的名义承揽工程。

勘察、设计单位不得转包或者违法分包所承揽的工程。

（2）勘察、设计单位必须按照工程建设强制性标准进行勘察、设计，并对其勘察、设计的质量负责。

注册建筑师、注册结构工程师等注册执业人员应当在设计文件上签字，对设计文件负责。

（3）勘察单位提供的地质、测量、水文等勘察成果必须真实、准确。

（4）设计单位应当根据勘察成果文件进行建设工程设计。设计文件应当符合国家规定的设计深度要求，注明工程合理使用年限。

（5）设计单位在设计文件中选用的建筑材料、建筑构配件和设备，应当注明规格、型号、性能等技术指标，其质量要求符合国家规定的标准。

除有特殊要求的建筑材料、专用设备、工艺生产等外，设计单位不得指定生产厂、供应商。

（6）设计单位应当就审查合格的施工设计文件向施工单位作出详细说明。

（7）设计单位应当参与建设工程质量事故分析，并对因设计造成的质量事故，提出相应的技术处理方案。

3. 施工单位的质量责任和义务

（1）施工单位应当依法取得相应等级的资质证书，并在其资质等级许可的范围内承揽工程。

禁止施工单位超越本单位资质等级许可的业务范围或者以其他施工单位的名义承揽工程。禁止施工单位允许其他单位或者个人以本单位的名义承揽工程。

施工单位不得转包或者违法分包工程。

（2）施工单位对建设工程的施工质量负责。

施工单位应当建立质量责任制，确定工程项目的项目经理、技术负责人和施工管理负责人。

建设工程实行总承包的，总承包单位应当对全部建设工程质量负责；建设工程勘察、设计、施工、设备采购的一项或者多项实行总承包的，总承包单位应当对其承包的建设工程或者采购的设备的质量负责。

（3）总承包单位依法将建设工程分包给其他单位的，分包单位应当按照分包合同的约定对其分包工程的质量向总承包单位负责，总承包单位与分包单位对分包工程的质量承担连带责任。

（4）施工单位必须按照工程设计图和施工技术标准施工，不得擅自修改工程设计，不得偷工减料。施工单位在施工过程中发现设计文件和图纸有差错的，应当及时提出意见和建议。

（5）施工单位必须按照工程设计要求、施工技术标准和合同约定，对建筑材料、建筑构配件、设备和商品混凝土进行检验，检验应当有书面记录和专人签字；未经检验或者检验不合格的，不得使用。

（6）施工单位必须建立、健全施工质量的检验制度，严格工序管理，做好隐蔽工程的质量检查和记录。隐蔽工程在隐蔽前，施工单位应当通知建设单位和建设工程质量监督机构。

（7）施工人员对涉及结构安全的试块、试件以及有关材料，应当在建设单位或者工程监理单位监督下现场取样，并送具有相应资质等级的质量检测单位进行检测。

（8）施工单位对施工中出现质量问题的建设工程或者竣工验收不合格的建设工程，应当负责返修。

（9）施工单位应当建立、健全教育培训制度，加强对职工的教育培训；未经教育培训或者考核不合格的人员，不得上岗作业。

4. 工程监理单位的质量责任和义务

（1）工程监理单位应当依法取得相应等级的资质证书，并在其资质等级许可的范围内承担工程监理业务。

　　禁止工程监理单位超越本单位资质等级许可的范围或者以其他工程监理单位的名义承担工程监理业务。禁止工程监理单位允许其他单位或者个人以本单位的名义承担工程监理业务。工程监理单位不得转让工程监理业务。

　　（2）工程监理单位与被监理工程的施工承包单位以及建筑材料、建筑构配件和设备供应单位有隶属关系或者其他利害关系的，不得承担该项建设工程的监理业务。

　　（3）工程监理单位应当依照法律、法规以及有关技术标准、设计文件和建设工程承包合同，代表建设单位对施工质量实施监理，并对施工质量承担监理责任。

　　（4）工程监理单位应当选配相应的总监理工程师和监理工程师进驻施工现场。

　　未经监理工程师签字，建筑材料及设备不得在工程上使用或者安装，施工单位不得进行下一道工序的施工；未经总监理工程师签字，建设单位不拨付工程款，不进行竣工验收。

　　（5）监理工程师应当按照工程监理规范的要求，以旁站、巡视和平行检验等形式，对建设工程实施监理。

第三节　机械设备控制

一、施工现场机械设备控制的意义

　　建筑施工生产活动，除了要具备劳动力和劳动对象之外，还必须具有一定数量的劳动资料。机械设备是建筑产品生产的主要劳动资料，是生产建筑产品必备的基本要素。随着建筑工业化的发展，施工机械越来越多，并将逐步代替繁重的体力劳动，在施工生产中发挥愈来愈大的作用。

　　加强现场施工机械设备管理，使机械设备经常处于良好的技术状态，对提高劳动生产效率、减轻劳动强度、改善劳动环境、保证工程质量、加快施工速度等都具有重要作用。现场施工机械设备管理是建筑企业管理的重要组成部分，是提高工程项目经济效益的重要环节。

二、施工现场机械设备控制的任务与内容

　　建筑企业机械设备管理是对企业的机械设备运动，即从选购（或自制）机械设备开始，包括投入施工、磨损、补偿直到报废为止的全过程的管理。而现场施工机械设备管理主要是正确选择（或租赁）和使用机械设备，及时搞好施工机械设备的维护和保养，按计划检查和修理，建立现场施工机械设备使用管理制度等。其主要任务是采取技术、经济、组织措施对机械设备合理使用，用养结合，提高施工机械设备的使用效率，尽可能降低工程项目的机械使用成本，提高工程项目的经济效益。

　　现场施工机械设备管理的内容主要有以下几个方面。

　　1. 机械设备的选择与配套

　　任何一个工程项目施工机械设备的合理装备，必须依据施工组织设计。首先，对机械设备的技术经济进行分析，选择既满足生产、技术先进又经济合理的机械设备。结合施工组织设计，分析自制、购买和租赁的分界点，进行合理装备。其次，现场施工机械设备的装备必须配套成龙，使设备在性能、能力等方面相互配套。如果设备数量多，但相互之间不配套，不仅机械性能不能充分发挥，而且会造成经济上的浪费。所以不能片面地认为设备的数量越多越好。现场施工机械设备的配套必须考虑主机和辅机的配套关系，考虑前后工序机械设备间的配套关系，考虑大、中、小型工程机械及动力工具的多

层次结构的合理比例关系。

2. 现场机械设备的合理使用

现场机械设备管理要处理好"养"、"管"、"用"三者之间的关系，遵照机械设备使用的技术规律和经济规律，合理有效地利用机械设备，使之发挥较高的使用效率。为此，操作人员使用机械时必须严格遵守操作规程，反对"拼设备"、"吃设备"等野蛮操作。

3. 现场机械设备的保养和修理

为了提高机械设备的完好率，使机械设备经常处于良好的技术状态，必须做好机械设备的维修保养工作。同时，定期检查和校验机械设备的运转情况和工作精度，发现隐患及时采取措施。根据机械设备的性能、结构和使用状况，制订合理的修理计划，以便及时恢复现场机械设备的工作能力，预防事故的发生。

三、施工机械设备使用控制

1. 合理配备各种机械设备

由于工程特点及生产组织形式各不相同，因此，在配备现场施工机械设备时必须根据工程特点，经济合理地为工程配好机械设备，同时又必须根据各种机械设备的性能和特点，合理地安排施工生产任务，避免"大机小用"、"精机粗用"，以及超负荷运转的现象。而且还应随工程任务的变化及时调整机械设备，使各种机械设备的性能与生产任务相适应。

现场施工单位在确定施工方案和编制施工组织设计时，应充分考虑现场施工机械设备管理方面的要求，统筹安排施工顺序和平面布置图，为机械施工创造必要的条件。如水、电、动力供应，照明的安装、障碍物的拆除，以及机械设备的运行路线和作业场地等。现场负责人要善于协调施工生产和机械使用管理间的矛盾，既要支持机械操作人员的正确意见，又要向机械操作人员进行技术交底和提出施工要求。

2. 实行人机固定的操作证制度

为了使施工机械设备在最佳状态下运行使用，合理配备足够数量的操作人员并实行机械使用、保养责任制是关键。现场的各种机械设备应定机定组交给一个机组或个人，使之对机械设备的使用和保养负责。操作人员必须经过培训和统一考试合格取得操作证后，方可独立操作。无证人员登机操作应按严重违章操作处理。坚决杜绝为赶进度而任意指派机械操作人员之类事件的发生。

3. 建立健全现场施工机械设备使用的责任制和其他规章制度

人员岗位责任制，操作人员在开机前、使用中、停机中，必须按规定的项目要求，对机械设备进行检查和例行保养，做好清洁、润滑、调整、紧固、防腐工作。经常保持机械设备的良好状态，提高机械设备的使用效率，节约使用费用、取得良好的经济效益。

4. 创造良好的环境和工作条件

(1) 创造适宜的工作场地。水、电、动力供应充足，工作环境应整洁、宽敞、明亮，特别是夜晚施工时，要保证施工现场的照明。

(2) 配备必要的保护，安全、防潮装置，有些机械设备还必须配备降温、保暖、通风等装置。

(3) 配备必要测量、控制和保险用的仪表和仪器等装置。

(4) 建立现场施工机械设备的润滑管理系统。即实行"五定"的润滑管理——定人、定质、定点、定量、定期的润滑制度。

(5) 开展施工现场范围内的完好设备竞赛活动。完好设备是指零件、部件和各种装置完整齐全、油路畅通、润滑正常、内外清洁、性能和运转状况均符合标准的设备。

（6）对于在冬期施工中使用的机械设备，要及时采取相应的技术措施，以保证机械正常运转。如准备好机械设备的预热保温设备；在投入冬期使用前，对机械设备进行一次季节性保养，检查全部技术状态，换用冬期润滑油等。

5. 现场施工机械设备使用控制建立"三定"制度

（1）"三定"制度的意义 "三定"制度，即定人、定机、定岗位责任，是人机固定原则的具体表现，是保证现场施工机械设备得到最合理使用和精心维护的关键。"三定"制度是把现场施工机械设备的使用、保养、保管的责任落实到个人。

（2）施工现场落实"三定"制度形式 施工现场"三定"制度的形式可多种多样，根据不同情况而定，但是必须把本工地所属的全部机械设备的使用、保管、保养的责任落实到人。做到人人有岗位，事事有专责，台台机械有人管，具体可利用以下几种形式：

① 多人操作式多班作业的机械设备，在指定操作人员基础上，任命一人为机长，实行机长负责制；

② 一人一机或一人多机作业的机械，实行专机专人负责制；

③ 掌握有中、小型机械设备的班组，在机械设备和操作人员不能固定的情况下，应任命机组长对所管机械设备负责；

④ 施工现场向企业租赁或调用机械设备时，对大型机械原则上做到机调人随，重型或关键机械必须人随机走。

（3）"三定"制定的内容 在"三定"制度内部，建立健全机械操作人员与机长的职责，班与班之间的责任制。

操作人员职责包括以下几方面：

① 严格遵守操作规程，主动积极为施工生产服务，高质低耗地完成机械作业任务；

② 爱护机械设备，执行保养制度，认真按规定要求做好机械设备的清洁、润滑、加固、调整、防腐等工作，保证机械设备整洁完好；

③ 保管好原机零件、部件、附属设备、随机工具，做到完整齐全，不丢失或无故损坏；

④ 认真执行交接班制度，及时准确地填写机械设备的各项原始记录，经常反映机械设备的技术状况。

机长职责包括以下几方面：

① 组织并督促检查全组人员对机械设备的正确使用、保养、保管和维修，保证完成机械施工作业任务；

② 检查并汇总各项原始记录及报表，及时准确上报，组织机组人员进行单机核算；

③ 组织并检查交接班制度执行情况；

④ 组织机组人员的技术业务学习，并对人员的技术考核提出意见。

另外，为了使多班作业的机械设备不致由于班与班之间交接不清而发生操作事故、附件丢失或责任不清等现象，必须建立交接班制度作为岗位责任制的组成部分。机械设备交接班时，首先应由交方填写交接班记录，并作口头补充介绍，经接方核对确认签收后方可下班。交接班的内容有以下几方面：

① 交清本班任务完成情况、工作面情况及其他有关注意事项或要求；

② 交清机械运转及使用情况，特别应介绍有无异常情况及处理经过；

③ 交清机械保养情况及存在问题；

④ 交清机械随机工具、附件和消耗材料等情况；

⑤ 填好本班各项原始记录，做好机械清洁工作。

第四节 材料的控制

材料（含构配件）是工程施工的物质条件，没有材料就无法施工。材料的质量是工程质量的基础，材料质量不符合要求，工程质量也就不可能符合标准。所以，加强材料的质量控制，是提高工程质量的重要保证，也是创造正常施工条件的前提。

一、材料质量控制的要点

1. 掌握材料信息，优选供货厂家

掌握材料质量、价格、供货能力的信息，选择好供货厂家，就可获得质量好、价格低的材料资源，从而确保工程质量，降低工程造价。这是企业获得良好社会效益、经济效益、提高市场竞争能力的重要因素。

材料订货时，要求厂方提供质量保证文件，用以表明提供的货物完全符合质量要求。质量保证文件的内容主要包括：供货总说明；产品合格证及技术说明书；质量检验证明；检测与试验者的资质证明；不合格品或质量问题处理的说明及证明；有关图纸及技术资料等。

对于材料、设备、构配件的订货、采购，其质量要满足有关标准和设计的要求；交货期应满足施工及安装进度计划的要求。对于大型的或重要设备，以及大宗材料的采购，应当实行招标采购的方式；对某些材料，如瓷砖等装饰材料，订货时最好一次订齐和备足货源，以免由于分批订货而出现颜色差异、质量不一。

2. 合理组织材料供应，确保施工正常进行

合理、科学地组织材料的采购、加工、储备、运输，建立严密的计划、调度体系，加快材料的周转，减少材料的占用量，按质、按量、如期地满足建设需要，是提高供应效益、确保正常施工的关键环节。

3. 合理组织材料使用，减少材料的损失

正确按定额计量使用材料，加强运输、仓库、保管工作，加强材料限额管理和发放工作，健全现场材料管理制度，避免材料损失、变质，这是确保材料质量、节约材料的重要措施。

4. 加强材料检查验收，严把材料质量关

（1）对用于工程的主要材料，进场时必须具备正式的出厂合格证和材质化验单。如不具备或对检验证明有怀疑时，应补做检验。

（2）工程中所有构件，必须具有厂家批号和出厂合格证。钢筋混凝土和预应力钢筋混凝土构件，均应按规定的方法进行抽样检验。由于运输、安装等原因出现的构件质量问题，应分析研究，经处理鉴定合格后方能使用。

（3）凡标志不清或认为质量有问题的材料；对质量保证资料有怀疑或与合同规定不符合的一般材料；由于工程重要程度决定，应进行一定比例试验的材料；需要进行追踪检验，以控制和保证其质量的材料等，均应进行抽检。对于进口的材料设备和重要工程或关键施工部位所用的材料，则应进行全部检验。

（4）材料质量抽样和检验的方法，应符合《建筑材料质量标准与管理规程》，要能反映该批材料的质量性能。对于重要构件或非匀质的材料，还应酌情增加采样的数量。

（5）在现场配制的材料，如混凝土、砂浆等的配合比，应先提出试配要求，经试配检验合格后才能使用。

（6）对进口材料、设备应会同商检局检验，如核对凭证中发现问题，应取得供方和商检

人员签署的商务记录，及时提出索赔。

5. 要重视材料的使用认证，以防错用或使用不合格的材料

（1）对主要装饰材料及建筑配件，应在订货前要求厂家提供样品或看样订货；主要设备订货时，要审核设备清单是否符合设计要求。

（2）对材料性能、质量标准、适用范围和施工要求必须充分了解，以便慎重选择和使用材料。

（3）凡是用于重要结构、部位的材料，使用时必须仔细地核对、认证其材料的品种、规格、型号、性能有无错误，是否适合工程特点和满足设计要求。

（4）新材料应用，必须通过试验和鉴定；代用材料必须通过计算和充分的论证，并要符合结构构造的要求。

（5）材料认证不合格时，不许用于工程中。有些不合格的材料，如过期、受潮的水泥是否降级使用，亦需结合工程的特点予以论证，但决不允许用于重要的工程或部位。

6. 现场材料应按以下要求管理

（1）入库材料要分型号、品种，分区堆放，予以标识，分别编号。

（2）对易燃易爆的物资，要专门存放，有专人负责，并有严格的消防保护措施。

（3）对有防湿、防潮要求的材料，要有防湿、防潮措施，并要有标识。

（4）对有保质期的材料要定期检查，防止过期，并做好标识。

（5）易损坏的材料、设备，要保护好外包装，防止损坏。

二、建筑材料质量控制的原则

1. 材料质量控制的基本要求

虽然工程使用的建筑材料种类很多，其质量要求也各不相同，但是从总体上说，建筑材料可以分为直接使用的进场材料和现场进行二次加工后使用的材料两大类。前者如砖或砌块，后者如混凝土和砌筑砂浆等。这两类进场材料质量控制的基本要求都应当掌握。

（1）材料进场时其质量必须符合规定。

（2）各种材料进场后应妥善保管，避免质量发生变化。

（3）材料在施工现场的二次加工必须符合有关规定，如混凝土和砂浆配合比、拌制工艺等必须符合有关规范标准和设计的要求。

（4）了解主要建筑材料常见的质量问题及处理方法。

2. 进场材料质量的验收

（1）对材料外观、尺寸、形状、数量等进行检查。对材料外观等进行检查，是任何材料进场验收必不可缺的重要环节。

（2）检查材料的质量证明文件。

（3）检查材料性能是否符合设计要求。材料质量不仅应该达到规范规定的合格标准，当设计有要求时，还必须符合设计要求。因此，材料进场时，还应对照设计要求进行检查验收。

（4）为确保工程质量，对涉及地基基础与主体结构安全或影响主要建筑功能的材料，还应当按照有关规范或行政管理规定进行抽样复试。以检验其实际质量与所提供的质量证明文件是否相符。

3. 见证取样和送检

近年来，随着工程质量管理的深化，对工程材料试验的公正性、可靠性提出了更高的要求。从 1995 年开始，我国北京、上海等城市开始实行见证取样送检制度。具体做法是：对部分重要材料试验的取样、送检过程，由监理工程师或建设单位的代表到场见证，确认取样

符合有关规定后，予以签认，同时将试样封存，直至送达试验单位。

为了更好地控制工程及材料质量，质量控制参与者应当熟悉见证取样的有关规定，要求建设单位、监理单位、施工单位认真实施。应当将见证取样送检的试验结果与其他试验结果进行对比，互相印证，以确认所试项目的结论是否正确、真实。如果应当进行见证取样送检的项目，由于种种原因未做时，应当采取补救措施。例如，当条件许可时，应该补做见证取样送检试验，当不具备补做条件时，对相应部位应该进行检测等。

见证取样送检制度提高了取样与送检环节的公正性，但对试验环节没有涉及。通常由各地根据自己的情况对试验环节加以管理。

4. 新材料的使用

新材料通常指新研制成功或新生产出来的未曾在工程上使用过的材料。建筑工程使用新材料时，由于缺乏相对成熟的使用经验，对新材料的某些性能不熟悉，因此必须贯彻"严格"、"稳妥"的原则，我国许多地区和城市对建筑工程使用新型材料都有明确和严格的规定。通常，新材料的使用应该满足以下三条要求。

(1) 新材料必须是生产或研制单位的正式产品，有产品质量标准，产品质量应达到合格等级。任何新材料，生产研制单位除了应有开发研制的各种技术资料外，还必须具有产品标准。如果没有国家标准、行业标准或地方标准，则应该制定企业标准，企业标准应按规定履行备案手续。材料的质量，应该达到合格等级。没有质量标准的材料，或不能证明质量达到合格的材料，不允许在建筑工程上使用。

(2) 新材料必须通过试验和鉴定。新材料的各项性能指标，应通过试验确定。试验单位应具备相应的资质。为了确保新材料的可靠性与耐久性，在新材料用于工程前，应通过一定级别的技术论证与鉴定。对涉及地基基础、主体结构安全及环境保护、防火性能以及影响重要建筑功能的材料，应经过有关管理部门批准。

(3) 使用新材料，应经过设计单位和建设单位的认可，并办理书面认可手续。

三、材料质量控制的内容

材料质量控制的内容主要有材料的质量标准，材料的性能，材料取样、试验方法，材料的适用范围和施工要求等。

1. 材料质量标准

材料质量标准是用以衡量材料质量的尺度，也是作为验收、检验材料质量的依据。不同的材料有不同的质量标准。如水泥的质量标准有细度、标准稠度用水量、凝结时间、强度、体积安定性等。掌握材料的质量标准，就便于可靠地控制材料和工程的质量。如水泥颗粒越细，水化作用就越充分，强度就越高；初凝时间过短，不能满足施工有足够的操作时间，初凝时间过长，又影响施工进度；安定性不良，会引起水泥石开裂，造成质量事故；强度达不到等级要求，直接危害结构的安全。为此，对水泥的质量控制，就是要检验水泥是否符合质量标准。

2. 材料质量的检（试）验

(1) 材料质量的检验目的 是通过一系列的检测手段，将所取得的材料数据与材料的质量标准相比较，借以判断材料质量的可靠性及能否使用于工程中，同时还有利于掌握材料信息。

(2) 材料质量的检验方法 有书面检验、外观检验、理化检验和无损检验四种。

① 书面检验 是通过对提供的材料质量保证资料、试验报告等进行审核，取得认可方能使用。

② 外观检验 是对材料从品种、规格、标志、外形尺寸等进行直观检查，看其有无质

量问题。

③ 理化检验 是借助试验设备和仪器对材料样品的化学成分、机械性能等进行科学的鉴定。

④ 无损检验 是在不破坏材料样品的前提下，利用超声波、X 射线、表面探伤仪等进行检测。

（3）材料质量的检验程度 根据材料信息和保证资料的具体情况，其质量检验程度分免检、抽检和全部检验三种。

① 免检 就是免去质量检验过程。对有足够质量保证的一般材料，以及实践证明质量长期稳定且质量保证资料齐全的材料，可予免检。

② 抽检 就是按随机抽样的方法对材料进行抽样检验。当对材料的性能不清楚，或对质量保证资料有怀疑，或成批生产的构配件，均应按一定比例进行抽样检验。

③ 全部检验 凡对进口的材料、设备和重要工程部位的材料，以及贵重的材料，应进行全部检验，以确保材料和工程质量。

（4）材料质量检验项目 分为："一般试验项目"，为通常进行的试验项目；"其他试验项目"，为根据需要进行的试验项目。具体内容参阅材料检验项目的相关规定。

（5）材料质量检验的取样 材料质量检验的取样必须有代表性，即所采取样品的质量应能代表该批材料的质量。

3. 材料的选择和使用要求

材料的选择和使用不当，均会严重影响工程质量或造成质量事故。为此，必须针对工程特点，根据材料的性能、质量标准、适用范围和对施工要求等方面进行综合考虑，慎重地选择和使用材料。如不同品种、强度等级的水泥，由于水化热不同，不能混合使用；硅酸盐水泥、普通水泥因水化热大，适宜于冬期施工，而不适宜于大体积混凝土工程。

四、常用建筑材料的质量控制

1. 进场水泥的质量控制

水泥是一种有效期短、质量极容易变化的材料，同时又是工程结构最重要的胶结材料。水泥质量对建筑工程的安全具有十分重要的意义。由水泥质量引发的工程质量问题比较常见，对此应该引起足够重视。

（1）对进场水泥的质量进行验收工作

① 检查进场水泥的生产厂是否具有产品生产许可证。

② 检查进场水泥的出厂合格证或试验报告。

③ 对进场水泥的品种、标号、包装或散装仓号、出厂日期等进行检查。对袋装水泥的实际重量进行抽查。

④ 按照产品标准和施工规范要求，对进场水泥进行抽样复试。抽样方法及试验结果必须符合国家有关标准的规定。由于水泥有多种不同类别，其质量指标与化学成分以及性能各不相同，故应对抽样复试的结果认真加以检查，各项性能指标必须全部符合标准。

⑤ 当对水泥质量有怀疑时，或水泥出厂日期超过三个月时，应进行复试，并按试验结果使用。

⑥ 水泥的抽样复试应符合见证取样送检的有关规定。

（2）进场水泥的保存、使用

① 必须设立专用库房保管。水泥库房应该通风、干燥、屋面不渗漏、地面排水通畅。

② 水泥应按品种、标号、出厂日期分别堆放，并应当用标牌加以明确标示。标牌书写项目、内容应齐全。当水泥的贮存期超过三个月或受潮、结块时，遇到标号不明、对其质量

有怀疑时，应当进行取样复试，并按复试结果使用。这样的水泥，不允许用于重要工程和工程的重要部位。

③ 为了防止材料混合后出现变质或强度降低现象，不同品种的水泥，不得混合使用。各种水泥有各自的特点，在使用时应予以考虑。例如，硅酸盐水泥、普通水泥因水化热大，适于冬期施工，而不适宜于大体积混凝土工程；矿渣水泥适用于大体积混凝土和耐热混凝土，但具有泌水性大的特点，易降低混凝土的匀质性和抗渗性，施工时必须注意。

2. 进场钢筋的质量控制

（1）进场钢筋的验收工作

① 检查进场钢筋生产厂是否具有产品生产许可证。

② 检查进场钢筋的出厂合格证或试验报告。

③ 按炉罐号批号及直径和级别等对钢筋的标志、外观等进行检查。进场钢筋的表面或每捆（盘）均应有标志，且应标明炉罐号或批号。

④ 按照产品标准和施工规范要求，按炉罐号、批号及钢筋直径和级别等分批抽取试样作力学性能试验。试验结果应符合国家有关标准的规定。

⑤ 当钢筋在运输、加工过程中，发现脆断、焊接性能不良或力学性能显著不正常等现象时，应根据国家标准对该批钢筋进行化学成分检验或其他专项检查。

⑥ 钢筋的抽样复试应符合见证取样送检的有关规定。

（2）对冷拉钢筋的质量验收

① 应进行分批验收。每批由不大于20t的同级别、同直径冷拉钢筋组成。

② 钢筋表面不得有裂纹和局部缩颈，当用作预应力筋时，应逐根检查。

③ 从每批冷拉钢筋中抽取2根钢筋，每根取2个试样分别进行拉力和冷弯试验。当有一项试验结果不符合规定时，应当取加倍数量的试样重新试验，当仍有一个试样不合格时，则该批冷拉钢筋为不合格品。

第五节　方法的控制

方法控制是指施工项目为达到合同条件的要求，在项目施工阶段内所采取的技术方案、工艺流程、组织措施、检测手段、施工组织设计等的控制。

施工项目的施工方案正确与否，是直接影响施工项目的进度控制、质量控制、投资控制三大目标能否顺利实现的关键。往往由于施工方案考虑不周而拖延进度，影响质量，增加投资。为此，在制定和审核施工方案时，必须结合工程实际从技术、组织、管理、工艺、操作、经济等方面进行全面分析、综合考虑，力求方案技术可行、经济合理、工艺先进、措施得力、操作方便，有利于提高质量、加快进度、降低成本。

施工方案的确定一般包括确定施工流向、确定施工顺序、划分施工段、选择施工方法和施工机械。

1. 确定施工流向

确定施工流向是解决施工项目在平面上、空间上的施工顺序，确定时应考虑以下因素：

（1）按生产工艺要求，须先期投入生产或起主导作用的工程项目先施工；

（2）技术复杂、施工进度较慢、工期较长的工段和部位先施工；

（3）满足选用的施工方法、施工机械和施工技术的要求；

（4）符合工程质量与安全的要求；

（5）确定的施工流向不得与材料、构件的运输方向发生冲突。

2. 确定施工顺序

施工顺序是指单位工程施工项目中，各分项分部工程之间进行施工的先后次序。主要解决工序间在时间上的搭接关系，以充分利用空间、争取时间、缩短工期。单位工程施工项目施工应遵循先地下、后地上；先土建、后安装；先高空、后地面；先设备安全、后管道电气安装的顺序。

3. 划分施工段

施工段的划分，必须满足施工顺序、施工方法和流水施工条件的要求，为使施工段划分合理，应遵循以下原则：

（1）各施工段上的工程量应大致相等，相差幅度不超过 10%～15%，确保施工连续、均衡地进行；

（2）划分施工段界限应与施工项目的结构界限（变形缝、单元分界、施工缝位置）相一致，以确保施工质量和不违反操作顺序要求为前提；

（3）施工段应有足够的工作面，以利于达到较高的劳动效果；

（4）施工段的数量要满足连续流水施工组织的要求。

4. 选择施工方法和施工机械

施工方法和施工机械的选择是紧密联系的，施工机械的选择是施工方法选择的中心环节，不同的施工方法所用的施工机具不同，在选择施工方法和施工机械时，要充分研究施工项目的特征、各种施工机械的性能、供应的可能性和企业的技术水平、建设工期的要求和经济效益等，一般遵循以下要求：

（1）施工方法的技术先进性和经济合理性统一；

（2）施工机械的适用性与多用性兼顾；

（3）辅助机械应与主导机械的生产能力应协调一致；

（4）机械的种类和型号在一个施工项目上应尽可能少；

（5）尽量利用现有机械。

在确定施工方法和主导机械后，应考虑施工机械的综合使用和工作范围，工作内容得到充分利用，并制定保证工程质量与施工安全的技术措施。

5. 施工方案的技术经济分析

施工项目中的任何一个分项分部工程，应列出几个可行的施工方案，通过技术经济分析在其中选出一个工期短、质优、省料、劳动力和机械安全合理、成本低的最优方案。

施工方案的技术经济分析有定性分析和定量分析两种常用方法。

定性分析是结合施工经验，对几个方案的优缺点进行分析和比较，得出以下指标来评价确定：

（1）施工操作上的难易程度和安全可靠性；

（2）能否为后续工作创造有利的施工条件；

（3）选择的施工机械设备是否可能取得；

（4）能否为现场文明施工创造有利条件；

（5）对周围其他工程施工影响的程度大小。

定量分析，是通过计算各方案的几个主要技术经济指标进行综合分析，从中选择技术经济指标最优的方案，主要指标如下所述。

（1）工期指标　当要求工程尽快完成时，选择施工方案就要确保工程质量、安全和成本较低的条件下，优先考虑缩短工期的方案。

（2）劳动消耗量指标　它反映施工机械化程度和劳动生产率水平，在方案中劳动消耗量越小，说明机械化程度和劳动生产率越高。

（3）主要材料消耗量指标　反映各施工方案的主要材料节约情况。

（4）成本指标　反映施工方案成本高低。

（5）投资额指标　当拟定的施工方案需要增加新的投资时，以投资额低的方案为好。

第六节　环境因素的控制

项目施工阶段是施工项目形成的关键阶段，此阶段是施工企业在项目的施工现场将设计的蓝图建造成实物，因而施工阶段的环境因素对施工项目质量起着非常重要的影响，在施工项目质量的控制中应重视施工现场环境因素的影响，并加以有效合理的控制。

影响施工项目质量的环境因素很多，概括起来分为：工程技术（图纸资料、图纸会审、开工审批、技术交底等），工程管理环境（质量保证体系、质量管理制度等），现场施工环境（场地情况、交通情况、能源供应等），自然环境（地质、地下水位、气象等）以及其他环境因素。

环境因素对施工项目质量的影响具有复杂而多变的特点。比如气象条件：温度、湿度、降雨、严寒等都直接影响施工项目质量，气象变化主要体现在冬期、雨期、炎热季节性施工中，尤其是混凝土工程、土方工程、深基础及高空作业等深受季节性条件的影响。但气象条件是无法改变的，只能根据各自特点做好季节性施工的准备工作并采取有针对性的质量措施，降低或避免季节性环境因素对施工质量影响。

一、季节性施工准备工作控制

1. 冬期施工准备工作

（1）合理安排冬期施工项目。冬期施工条件差、技术要求高，费用增加。为此，应考虑既能保证施工质量，而费用又增加较少的项目安排在冬期施工，如吊装、打桩、室内抹灰、装修（可先安装好门窗及玻璃）等工程。

（2）落实各种热源供应和管理。包括各种热源供应渠道、热源设备和冬期用的各种保温材料的储存和供应等工作。

（3）做好保温防冻工作。

（4）做好测温组织工作。测温要按规定的部位、时间要求进行，并要如实填写测温记录。

（5）做好停工部位的安排、防护和检查。

（6）加强安全教育，严防火灾发生。要有防火安全技术措施，经常检查落实确保各种热源设备完好。做好职工培训及冬期施工的技术操作和安全施工的教育，确保施工质量，避免安全事故发生。

2. 雨期施工的准备工作

（1）防洪排涝，做好现场排水工作。工程地点若在河流附近，上游有大面积山地丘陵，应有防洪排涝准备。施工现场雨期来临前，应做好排水沟渠的开挖，准备好抽水设备，防止场地积水和地沟、基槽、地下室等泡水，造成损失。

（2）做好雨期施工安排，尽量避免雨期窝工造成的损失。一般情况下在雨期到来之前，应多安排完成基础、地下工程、土方工程、室外及屋面工程等不宜在雨期施工的项目，多留些室内工作在雨期施工。

（3）做好道路维护，保证运输畅通。雨期前检查道路边坡排水，适当提高路面，防止路面凹陷，保证运输畅通。

（4）做好物资的储存。雨期到来前，材料、物资应多储存，减少雨期运输量，以节约费用。要准备必要的防雨器材，库房四周要有排水沟渠，防止物品淋雨浸水而变质。

（5）做好机具设备防护。雨期施工，对现场的各种设施、机具要加强检查，特别是脚手架、垂直运输设施等，要采取防倒塌、防雷击、防漏电等一系列技术措施。

（6）加强施工管理，做好雨期施工的安全教育。要认真编制雨期施工技术措施，认真组织贯彻实施。加强对职工的安全教育，防止各种事故发生。

二、季节性施工措施

（1）施工人员应熟悉并认真执行冬期施工技术有关规定，掌握气候动态。

（2）混凝土冬期施工以蓄热法为主，掺早强剂为辅，可用热水搅拌混凝土，短运输、快入模，混凝土浇筑完毕立即盖好，尽量使用高强度等级水泥。

（3）混凝土搅拌时间增加常温时的 50%，草帘子日揭夜盖，保持温度，直至强度达到设计标号的 40%。

（4）砌体工程冬期施工、石灰膏要遮盖防冻，砖及块材不浇水，砌筑时亦不浇水、刮浆；砌筑砂浆中可加早强剂、缓冲剂或加热，砌体上应用草帘覆盖。

（5）大面积外抹灰冬期应停止施工。如必须进行时应尽量利用太阳光照热度。

（6）内抹灰冬期施工，应将外门窗玻璃装好，洞口堵隔，出入门口挂草帘，室内在 5℃以上时才可施工；小面积粉刷可在室内人工加温，保温应保持到粉刷干燥到九成以上。

（7）做好雨天施工准备。现场道路要坚实，有排水沟及流水去向，施工安排要立体交叉，要考虑雨期可转入室内的工作。

（8）地下室施工时要防止地面水淌进坑内，要设集水坑，并备用足够的排水设备。

（9）正在浇筑混凝土遇雨时，已浇好的要及时覆盖，允许留施工缝的，中途停歇要按施工缝要求处理，现场应备用必要的挡雨设施。

（10）夏季要做好防暑降温工作，混凝土夏季可掺缓凝剂，做好浇水养护工作。

三、混凝土冬期施工措施

混凝土冬期施工一般要求在正温浇筑，正温下养护，使混凝土强度在冰冻前达到受冻临界强度，在冬期施工时对原材料和施工过程均要求有必要的措施，并选择合理施工方法来保证混凝土的施工质量。

1．对材料的要求

（1）冬期施工中配制混凝土用的水泥，应优先选用活性高、水化热大的硅酸盐水泥和普通硅酸盐水泥。水泥的强度等级不应低于 32.5R 级。最小水泥用量不宜少于 $300kg/m^3$。水灰比不应大于 0.6。使用矿渣硅酸盐水泥时，宜采用蒸汽养护，使用其他品种水泥，应注意其中掺和材料对混凝土抗冻抗渗等性能的影响。冷混凝土法施工宜优先选用含引气成分的外加剂，含气量宜控制在 2%～4%。掺用防冻剂的混凝土，严禁使用高铝水泥。

（2）混凝土所用骨料必须清洁，不得含有冰雪等结晶及易冻裂的矿物质。冬期骨料所用贮备场地应选择地势较高不积水的地方。

（3）冬期施工对组成混凝土的材料加热，应优先考虑加热水，因为水的热容量大，加热方便，加热温度不得超过 80℃。当水、骨料达到规定温度仍不能满足热工计算要求时，可提高水温到 100℃，但水泥不得与 80℃ 以上的水直接接触。水泥不得直接加热，使用前宜运入暖棚存放。

冬期施工拌制混凝土的砂、石温度要符合热工计算需要温度。骨料加热的方法有，将骨料放在热源上面加温或铁板上面直接加热；或者通过蒸汽管、电热线加热等。但不得用火焰直接加热骨料，并应控制加热温度。加热的方法可因地制宜，但以蒸汽加热法为好。

（4）钢筋冷拉可在负温下进行，但冷拉温度不宜低于−20℃。当采用控制应力方法时，冷拉控制应力较常温下提高 30N/mm²；采用冷拉率控制方法时，冷拉率与常温时相同。钢筋的焊接应在室内进行。如必须在室外焊接，其最低气温不低于−20℃，且须有防雪和防风措施。刚焊接的接头严禁立即碰到冰雪，避免造成冷脆现象。

（5）冬期浇筑的混凝土，宜使用无氯盐类防冻剂，对抗冻性要求高的混凝土，宜使用引气剂或引气减水剂。

2. 混凝土的搅拌、运输和浇筑

（1）混凝土的搅拌　混凝土不宜露天搅拌应尽量搭设暖棚，优先选用大容量的搅拌机，以减少混凝土的热损失。混凝土搅拌时间应根据各种材料的温度情况，考虑相互间的热平衡过程，可通过试拌确定延长时间，一般为常温搅拌时间的 1.25～1.5 倍。搅拌混凝土的最短时间应按规定采用。搅拌时为防止水泥出现"假凝"现象，应在水、砂、石搅拌一定的时间后再加入水泥。搅拌混凝土时，骨料不得带有冰、雪及冻团。

拌制掺用防冻剂的混凝土，当防冻剂为粉剂时，可按要求掺量直接撒在水泥上面和水泥同时投入；防冻剂为液体时，应先配制成规定浓度溶液，然后再根据使用要求，用规定浓度溶液再配成施工溶液。各溶液应分别置于明显标志的容器内，不得混淆，每班使用的外加剂溶液应一次配成。

（2）混凝土的运输　混凝土的运输过程是热损失的关键阶段，应采取必要的措施减少混凝土的热损失，同时应保证混凝土的和易性。常用的主要措施为减少运输时间和距离；使用大容积的运输工具并采取必要的保温措施。保证混凝土入模温度不低于 5℃。

（3）混凝土的浇筑　混凝土在浇筑前，应消除模板和钢筋上的冰雪和污垢，尽量加快混凝土的浇筑速度，防止热量散失过多。当采用加热养护时，混凝土养护前的温度不得低于 2℃。

冬期不得在强冻胀性地基土上浇混凝土，当在弱冻胀性地基土上浇混凝土时，地基土应进行保温，以免遭冻。对加热养护的现浇混凝土结构，混凝土的浇筑程序和施工的位置，应能防止在加热养护时产生较大的温度应力。当分层浇筑厚大的整体结构时，已浇筑层的混凝土温度，在被上一层混凝土覆盖前，不得低于按蓄热法计算的温度，且不得低于 2℃。混凝土振捣应采用机械振捣。

3. 混凝土冬期施工方法

混凝土工程冬期施工方法是保证混凝土在硬化过程防止早期受冻所采取的各种措施，并根据自然气温条件、结构类型、工期要求确定混凝土工程冬期施工方法。混凝土冬期施工方法主要有两大类，第一类为蓄热法、暖棚法、蒸汽加热法和电热法，这类冬期施工方法，实质是人为地创造一个正温环境，以保证新浇筑的混凝土强度能够正常地不间断地增长，甚至可以加速增长；第二类为冷混凝土法，这类冬期施工方法，实质是在拌制混凝土时，加入适量的外加剂，可以适当降低水的冰点，使混凝土中的水在负温下保持液相，从而保证了水化作用的正常进行，使得混凝土强度得以在负温环境中持续地增长，这种方法一般不再对混凝土加热。

在选择混凝土冬期施工方法时，应保证混凝土尽快达到冬期施工的临界强度，避免遭受冻害。一个理想的施工方案，首先应当在杜绝混凝土早期受冻的前提下，在最短的施工期限内，用最低的冬期施工费用，获得优良的施工质量。

小　　结

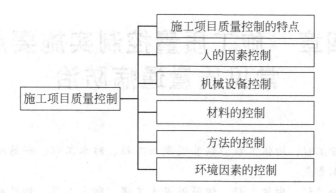

施工项目质量控制
- 施工项目质量控制的特点
- 人的因素控制
- 机械设备控制
- 材料的控制
- 方法的控制
- 环境因素的控制

自测练习

1. 工程项目质量具有哪些特点？
2. 什么是工序质量控制，什么是质量控制点？
3. 施工单位质量控制有哪些方法和手段？
4. 工程项目施工方案包括哪些内容？
5. 季节性施工常见有哪些施工措施？

第四章 施工质量控制实施要点及常见质量通病防治

【知识目标】
- 了解地基与基础工程、砌体工程、钢筋混凝土工程、防水工程、钢结构工程和装饰装修工程的质量控制要点
- 理解地基与基础工程、砌体工程、钢筋混凝土工程、防水工程、钢结构工程和装饰装修工程的质量验收标准
- 掌握地基与基础工程、砌体工程、钢筋混凝土工程、防水工程、钢结构工程和装饰装修工程的验收方法以及质量通病的防治

【能力目标】
- 能够熟悉各分部分项工程质量控制要点
- 能够掌握如何防范质量通病
- 能够应用相关知识进行各分部分项工程质量评定和验收

　　建筑工程的质量控制，就是按照国家颁布的施工质量验收规范，利用技术、观感、检测、审查等手段，对施工过程中的关键部位、薄弱环节、重点工艺，以及结构构件、材料等质量进行预检和隐检。质量控制的主要目的就是消除质量通病，查除质量隐患，排除质量事故，保证结构安全。使所施工的工程质量达到国家验收规范所规定的"合格"质量等级标准。本章将详细讲述结构施工过程的质量控制。

第一节　地基基础工程的质量控制

　　地基与基础工程是建筑物的重要部分，它影响着建筑物的结构安全。它涉及砌体、混凝土、钢结构、地下防水工程以及基桩检测等有关内容，验收时需综合相关规范进行。

　　地基基础工程施工前，必须具备完备的地质勘察资料及工程附近管线、建筑物、构筑物和其他公共设施的构造情况，必要时应作施工勘察和调查以确保工程质量及临近建筑的安全。

　　地基与基础工程的施工，均与地下土层接触，地质资料极为重要。基础工程的施工影响临近房屋和其他公共设施，对这些设施的结构状况的掌握，有利于基础工程施工的安全与质量，同时又可使这些设施得到保护。施工前掌握必要的资料，做到心中有数是必要的。

一、灰土地基

　　灰土地基，顾名思义，是由石灰和土的混合体构成的地基。由于在土中掺入了一定比例的石灰，从而改良了土的力学性能，使得灰土垫层能够更好地把基础传来的荷载分担给地面。

1. 施工中应注意的质量问题

灰土的土料宜用黏土及塑性指数大于 1 的粉质黏土。严禁采用冻土、膨胀土和盐渍土等活动性较强的土料。土料中有机物含量不得超过 5%，土料应过筛，颗粒不得大于 15mm。石灰应用Ⅲ级以上的新鲜块灰，含氧化钙、钙化镁越高越好，石灰消解后使用，颗粒不得大于 5mm，消石灰中不得夹有未熟化的生石灰块粒及其他杂质，也不得含有过多的水分。灰土采用体积配合比，一般宜为 2∶8 或 3∶7。

2. 施工过程质量控制要点

灰土土料、石灰等材料及配合比应该符合设计要求，灰土应该搅拌均匀。

3. 分项工程施工质量验收

主控项目的检查要求如下。

(1) 地基承载力 检验方法一般采用静载法或其他原位测试方法。检验的数量是每单位工程不少于 3 点，每 1000m² 以上工程，每 100m² 至少应有 1 点，3000m² 以上工程，每 300m² 至少应有 1 点。每一独立基础下至少有一点，基槽每 20 延长米应有 1 点。

采用载荷试验压实填土承载力时，要考虑压板尺寸和压实填土厚度的关系。压实填土厚度大，压板尺寸也要增大，或者采取分层检验。采用这种方法检验压实土的质量，结果可靠，准确度高。

(2) 灰土配合比 检验方法：现场检查拌和时的体积比。检验数量：柱坑按总数抽查 10%；但不少于 5 个；基坑、沟槽每 10m² 抽查 1 处，但不少于 5 处。

灰土配合比对垫层承载力影响较大，特别是灰土中活性氧化钙含量。如以灰土中活性氧化钙含量 81.74% 的灰土强度为 100% 计，当氧化钙含量为 74.59% 时，相对强度就降到 74%，当氧化钙含量降为 69.49% 时，相对强度就降到 60%，所以在检查时要重点看灰土中石灰的氧化钙含量大小。

(3) 压实系数 采用环刀法或其他方法进行检验。检查数量：应分层抽样检验土的干密度，当采用贯入仪或钢筋检验垫层的质量时，检验点的间距应小于 4m。当取土样检验垫层的质量时，对大基坑每 50~100m² 应不少于 1 个检验点；对基槽每 10~20m 应不少于 1 个点；每个单独柱基应不少于 1 个点。

当采用环刀法抽样时，取样点应在位于每层 2/3 的深度处。合格标准：经检查求得的压实系数不得低于设计要求或表 4-1 的规定。

表 4-1 填土压实系数表

结 构 分 类	填 土 部 位	压 实 系 数	控制含水量
砌体承重结构或框架结构	在地基主要受力层范围内	≥0.97	$\omega_{OP} \pm 2$
	在地基主要受力层范围以下	≥0.95	
排架结构	在地基主要受力层范围内	≥0.96	
	在地基主要受力层范围以下	≥0.94	

注：1. 压实系数为压实填土的控制干密度与最大干密度的比值，ω_{OP} 为最优含水量；

2. 地坪垫层以下及基础地面标高以上的压实填土，压实系数不应小于 0.94。

二、砂和砂石地基

1. 材料质量的控制

砂及砂石地基宜采用坚硬的中砂、粗砂、碎石、砂砾等材料。所用的材料内不得含有草根、垃圾等有机杂质。碎石或卵石的最大粒径不宜大于 50mm。

2. 施工质量的控制内容

砂石的级配应根据设计要求或试验确定。人工制作的砂石地基，待拌制均匀后再铺填捣实。

分段施工时，接头应该做成斜坡，每一层相错0.5～1m，充分捣实。如果地基底面深度不一致，在铺设砂及砂石时，应预先挖成阶梯状或斜坡状，再以先深后浅的顺序施工。

3. 砂及砂石地基质量检验标准

砂和砂石地基的质量检验标准应符合表4-2的规定。

表4-2 砂及砂石地基质量检验标准

项	序	检验项目	允许偏差或允许值		检验方法
			单位	数值	
主控项目	1	地基承载力	设计要求		按规定方法
	2	配合比	设计要求		检查拌和时体积比
	3	压实系数	设计要求		现场实测
一般项目	1	砂石料有机含量	%	≤5	熔烧法
	2	砂石料含泥量	%	≤5	水洗法
	3	石料粒径	mm	≤100	筛分法
	4	含水量(与要求的最优含水量比较)	%	±2	烘干法
	5	分层度偏差(与设计要求比较)	mm	±50	水准法

三、强夯地基

强夯法是用起重机械吊起重8～30t的夯锤，从6～30m高处自由落下，给地基土以强大的冲击能量的夯击，从而提高地基承载力。它适用于加固碎石土、砂土、黏性土、湿陷性黄土、素土及杂填土等地基。

1. 施工质量控制内容

（1）单点夯试验 在施工现场或附近场地内，选择有代表性的适当位置进行单点夯试验。试验点的数量根据工程的实际需要确定，一般不少于2点。依据夯锤直径，用白灰粉画出试验点中心位置及夯击圆界限。

在夯击试验点界限外两侧，以试验中心为原点，对称等间距埋设标高施测基准桩，并使之排成一条直线，直线要通过试验中心点，桩间距为1m。在远离夯击试验区外架设水准仪，进行各观测点的水准测量，并做好记录。

把夯锤平稳地起吊到设计高度，释放夯锤使其自由平稳落下，然后用水准仪对基桩及夯锤顶部进行水准高程观测，并做好试验记录。

（2）施工参数确定 施工参数是在试夯及检测后，经分析试验数据来确定的。施工参数包括很多，有夯击高度、单点夯击次数、点夯施工遍数、满夯夯击能量、夯击次数、夯点搭接范围、满夯遍数。

① 平均夯击能 一般对砂质土取500～1000kJ/m²，对黏性土取1500～3000kJ/m²。夯击能过小会使加固效果差，夯击能过大会破坏饱和黏性土土体并降低强度。

② 夯击点布置及间距 大面积地基一般采用梅花形或正方形网格排列；而条形基础，夯点可成行布置；对于工业厂房独立柱，可按柱网设置单夯点。夯击间距一般取夯击直径的3倍，大致为5～15m。实际操作中，第一遍夯点间距宜大，便于夯击能向深度传递。

③ 夯击遍数及击数 一般情况下为2～5遍。前2～3遍为间夯，最后一遍低能量满夯。每一个夯击点的夯击数为3～10击。开始2遍夯击数宜多一些，随后各遍夯击数逐渐减少，

最后一遍只夯击 1~2 下。

④ 两遍之间的间隔时间　一般间隔为 1~4 周，黏性土或者冲积土为 3 周，没有地下水或者地下水位在 5m 以下时，可间隔 1~2 天，或者连续夯击没有间隔。

2. 强夯地基质量检验标准

强夯地基质量检验标准应符合表 4-3 的规定。

表 4-3　强夯地基质量检验标准

项	序	检　验　项　目	允许偏差或允许值		检　验　方　法
			单位	数值	
主控项目	1	地基强度	设计要求		按规定方法
	2	地基承载力	设计要求		
一般项目	1	分锤落距	mm	±300	钢索设标志
	2	锤重	kg	±100	称重
	3	夯击遍数及顺序	设计要求		计数法
	4	夯点间距	mm	±500	用钢尺量
	5	夯击范围（超出基础范围距离）	设计要求		用钢尺量
	6	前后两遍间隔时间	设计要求		

第二节　砌体工程的质量控制

砌体工程包括砖砌体、石砌体、砌块砌体等类型，在建筑结构中主要有三个作用：即承重作用，围护作用，分隔作用。为了更好地发挥砌体的作用和功能，要求砌体的质量必须达到《砌体工程施工质量验收规范》（GB 50203—2011）的规定。

一、砌筑砂浆的质量控制

1. 砂浆用砂的要求

砂浆用砂宜采用过筛中砂，不应混有草根、树叶、树枝、塑料、煤块、炉渣等杂物；砂中含泥量、泥块含量、石粉含量、云母、轻物质、有机物、硫化物、硫酸盐及氯盐含量（配筋砌体砌筑用砂）等应符合现行行业标准《普通混凝土用砂、石质量及检验方法标准》（JGJ 52）的有关规定；人工砂、山砂及特细砂，应经试配能满足砌筑砂浆技术条件要求。

2. 搅拌时间及延用时间

砌筑砂浆要用机械拌制，从投料完全算起，搅拌时间应符合下列规定：

水泥砂浆和水泥混合砂浆不得少于 2min；水泥粉煤灰砂浆，掺用外加剂的砂浆不得少于 3min；掺增塑剂的砂浆，其搅拌方式、搅拌时间应符合现行行业标准《砌筑砂浆增塑剂》（JG/T 164）的有关规定。

现场拌制的砂浆应随拌随用，拌制的砂浆应在 3h 内使用完毕；当施工期间最高气温超过 30℃时，应在 2h 内使用完毕。预拌砂浆及蒸压加气混凝土砌块专用砂浆的使用时间应按照厂方提供的说明书确定。

3. 砂浆质量检验

在砂浆中掺入的砌筑砂浆增塑剂、早强剂、缓凝剂、防冻剂、防水剂等砂浆外加剂，其品种和用量应经有资质的检测单位检验和试配确定。所用外加剂的技术性能应符合国家现行有关标准《砌筑砂浆增塑剂》(JG/T 164)、《混凝土外加剂》(GB 8076)、《砂浆、混凝土防水剂》(JC/T 474) 的质量要求。

同一验收批砂浆试块强度平均值应大于或等于设计强度等级值的 1.10 倍；同一验收批砂浆试块抗压强度的最小一组平均值应大于或等于设计强度等级值的 85%。

抽检数量：每一检验批且不超过 250m³ 砌体的各类、各强度等级的普通砌筑砂浆，每台搅拌机应至少抽检一次。验收批的预拌砂浆、蒸压加气混凝土砌块专用砂浆，抽检可为 3 组。

4. 原位检测

当施工中或验收时出现下列情况，可采用现场检验方法对砂浆或砌体强度进行实体检测，并判定其强度：

(1) 砂浆试块缺乏代表性或试块数量不足；

(2) 对砂浆试块的试验结果有怀疑或有争议；

(3) 砂浆试块的试验结果，不能满足设计要求；

(4) 发生工程事故，需要进一步分析事故原因。

二、砖砌体工程的质量监督

(一) 施工质量控制

1. 砌筑用砖

砌体工程中所用的砖，应有质量证明书，并应符合设计要求。砖材料进场后，应在见证抽取试样复验合格后方可使用。

砖的品种、强度等级必须符合设计要求，并应规格一致；用于清水墙、柱表面的砖，应边角整齐，色泽均匀；砌筑砖砌体时，砖应提前 1~2 天适度湿润，严禁采用干砖或处于吸水饱和状态的砖砌筑。烧结类块体的相对含水率 60%~70%；混凝土多孔砖及混凝土实心砖不需浇水湿润，但在气候干燥炎热的情况下，宜在砌筑前对其喷水湿润。其他非烧结类块体的相对含水率为 40%~50%。

2. 设皮数杆

在墙体的转角处设立皮数杆，纵轴或横轴墙体每 15~20m 之间应设一皮数杆。设置皮数杆时，一般距墙角或墙皮 50mm。皮数杆应垂直、牢固、标高一致，皮数杆或皮数线应进行复核和办理预检手续。皮数杆上应注明窗洞口、拉结筋、圈梁等结构的尺寸标高。

3. 基础墙砌筑

根据皮数杆最下面一层砖的底标高，拉线检查基础垫层表面标高是否合适，当一层砖的水平灰缝大于 20mm 时，则应采用细石混凝土找平。基础的组砌方法一般采用一顺一丁排砖法。砌筑时，必须达到里外咬槎、上下层错缝。基础大放脚的盘底尺寸必须符合设计要求。如果是一层一退，里外均应设丁砖；如果是两层一退，一层为条砖，二层为丁砖。如果盘砌墙角，每次盘角高度不得超过五层砖。

变形缝的墙角应按直角要求砌筑。

4. 墙体砌筑

(1) 盘角 砌筑墙体前先盘砌墙体的四个大角，每次盘砌高度不得超过五皮砖。新盘的大角及时进行吊、靠检测，如有偏差时及时进行修整。

(2) 挂线 砌筑砖墙厚度超过一砖厚时应采用双面挂线，超过 10m 的长墙，中间设支撑点，小线要拉紧，每皮砖都要穿线看平，使水平灰缝均匀一致，平直通顺。水平灰缝的厚度应控制在 10mm，但不得小于 8mm，也不能大于 12mm。

(3) 留槎与错缝 除构造柱外，砖砌体的转角处和交接处应同时砌筑。对不能同时砌筑而又必须留置的临时间断处应砌筑成斜槎，斜槎水平投影长度不小于高度的2/3。

砌体接槎时，必须将槎处的表面清理干净，浇水湿润，并应填实砂浆，保持灰缝平直。砖砌体应上下错缝，内外搭砌。实心砌体应该采用一顺一丁、梅花丁或三顺一丁的砌筑形式。砖柱不得采用包心砌法。而那些使用单排孔小砌块砌筑墙体时，应对孔错缝搭砌；使用多排孔小砌块砌筑墙体时，应错缝搭砌，搭接长度不应小于120mm。墙体的个别部位不能满足上述要求时，应在砌块砌体的灰缝中设置拉结钢筋网片，但竖向通缝仍不得超过两皮小砌块。

砖柱和宽度小于1m的窗间墙，应先用整砖砌筑；每层承重墙的最上一皮砖，240mm厚墙应是整砖丁砌；在梁和梁垫的下面、砖砌体的阶水平面上以及砌砖挑出的挑檐、腰线等均为整砖丁砌层。

（4）施工洞口　留置的施工洞口侧边离交接处不应小于500mm，洞口净宽度不应超过1m。施工洞口可留直槎，但必须为阳槎，并设拉结筋，拉结筋长度从留槎处算起每边不应小于1000mm，末端应有90°弯勾。

（5）预埋木砖、混凝土砖　在砌筑墙体时，户门框、外窗框处应预埋混凝土砖，室内门框应预埋木砖。洞口高度在1.2m以内的，每边应放置两块预埋砖；高度在1.2～2.0m，每边放3块；高度在2～3m，每边放4块。预埋砖的放置位置一般在洞口上下边的四皮砖层处，中间按均匀分布。

（6）构造柱　砌体中设有构造柱时，在砌砖前，先根据设计图纸将构造柱位置进行弹线，并把构造柱插筋处理顺直。砌筑砖墙时，与构造柱连接处应砌成马牙槎。每一个马牙槎沿高度方向尺寸不得超过300mm，并且采用先退后进的砌筑方法。

（7）拉结筋　非抗震设防及抗震设防烈度为6度、7度地区的临时间断处，当不能留斜槎时，除转角处外，可留直槎，但直槎必须做成凸槎，且应加设拉结钢筋，拉结钢筋应符合下列规定：

① 每120mm墙厚放置1φ6拉结钢筋（120mm厚墙应放置2φ6拉结钢筋）；

② 间距沿墙高不应超过500mm，且竖向间距偏差不应超过100mm；

③ 埋入长度从留槎处算起每边均不应小于500mm，对抗震设防烈度6度、7度的地区，不应小于1000mm；

④ 末端应有90°弯钩。

隔墙与墙或柱不能同时砌筑而又不能留成斜槎时，可由墙或柱中引出凸槎。对于抗震设防区，灰缝中还应预埋拉结筋，构造应该符合上述规定，每道墙不得少于2根。

（8）脚手架眼的设置　在下列位置不得设置脚手架：120mm厚的墙体和独立柱；过梁上与过梁成60°角的三角形范围及过梁净跨度1/2的高度范围内；宽度小于1m的窗间墙；砌体门窗洞口两侧200mm和转角处450mm范围内；梁或梁垫及其左右500mm范围内；设计上不允许设置的部位。

（9）砂浆饱满度　对于烧结普通砖砌体水平灰缝的砂浆饱满度不得小于80%；竖缝宜采用挤浆或加浆使砖缝灰浆饱满，不得出现透明缝。

质量检查人员抽样检查砂浆饱满度时，应该按照每步架抽查不少于3处，每处掀起砌好的3块砖，用百格网检查砖底面与砂浆的粘接痕迹面积，按3块砖的平均值评定砂浆饱满度。

（10）清水墙的勾缝　墙面勾缝前，应清除墙面粘接的砂浆、泥浆和杂物等，并洒水湿润；开凿瞎缝，并对缺棱掉角的部位用与墙面相同的颜色的砂浆修复齐整；将脚手架眼补砌严密。墙面勾缝应用细砂拌制1：1.5水泥砂浆进行勾缝。墙面勾缝应横平顺直、深浅一致、搭接平整并压实抹光，不得有丢缝、开裂、粘接不牢和污染墙壁面等现象。当设计对缝型无要求时，勾缝宜采用凹缝或平缝，凹缝深度为 4～5mm。

（二）砖砌体施工质量验收标准

1. 砌体的垂直度

砌体的垂直位置及垂直度允许偏差应符合表 4-4 的规定。

表 4-4　砌体的垂直位置及垂直度允许偏差

项次	项目			允许偏差/mm	检验方法	抽检数量
1	轴线位置偏移			10	用经纬仪和尺或其他测量仪器检查	承重墙、柱全数检查
2	垂直度	每层		5	用 2m 托线板检查	不应少于 5 处
		全高	≤10m	10	用经纬仪、吊线和尺检查，或用其他测量仪器检查	外墙全部阳角
			>10m	20		

2. 砖砌体的尺寸偏差

砖砌体的一般尺寸允许偏差应符合表 4-5 的规定。

表 4-5　砖砌体的一般尺寸允许偏差

项次	项目		允许偏差/mm	检验方法	抽检数量
1	基础、墙、柱顶面标高		±15	用水准仪和尺检查	不应少于 5 处
2	表面平整度	清水墙、柱	5	用 2m 靠尺和楔形塞尺检查	不应少于 5 处
		混水墙、柱	8		
3	水平灰缝平直度	清水墙	7	拉 5m 线和尺检查	不应少于 5 处
		混水墙	10		
4	门窗洞口高、宽(后塞口)		±10	用尺检查	不应少于 5 处
5	外墙上下窗口偏移		20	以底层窗口为准，用经纬仪或吊线检查	不应少于 5 处
6	清水墙游丁走缝		20	以每层第一皮砖为准，用吊线和尺检查	不应少于 5 处

三、混凝土小型空心砌块砌体工程质量控制

1. 一般规定

（1）施工时所用的小砌块的产品龄期不应小于 28 天。

（2）砌筑小砌块时，应清除表面污物和芯柱用小砌块孔洞底部的毛边，剔除外观质量不合格的小砌块。

（3）施工时所用的砂浆，宜选用专用的小砌块砌筑砂浆。

（4）底层室内地面以下或防潮层以下的砌体，应采用强度等级不低于 C20 的混凝土灌实小砌块的孔洞。

（5）砌筑普通混凝土小型空心砌块砌体，不需对小砌块浇水湿润，如遇天气干燥炎热，宜在砌筑前对其喷水湿润；对轻骨料混凝土小砌块，应提前浇水湿润，块体的相对含水率宜为 40%～50%。雨天及小砌块表面有浮水时，不得施工。

（6）承重墙体使用的小砌块应完整、无破损、无裂缝。

（7）小砌块墙体应孔对孔、肋对肋错缝搭砌。单排孔小砌块的搭接长度应为块体长度的 1/2；多排孔小砌块的搭接长度可适当调整，但不宜小于小砌块长度的 1/3，且不应小于 90mm。墙体的个别部位不能满足上述要求时，应在灰缝中设置拉结钢筋或钢筋网片，但竖向通缝仍不得超过两皮小砌块。

（8）小砌块应底面朝上反砌于墙上。

（9）芯柱混凝土宜选用专用小砌块灌孔混凝土。浇筑芯柱混凝土应符合下列规定：

① 每次连续浇筑的高度宜为半个楼层，但不应大于 1.8m；

② 浇筑芯柱混凝土时，砌筑砂浆强度应大于 1MPa；

③ 清除孔内掉落的砂浆等杂物，并用水冲淋孔壁；

④ 浇筑芯柱混凝土前，应先注入适量与芯柱混凝土成分相同的去石砂浆；

⑤ 每浇筑 400～500mm 高度捣实一次，或边浇筑边捣实。

2. 主控项目

（1）小砌块和砂浆的强度等级必须符合设计要求。

抽检数量：每个生产厂家，每 1 万块小砌块至少应抽验一组。用于多层以上建筑基础和底层的小砌块抽检数量不应少于 2 组。

检验方法：检查小砌块和芯柱混凝土、砌筑砂浆试块试验报告。

（2）砌体水平灰缝的砂浆饱满度，应按净面积计算不得低于 90％；竖向灰缝饱满度不得小于 80％，竖缝凹槽部位应用砌筑砂浆填实；不得出现瞎缝、透明缝。

抽检数量：每检验批抽查不应少于 5 处。

检验方法：用百格网检查底面与砂浆的粘接痕迹面积。每处检测 3 块砖，取其平均值。

（3）墙体转角处和纵横交接处应同时砌筑。临时间断处应砌成斜槎，斜槎水平投影长度不应小于斜槎高度。施工洞口可预留直槎，但在洞口砌筑和补砌时，应在直槎上下搭砌的小砌块孔洞内用强度等级不低于 C20（或 Cb20）的混凝土灌实。

抽检数量：每检验批抽查不应少于 5 处。

检验方法：观察检查。

3. 一般项目

（1）墙体的水平灰缝厚度和竖向灰缝宽度宜在 10mm，不应大于 12mm，也不应小于 8mm。

抽检数量：每层楼的检测点不应少于 3 处。

抽检方法：用尺量 5 皮小砌块的高度和 2m 砌体长度折算。

（2）小砌块墙体的一般尺寸允许偏差应按表 4-5 中 1～5 项的规定执行。

四、石砌体工程的质量控制

（一）材料质量要求

（1）石材。石砌体所用石材应质地坚实，无风化剥落和裂纹。用于清水墙、柱表面的石材，应色泽均匀。毛石砌体中所用的毛石应呈块状，其中部厚度不小于 150mm，各种砌筑用的料石宽度、厚度均不宜小于 200mm，长度不宜大于厚度的 4 倍。

（2）水泥、砂、砂浆的质量要求同砌砖工程。

（二）施工质量控制

1. 毛石砌体

毛石砌体的灰缝厚度为 20～30mm，石块间不得有相互接触现象。石块间的空隙应先填塞砂浆后用碎石块嵌实。

砌筑毛石基础的第一皮石块应坐浆，并将大面向下。毛石基础的扩大部分，如做成阶梯形，上级阶梯的石块应至少压砌下级阶梯的 1/2，相邻阶梯的毛石应相互错缝搭砌。

毛石砌体的第一皮及转角处、交接处和洞口处，应用较大的平毛石砌筑。每个楼层，包括基础在内，砌体的最上一皮，也应用较大的毛石砌筑。

毛石砌体必须设置拉结石。拉结石应均匀分布，相互错开。毛石基础同皮内每间隔 2m

左右设置一块拉结石；毛石墙每 $0.7m^2$ 墙面至少设置一块，且同皮内的中距不大于 2m。拉结石的长度，为基础宽度或墙厚等于或小于 400mm 时，应与宽度及厚度相等；如基础宽度或墙厚大于 400mm，可用两块拉结石内外搭接，搭接长度不应小于 150mm，且其中一块长度不小于基础宽度或墙厚的 2/3。

毛石砌体每日砌筑墙不宜超过 1.2m 高。

2. 料石砌体

料石砌体的灰缝厚度，应按料石的种类确定；细料石砌体不宜大于 5mm；粗料石和毛料石不宜大于 20mm。

料石基础砌体的第一皮应用丁砌坐浆砌筑。除梯形料石基础，上级阶梯的料石应至少压砌下级阶梯的 1/3。料石砌体应上下错缝搭砌。砌体厚度等于或大于两块料石宽度时，如同皮内全部采用顺组砌，每砌好两皮后，应砌一皮丁砌层；如同皮内采用丁顺组砌，丁砌石应交错设置，其中心间距不应大于 2m。

用料石作过梁，厚度为 200～450mm，净跨度不宜大于 1.2m，两段各伸入墙内长度不应小于 250mm。过梁上续砌墙时，其中间石块不应小于过梁净跨的 1/3，其两旁应砌不小于 2/3 过梁净跨度的料石。

石砌体的砂浆饱满度不应小于 80%。

料石墙体中不得留置脚手架眼。

3. 挡土墙

砌筑毛石挡土墙，除符合毛石砌体的质量规定外，还应符合下列规定。

毛石的中部厚度不宜小于 200mm；每隔 3～4 皮为一个分层高度，每个分层高度应找平一次，外露面的灰缝厚度不得大于 40mm，两个分层高度间的错缝不得小于 80mm。

料石挡土墙宜采用同皮内丁顺相同的砌筑形式。当中间部分用毛石填砌时，丁砌料石伸入毛石部分的长度不应小于 200mm。

（三）石砌体质量检验标准

1. 轴线位置及垂直度允许差

对石砌体的轴线位置及垂直度允许偏差的检查，外墙按楼层（或 4m 高以内）每 20m 抽查一处，每处 3 延长米，但不少于 3 处；内墙按有代表性的自然间抽查 10%，但不少于 3 间，每间不少于 2 处，柱子不少于 5 根。

石砌体的轴线位置及垂直度允许偏差应符合表 4-6 的规定。

表 4-6　石砌体的轴线位置及垂直度允许偏差

项次	项　目		允许偏差/mm							检验方法
			毛石砌体		料石砌体					
					毛料石		粗料石		细料石	
			基础	墙体	基础	墙	基础	墙	墙、柱	
1	轴线位置		20	15	20	15	15	10	10	用经纬仪和尺量
2	墙面垂直度	每层		20		20		10	7	用经纬仪、吊线和尺量
		全高		30		30		25	20	

2. 一般尺寸允许偏差

一般尺寸允许偏差的检验数量：每检验批抽查不应少于 5 处。

石砌体一般尺寸允许偏差应符合表 4-7 的规定。

表 4-7　石砌体一般尺寸允许偏差

项次	项 目		允许偏差/mm							检验方法
			毛石砌体		料石砌体					
					毛料石		粗料石		细料石	
			基础	墙	基础	墙	基础	墙	墙、柱	
1	基础和墙砌体顶面标高		±25	±15	±25	±15	±15	±15	±10	用水准仪和尺
2	砌体厚度		+30	$+20 \atop -10$	+30	$+20 \atop -10$	+15	$+10 \atop -5$	$+10 \atop -5$	用尺检查
3	表面平整度	清水墙、柱	—	—	—	20	—	10	5	细料石用 2m 靠尺和塞尺，其他用两直尺垂直于灰缝拉 2m 线检查
		混水墙、柱	—	—	—	20	—	15	—	
4	清水墙水平灰缝平直度							10	5	拉 10m 线和尺量

五、配筋砌体的质量控制

1. 一般规定

（1）配筋砌体工程应该满足砌体工程的要求，还应该符合砖砌体工程、混凝土小型空心砌块砌体工程的规定。

（2）施工配筋小砌块砌体剪力墙，应采用专用的小砌块砌筑砂浆砌筑，专用小砌块灌孔混凝土浇筑芯柱。

（3）设置在灰缝内的钢筋，应居中置于灰缝内，水平灰缝厚度应大于钢筋直径 4mm 以上。

2. 主控项目

（1）钢筋的品种、规格、数量和设置部位应符合设计要求。

检验方法：检查钢筋的合格证书、钢筋性能复试试验报告、隐蔽工程记录。

（2）构造柱、芯柱、组合砌体构件、配筋砌体剪力墙构件的混凝土及砂浆的强度等级要符合设计要求。

抽检数量：每检验批砌体，试块不应少于 1 组，检验批砌体试块不得少于 3 组。

检验方法：检查混凝土或砂浆试块试验报告。

（3）构造柱与墙体的连接处墙体应砌成马牙槎，马牙槎凹凸尺寸不宜小于 60mm，高度不应超过 300mm，马牙槎应先退后进，对称砌筑；马牙槎尺寸偏差每一构造柱不应超过 2 处；预留拉结钢筋的规格、尺寸、数量及位置应正确，拉结钢筋应沿墙高每隔 500mm 设 2Φ6，伸入墙内不宜小于 600mm，钢筋的竖向移位不应超过 100mm，且竖向移位每一构造柱不得超过 2 处；施工中不得任意弯折拉结钢筋。

抽检数量：每检验批抽查不应少于 5 处。

检验方法：观察检查。

（4）配筋砌体中受力钢筋的连接方式及锚固长度、搭接长度应符合设计要求。

检查数量：每检验批抽查不应少于 5 处。

检验方法：观察检查。

3. 一般项目

（1）构造柱一般尺寸允许偏差及检验方法应符合表 4-8 的规定。

表 4-8 构造柱一般尺寸允许偏差及检验方法

项次	项　目			允许偏差/mm	检验方法
1	柱中心线位置			10	用经纬仪和尺或用其他测量仪器检查
2	柱层间错位			8	用经纬仪和尺或用其他测量仪器检查
3	柱垂直度	每层		10	用2m托线板检查
		全高	≤10m	15	用经纬仪、吊线和尺,或用其他测量仪器检查
			>10m	20	

抽检数量:每检验批抽查不应少于 5 处。

(2)设置在砌体灰缝中钢筋的防腐保护应符合设计的规定,且钢筋防护层完好,不应有肉眼可见裂纹、剥落和擦痕等缺陷。

抽检数量:每检验批抽查不应少于 5 处。

检验方法:观察检查。

(3)网状配筋砖砌体中,钢筋网规格及放置间距应符合设计规定。每一构件钢筋网沿砌体高度位置超过设计规定一皮砖厚不得多于 1 处。

抽检数量:每检验批抽查不应少于 5 处。

检验方法:通过钢筋网成品检查钢筋规格,钢筋网放置间距采用局部剔缝观察,或用探针刺入灰缝内检查,或用钢筋位置测定仪测定。

第三节　钢筋混凝土工程的质量控制

混凝土结构工程的质量控制包括模板、混凝土、钢筋工程三部分内容。

一、模板工程的质量控制

(一)模板功能及技术要求

1. 模板的功能

模板是由面板和支撑两部分组成。模板具有如下功能。

保证混凝土工程结构和构件各部分形状尺寸和相互位置的准确性;保证施工过程中混凝土结构和构件的稳定及安全;为保证其他施工作业的正常实施提供便利条件。

因此可以说,模板是混凝土构件成型的一个十分重要的组成部分。

2. 模板的强度、刚度

不论使用的模板和支架是木模板、胶合模板、组合钢模板、钢塑模板或其他类型模板,本身的强度、刚度均应符合设计要求。在保证工程结构构件各部分形状尺寸和相互位置的正确性、可靠地承受新浇注混凝土的自重和侧压力,以承受施工过程中产生的各种荷载时,模板不准产生挠曲变形或破坏。

验算模板及其支架的刚度时,其最大变形值不得超过下列允许值:对结构表面外露的模板,为模板构件计算跨度的 1/400;对结构表面隐蔽的模板,为模板构件计算跨度的 1/250;对支架的压缩变形值或弹性挠度,为相应结构计算跨度的 1/1000。

3. 模板的稳定性、支撑面积

模板安装中的支架或桁架应保持稳定,并用撑拉杆件固定,防止浇注混凝土时模板倒塌。

支架必须有足够的、有效的支撑面积。支撑在疏松的土质上时,基土必须夯实。如果支架的长度不够时，应用同类材料进行续接，但必须保证接头牢固，并在同一中心线上。如用块料砌墩接长的，必须用砂浆砌筑。墩的上下部位应放置大于墩截面积的木板或钢板及其他有足够强度的板块，保证支撑面积。

4. 防水、防冻

竖向模板和支架的承压部位，当安装在基土上时，除加设垫板外，必须在其四周设有排水沟。安装在湿陷性黄土上时，应有井点抽水等其他防水措施。安装在冻融的基土上时，必须有足够深度的支撑部分，铲除冻融的基土，铺上一层干砂，排实后再作支架支撑。

5. 模板底模的起拱

整体式现浇钢筋混凝土梁、板，当跨度大于等于 4m 时，模板应起拱。若设计无具体要求时，起拱高度为全跨长度的 1/1000～3/1000。

6. 分层分段支模

现浇多层房屋和构筑物，应采取分层分段支模的方法，安装上层模板及其支架时，下层楼板应具有承受上层荷载的承载力或加设支架支撑；上层支架的立柱应对准下层支架的立柱，并且上、下立柱应在同一中心线上，立柱下端应有垫板；当采用悬吊模板、桁架支模方法时，其支撑结构的承载能力和刚度必须符合设计要求。

（二）模板的安装质量控制

1. 柱模板的施工

使柱子的周围基础达到平整，弹好柱皮线和模板控制线，在柱皮外侧 5mm 粘贴 20mm 厚的海绵条，以保证下口及连接缝严密。

如为通排柱时，则应先安装两边柱的模板，经校正固定，再拉通线安装中间各柱。模板按柱子的大小，预拼成一面一片，或两面一片，就位后用铁丝和 U 形卡固紧。安装模板时，应在柱根脚部位留置垃圾清扫口，且对角各留一个。

柱箍安装完毕后，在柱模每边设两根拉杆，固定于事先预埋在楼板的钢筋环上，用经纬仪控制，用花篮螺栓调节校正模板垂直度。拉杆与底面夹角为 45°，预埋的钢筋环与柱距为 3/4 柱高。

按照放线位置，在柱内四边离地 50～80mm 处事先插入混凝土楼板长为 200mm 直径为 18～25mm 的短筋焊接支杆，从四面顶住模板，以防止位移。

2. 梁模板安装

柱子拆模后在混凝土结构表面弹出轴线和水平线。梁的支撑一般为单排，间距以 600～1000mm 为宜，支撑上面应加垫 100mm×100mm 方木或钢板，支撑上的剪刀撑和水平拉杆离地面 500mm 设一道。

按设计标高调整支撑的标高，然后安装梁底模板，并拉线找直，梁底模板应根据设计要求进行起拱。如无设计要求时，底模钢支撑起拱高度宜为全跨长度的 1/1000～3/2000，木支撑为 2/1000～3/1000。

梁钢筋绑扎结束并检查合格及办理了隐检手续后，安装侧模板，并将两侧模板与底板用卡具进行固定。当梁截面高度超过 600mm 时，应增加侧模拉栓。

3. 剪力墙模板安装

按位置线安装门洞口模板，焊接洞口模外顶撑。将预先拼好的一面模板按位置线就位，然后安装拉杆或斜撑，安塑料套管和穿墙螺栓。

清理墙面杂物再安装另一面模板，调成斜撑或拉杆，使模板垂直后，再拧紧穿墙螺栓。

4. 楼板模板的安装

如为土地面时应夯实，并在地面或楼面上放置通长支撑垫板。采用多层支架支模时，支撑应垂直，上下层支撑应在同一竖向中心线上。

从边跨一侧开始安装，先安第一排龙骨和支撑，临时固定，再安第二排龙骨和支撑，依次逐排安装。支撑间距为 800～1200mm，大龙骨间距为 600～1200mm，小龙骨间距为 400～600mm。

调整支撑高度，将大龙骨上面找平。然后铺设楼板底模。模板铺设可从一侧开始，不合模数的剩余部分可用木模板补充。顶模板与四周墙体或柱头交接处应加垫海绵条防止漏浆。

底板铺设后，用水平仪测量模板标高，进行校正，并用靠尺找平。校正标高后，将支撑间加设水平拉杆。拉杆离地面 300mm 处应设一道，向上纵横方向每间隔 1.5m 设一道。

经清扫、检查、隐蔽验收手续办理后，可以封堵清扫口。

（三）模板的拆除

现浇结构的模板及其支架拆除时的混凝土抗压强度，应符合设计要求。当设计无具体要求时，侧模、底模的拆除为：在混凝土强度能保证其表面及棱角不因拆除模板而受损时，方可拆除侧模；当混凝土强度符合表 4-9 时，允许拆除底模。

表 4-9　底模板拆除时的混凝土强度要求

构件类型	构件跨度/m	达到设计的混凝土立方体抗压强度标准值的百分率/%
板	≤2	≥50
	>2,≤8	≥75
	>8	≥100
梁、拱、壳	≤8	≥75
	>8	≥100
悬臂结构	—	≥100

注：本表中"按设计的混凝土强度标准值"系指与设计混凝土强度等级相应的混凝土立方体抗压强度标准值。

（四）模板安装质量

1.预埋件和预留孔、洞

固定在模板上的预埋件、预留孔和预留孔洞均不得遗漏，并且要安装牢固，其偏差应该符合表 4-10 的规定。

表 4-10　预埋件和预留孔、预留孔洞的允许偏差

项　　　目		允许偏差/mm
预埋钢板中心线位置		3
预埋管、预留孔中心线位置		3
插筋	中心线位置	5
	外露长度	+10,0
预埋螺栓	中心线位置	2
	外露长度	+10,0
预留洞	中心线位置	10
	尺寸	+10,0

对预埋件和预留孔、洞的偏差检查数量，应在同一检验批内，对梁、柱和独立基础的构件数量各抽查 10%，但均不少于 3 件；对墙和板按有代表性的自然间抽查 10%，且不少于

3 间；对大空间结构，墙可按相邻轴线间高度 5m 左右划分检查面，板可按纵横轴线划分检查面，抽查 10％，且不少于 3 面。

2. 现浇结构模板的允许偏差

对现浇结构模板安装的检查尺寸，应符合表 4-11 规定的允许偏差。

表 4-11　现浇结构模板安装的允许偏差

项　　目		允许偏差/mm	检　验　方　法
轴线位置		5	钢尺检查
底模上表面标高		±5	水准仪或拉线、钢尺检查
截面内部尺寸	基础	±10	钢尺检查
	柱、墙、梁	+4，−5	
层高垂度	不大于 5m	6	经纬仪或吊线，钢尺检查
	大于 5m	8	
相邻两板表面高低差		2	钢尺检查
表面平整度		5	2m 靠尺和塞尺检查

二、混凝土工程的质量控制

混凝土工程是指由胶凝材料将各种分散性材料，经科学地配制，浇筑成符合建筑结构和构件尺寸要求的设计形状，并能承受各种环境条件中作用力的复合性整体。由于混凝土的质量对结构安全、外部尺寸及承载力影响较大，所以在质量控制中应对混凝土的浇筑质量进行严密地检验和把关。

（一）材料质量控制

水泥进场必须有出厂合格证，质量检查员还应按批量进行取样复检，水泥的性能指标必须符合相应的水泥品种的标准规定。

混凝土用的粗骨料、细骨料应分别符合《建设用碎石、卵石》（GB/T 14685—2011）和《建设用砂》（GB/T 14684—2011）标准要求，并且所用骨料的最大颗粒粒径不得超过结构截面最小尺寸的 1/4，且不得超过钢筋间最小净距的 3/4。对于混凝土实心板，骨料的最大粒径不宜超过板厚的 1/3，且不得超过 40mm。

骨料进场后，应按品种、规格分别堆放，不得混杂，骨料中严禁混入烧过的白云石或石灰石。

混凝土中掺用的外加剂，质量应该符合现行国家标准要求。外加剂的品种及掺量必须依据混凝土的性能要求、施工及气候条件、混凝土所采用的原材料及配合比等因素经试验确定。在蒸汽养护的混凝土和预应力混凝土中，不宜掺入引气剂或引气减水剂。

在钢筋混凝土中掺用氯盐类防冻剂时，氯盐掺量按无水状态计算不得超过水泥用量的 1％，当采用素混凝土时，氯盐掺量不得大于水泥用量的 3％。

如果使用商品混凝土，混凝土商应该提供混凝土各类技术指标：强度等级、配合比、外加剂品种、混凝土的坍落度等，按批量出具出厂合格证。

（二）质量控制内容

1. 混凝土的配合比

对混凝土的配合比控制，一方面查看配合比通知单，另一方面按照该通知单各材料用料的质量进行抽查。每盘混凝土的各种材料用量必须过磅秤称量，组成材料计量结果的偏差应符合表 4-12 的规定。对混凝土组成材料计量结果的检查，每一工作班进行抽检二次，并有检查记录；对带有配料装置和自动控制装置的搅拌站上的自动配料秤或电子传感装置，应按有关规定执行。

表 4-12 组成材料每盘称量的允许偏差

材 料 名 称	允许偏差/%
水泥、掺合料	±2
粗、细骨料	±3
水、外加剂	±2

泵送混凝土的配合比，骨料最大粒径与输送管内径之比，碎石不宜大于 1∶3，卵石不宜大于 1∶2.5；通过 0.315mm 筛孔的砂不应小于 15%；砂率应控制在 40%～50%；最小水泥用量不得少于 300kg/m³；混凝土的坍落度为 80～180mm。

2. 混凝土的拌制

拌制混凝土所用的搅拌机类型应与所拌混凝土品种相适应。当为塑性混凝土时，可采用 JZ 型、JW 型搅拌机；预制构件厂使用的混凝土为干硬性的，应选用 JQ 型强制式搅拌机。

向搅拌机内投料的顺序应根据搅拌机的类型来确定；但为了保证混凝土的拌制质量和拌合料的质量，在搅拌第一盘混凝土时，均应采用加半砂或减半石子的方法进行。

混凝土搅拌时间的长短，对拌制的混凝土拌合物的质量和均匀性有较大影响。搅拌时间短，拌合物不均匀，水泥不能均匀地包裹在沙子里面；搅拌时间过长，混凝土的强度反而会下降，并且易产生材料离析现象。所以应随时检查混凝土的最短搅拌时间。混凝土搅拌的最短时间应根据搅拌机型和混凝土坍落度的要求，按表 4-13 规定执行。并且应做好检查记录。

表 4-13 混凝土搅拌最短时间 单位：s

混凝土坍落度	搅拌机型	搅拌机出料量		
		<250L	250～500L	>500L
≤30mm	自落式	90	120	150
	强制式	60	90	120
>30mm	自落式	90	90	120
	强制式	60	60	90

3. 混凝土的浇筑

混凝土浇筑前应检查模板、支架、钢筋保护层厚度、配筋的数量、箍筋的间距，预埋件、吊环等规格。浇筑时，自高处倾落的自由高度不应超过 2m。在浇筑竖向结构混凝土前，应先在底部填以 50～100mm 厚，与混凝土内砂浆成分相同的水泥砂浆。混凝土浇筑层厚度应符合表 4-14 的规定。

表 4-14 混凝土浇筑层厚度 单位：mm

捣实混凝土的方法		浇筑层厚度
表面振动		200
插入式振动		振动器作用部分长度的 1.25 倍
人工振捣	在基础、无配筋混凝土或配筋稀疏的结构中	250
	在梁、墙板、柱结构中	200
	在配筋密列的结构中	150
轻骨料混凝土	插入式振捣	300
	表面振动（振动时需加荷载）	200

4. 混凝土的捣实

振捣是混凝土密实的主要工艺，一般分插入振捣和表面振动。

当采用插入式振捣时，每一振点的振捣延续时间，应使混凝土表面不再沉落和出现浮浆；捣实普通混凝土的移动间距，不宜大于振捣器作用半径的 1.5 倍；振捣轻骨料混凝土的移动间距，不应大于其作用半径；振捣器与模板的距离，不应大于其作用半径的 0.5 倍，并不准碰振钢筋、模板、芯管、吊环等；振捣器插入下层混凝土内的深度不应大于 50mm。

当采用表面振动器时，其移动间距应保证振动器的底板能覆盖已振实部位的边缘。当采用附着式振动器时，其间距应通过试验确定，并应与模板紧密连接。当采用振动台振实干硬性混凝土和轻骨料混凝土时，应采用加压振动的方法，所加压力为 $1\sim3kN/m^2$。

5. 施工缝的留置

施工缝的位置应留置在结构受剪力较小且便于施工的位置。

柱的施工缝应留置在基础的顶面、梁或吊车梁牛腿的下面、吊车梁的上面、无梁楼板柱帽的下面；与板连成整体的大截面梁的施工缝，应留置在板底以下 20～30mm 处，当板下有梁托时，应留置在梁托下部；单向板的施工缝，应留置在与板平行的短边的任何位置；有主次梁的楼板应顺着次梁方向浇筑，施工缝应留置在次梁跨度的中间 1/3 范围内；墙的施工缝，应留置在门洞口过梁跨中 1/3 范围内，也可留在纵横墙的交接处；对于双向受力楼板、大体积混凝土结构、多层钢架、拱、薄壳等其他结构复杂的工程，施工缝的位置应按设计要求。

三、钢筋工程的质量控制

（一）材料质量控制

（1）钢筋进场时，应按照现行国家标准《钢筋混凝土用热轧带肋钢筋》（GB 1499）等的规定抽取试件作力学性能检验，其质量必须符合有关标准的规定。

（2）对有抗震设防要求的结构，其纵向受力钢筋的强度应满足设计要求；当设计无具体要求时，对一、二、三级抗震等级设计的框架和斜撑构件（含梯级）中的纵向受力钢筋应采用 HRB335E、HRB400E、HRB500E、HRBF335E、HRBF400E 或 HRBF500E 钢筋，其强度和最大力下总伸长率的实测值应符合下列规定：

① 钢筋的抗拉强度实测值与屈服强度实测值的比值不应小于 1.25；

② 钢筋的屈服强度实测值与强度标准值的比值不应大于 1.30；

③ 钢筋的最大力下总伸长率不应小于 9%。

检查数量：按进场的批次和产品的抽样检验方案确定。

检验方法：检查进场复验报告。

（3）当发现钢筋脆断、焊接性能不良或力学性能显著不正常等现象时，应对该批钢筋进行化学成分检验或其他专项检验。

检验方法：检查化学成分等专项报告。

此外，钢筋应平直、无损伤，表面不得有裂纹、油污、颗粒状或片状老锈。在进场时和使用前应通过观察法全数检查。

（二）钢筋加工

（1）受力钢筋的弯钩和弯折应符合下列规定。

① HPB 300 级钢筋末端应作 180° 弯钩，其弯弧内直径不应小于钢筋直径的 2.5 倍，弯钩的弯后平直部分长度不应小于钢筋直径的 3 倍。

② 当设计要求钢筋末端需作 135° 弯钩时，HRB335 级、HRB400 级钢筋的弯弧内直径不应小于钢筋直径的 4 倍，弯钩的弯后平直部分长度应符合设计要求。

③ 钢筋作不大于 90°的弯折时，弯折处的弯弧内直径不应小于钢筋直径的 5 倍。

检查数量：按每工作班同一类型钢筋，同一加工设备抽查不应少于 3 件。

检验方法：钢尺检查。

（2）除焊接封闭环式箍筋外，箍筋的末端应作弯钩，弯钩形式应符合设计要求。当设计无具体要求时，应符合下列规定。

① 箍筋弯钩的弯弧内直径除应满足第（1）条的规定外，尚应不小于受力钢筋直径。

② 箍筋弯钩的弯折角度：对一般结构，不应小于 90°；对有抗震等要求的结构，应为 135°。

③ 箍筋弯后平直部分长度：对一般结构，不宜小于箍筋直径的 5 倍；对有抗震等要求的结构，不应小于箍筋直径的 10 倍。

检查数量：按每工作班同一类型钢筋、同一加工设备抽查不应少于 3 件。

检验方法：钢尺检查。

（三）钢筋连接

1. 主控项目

（1）纵向受力钢筋的连接方式应符合设计要求。

检查数量：全数检查。

检验方法：观察。

（2）在施工现场，应按国家现行标准《钢筋机械连接通用技术规程》（JGJ 107）、《钢筋焊接及验收规程》（JGJ 18）的规定抽取钢筋机械连接接头、焊接接头试件作力学性能试验，其质量应符合有关规程的规定。

检查数量：按有关规程确定。

检验方法：检查产品合格证、接头力学性能试验报告。

2. 一般项目

（1）钢筋的接头宜设置在受力较小处。同一纵向受力钢筋两个或两个以上接头。接头末端至钢筋弯起点的距离不应小于钢筋直径的 10 倍。

检查数量：全数检查。

检验方法：观察、钢尺检查。

（2）在施工现场，应按国家现行标准《钢筋机械连接通用技术规程》（JGJ 107）、《钢筋焊接及验收规程》（JGJ 18）的规定对钢筋机械连接接头、焊接接头外观进行检查，其质量应符合有关规程的规定。

检查数量：全数检查。

检验方法：观察。

（3）当受力钢筋采用机械连接接头或焊接接头时，设置在同一构件内的接头宜相互错开。纵向受力钢筋机构连接接头及焊接接头连接区段长度为 $35d$（d 为纵向受力钢筋的较大直径）且不小于 500mm，凡接头中点位于该连接区段长度内的接头均属于同一连接区段。同一连接区段内，纵向受力钢筋机械连接及焊接接头面积百分率为该区段内有接头的纵向受力钢筋截面面积与全部纵向受力钢筋截面面积的比值。

同一连接区段内，纵向受力钢筋的接头面积百分率应符合设计要求。当设计无具体要求时，应符合下列规定。

① 在受拉区不宜大于 50%。

② 接头不宜设置在有抗震设防要求的框架梁端、柱端的箍筋加密区；当无法避开时，对等强度高质量机械连接接头，不应大于 50%。

③ 直径承受动力荷载的结构构件中，不宜采用焊接接头；当采用机械连接接头时，不应大于50%。

检查数量：在同一检验批内，对梁、柱和独立基础，应抽查构件数量的10%，且不少于3件；对墙和板，应按有代表性的自然间抽查10%，且不少于3间；对大空间结构，墙可按相邻轴线间高度5m左右划分检查面，板可按纵横轴线划分检查面，抽查10%，且均不少于3面。

检验方法：观察，钢尺检查。

(4) 同一构件中相邻向受力钢筋的绑扎接头宜相互错开。绑扎接头中钢筋的横向净距不小于钢筋直径，且不应小于25mm。

钢筋绑扎接头连接区段的长度为$1.3l_1$（l_1为搭接长度），凡搭接接头中点位于该连接区段长度的搭接接头均属于同一连接区段。同一连接区段内，纵向钢筋搭接接头面积百分率为该区段内有搭接接头的纵向受力钢筋截面面积与全部纵向受力钢筋截面面积的比值。

同一连接区段内，纵向受拉钢筋搭接接头面积百分率应符合设计要求。当设计无具体要求时，应符合下列规定。

① 对梁、板类及墙类构件，不宜大于25%。

② 对柱类构件，不宜大于50%。

③ 当工程中确有必要增大接头面积百分率时，对梁类构件不应大于50%；对其他构件，可以根据实际情况放宽。

对于纵向受力钢筋绑扎搭接接头的最小搭接长度应符合表4-15的规定。

表4-15　纵向受力钢筋绑扎搭接接头的最小搭接长度

项次	钢筋的种类		混凝土强度等级			
			C15	C20～C25	C30～C35	≥C40
1	光圆钢筋	HPB300级	$45d$	$35d$	$30d$	$25d$
2	带肋钢筋	HRB335级	$55d$	$45d$	$35d$	$30d$
3		HRB400级、RRB400级		$55d$	$40d$	$35d$

检查数量：在同一检验批内，对梁、柱和独立基础，应抽查构件数量的10%，且不少于3件；对墙和板，应按有代表性的自然间抽查10%，且不少于3间；对大空间结构，墙可按相邻轴线间高度5m左右划分检查面，板可按纵、横轴线划分检查面，抽查10%，且均不少于3面。

检验方法：钢尺检查。

(四) 钢筋安装

1. 主控项目

钢筋安装时，受力钢筋的品种、级别、规格和数量必须符合设计要求。

检查数量：全数检查。

检验方法：观察，钢尺检查。

2. 一般项目

规格和数量必须符合设计要求。

钢筋安装位置的允许偏差应符合表4-16的规定。

检查数量：在同一检验批内，对梁、柱和独立基础，应抽查构件数量的10%，且不少于 3 件；对墙和板，应按有代表性的自然间抽查 10％，且不少于 3 间；对大空间结构，墙可按相邻轴线间高度 5m 左右划分检查面，板可按纵、横轴线划分检查面，抽查 10％，且均不少于 3 面。

表 4-16　钢筋安装位置的允许偏差和检验方法

项　目		允许偏差/mm	检验方法
绑扎钢筋网	长、宽	±10	钢尺检查
	网眼尺寸	±20	钢尺量连续三档，取最大值
绑扎钢筋骨架	长	±10	钢尺量一端及中部，取较大值
	宽、高	±5	钢尺检查
受力钢筋	间距	±10	钢尺检查
	排距	±5	钢尺量两端及中部，取较大值
	保护层厚度 基础	±10	钢尺检查
	保护层厚度 柱、梁	±5	钢尺检查
	保护层厚度 板、墙、壳	±3	钢尺检查
绑扎箍筋、横向钢筋间跨		±20	钢尺量连续三档，取最大值
钢筋弯起点位置		20	钢尺检查
预埋件	中心线位置 钢尺检查	5	钢尺检查
	水平高差	±3,0	钢尺和塞尺检查

第四节　防水工程的质量控制

建筑物的防水一般分为两部分，屋面防水和地下防水。其中屋面防水工程分为卷材防水和刚性防水等；地下防水工程分为混凝土、水泥砂浆、卷材和涂料防水层等。

一、卷材防水层

（一）一般规定

（1）这里所介绍的卷材防水层适用于防水等级为 Ⅰ～Ⅳ 级的屋面防水。

（2）卷材防水应采用高聚物改性沥青防水卷材、合成高分子卷材或沥青防水卷材。所选用的基层处理剂、接缝胶黏剂、密封材料等配套材料应与铺贴的卷材材性相容。

（3）在坡度大于 25％ 的屋面上采用卷材作防水层时，应采取固定措施。固定点应密封严密。

（4）铺设屋面隔气层和防水层前，基层必须干净、干燥。

干燥基层的简易方法，是将 1m² 卷材平坦地干铺在找平层上，静止 3～4h 后掀开检查，找平层覆盖部位与卷材上未见水印即可铺设。

（5）卷材铺贴方向应符合下列规定：

① 屋面坡度小于 3％ 之间时，卷材宜平行屋脊铺贴；

② 屋面坡度在 3％～15％ 之间时，卷材可平行或垂直屋脊铺贴；

③ 屋面坡度大于 15％ 或受到震动时，沥青防水卷材应垂直屋脊铺贴，高聚物改性沥青

防水卷材和合成高分子防水卷材可平行或垂直屋脊铺贴；

④ 上下层卷材不得相互垂直铺贴。

（6）卷材厚度选用应符合表 4-17 的规定。

表 4-17　卷材厚度选用

屋面防水等级	设防道数	合成高分子防水卷材	高聚物改性沥青防水卷材	沥青防水卷材
Ⅰ	三道或三道以上	不应小于 1.5mm	不应小于 3mm	—
Ⅱ	二道设防	不应小于 1.2mm	不应小于 3mm	—
Ⅲ	一道设防	不应小于 1.2mm	不应小于 4mm	三毡四油
Ⅳ	一道设防	—	—	二毡三油

（7）铺贴卷材采用搭接法时，上下层及相邻两幅卷材的搭接缝应错开。各种卷材搭接宽度应符合表 4-18 的要求。

表 4-18　卷材搭接宽度　　　　　　　　　　单位：mm

铺贴方法 卷材种类		短边搭接		长边搭接	
		满粘法	空铺、点粘、条粘法	满粘法	空铺、点粘、条粘法
沥青防水卷材		100	150	70	100
高聚物改性沥青防水卷材		80	100	80	100
合成高分子防水卷材	胶黏剂	80	100	80	100
	胶黏带	50	60	50	60
	单焊缝	60，有效焊接宽度不小于 25			
	双焊缝	80，有效焊接宽度 10×2＋空腔宽			

（8）卷材防水层完工并经验收合格后，应做好成品保护。

（二）卷材防水工程的质量控制

1. 主控项目质量控制

（1）卷材防水层所用卷材及配套材料，必须符合设计要求。

检验方法：检查出厂合格证、质量检验报告和现场抽样复验报告。

（2）卷材防水层不得有渗漏或积水现象。

检验方法：雨后或淋水、蓄水检查。

（3）卷材防水层在天沟、檐沟、檐口、水落口、泛水、变形缝和伸出屋面管道的防水构造，必须符合设计要求。

检验方法：观察检查和检查隐蔽工程验收记录。

2. 一般项目质量控制

（1）卷材防水层的搭接缝应粘（焊）接牢固，密封严密，不得有皱折、翘边和鼓泡等缺陷；防水层的收头应与基层粘接并固定牢固，缝口封严，不得翘边。

检验方法：观察检查。

（2）卷材防水层的撒布材料和浅色涂料保护层应铺撒或涂刷均匀，粘接牢固；水泥砂浆、块材或细石混凝土保护层与卷材防水层间应设置隔离层；刚性保护层的分格缝留置应符合设计要求。

检验方法：观察检查。

（3）排气屋面的排气道应纵横贯通，不得堵塞。排气管应安装牢固，位置正确，封闭严密。

检验方法：观察检查。

（4）卷材的铺贴方向应正确，卷材搭接宽度的允许偏差为—10mm。

检验方法：观察和尺量检查。

二、刚性防水屋面

1. 主控项目质量控制

（1）细石混凝土的原材料及配合比必须符合设计要求。

检验方法：检查出厂合格证、质量检验报告、计量措施和现场抽样复验报告。

（2）细石混凝土防水层不得有渗漏或积水现象。

检验方法：雨后或淋水、蓄水检验。

（3）细石混凝土防水层在天沟、檐沟、檐口、水落口、泛水、变形缝和伸出屋面管道的防水构造，必须符合设计要求。

检验方法：观察检查和检查隐蔽工程验收记录。

2. 一般项目

（1）细石混凝土防水层应表面平整、压实抹光，不得有裂缝、起壳、起砂等缺陷。

检验方法：观察检查。

（2）细石混凝土防水层厚度和钢筋位置应符合设计要求。

检查方法：观察和尺量检查。

（3）细石混凝土分隔缝的位置和间距应符合设计要求。

检验方法：观察和尺量检查。

（4）细石混凝土防水层表面平整度的允许偏差为 5mm。

检验方法：用 2m 靠尺和楔形塞尺检查。

三、防水混凝土

1. 一般规定

（1）本规定适用于防水等级为 1～4 级的地下整体式混凝土结构。不适用环境温度高于 80℃或处于耐侵蚀系数小于 0.8 的侵蚀介质中适用的地下工程。

注：耐侵蚀系数是指在侵蚀性水中养护 6 个月的混凝土试块的抗折强度与在饮用水中养护 6 个月的混凝土试块的抗折强度之比。

（2）防水混凝土所用的材料应符合下列规定。

① 水泥品种宜采用硅酸盐水泥、普通硅酸盐水泥，采用其他品种水泥时应经试验确定。

② 碎石式卵石的粒径宜为 5～40mm，含泥量不得大于 1.0%，泥块含量不得大于 0.5%。

③ 砂宜用中砂，含泥量不得大于 3.0%，泥块含量不得大于 1.0%。

④ 拌制混凝土所用的水，应采用不含有害物质的洁净水。

⑤ 外加剂的技术性能，应符合国家或行业标准一等品及以上的质量要求。

⑥ 粉煤灰的级别不应低于二级，烧失量不应大于 5%，用量宜为胶凝材料总量的 20%～30%，当水胶比小于 0.45 时，粉煤灰用量可适当提高；硅粉掺量宜为胶凝材料总量的 2%～3%，使用复合材料时，其品种和用量应通过试验确定。

（3）防水混凝土的配合比应符合下列规定。

① 试配要求的抗渗水压值应比设计值提高 0.2MPa。

② 胶凝材料用量不宜小于 320kg/m³。

③ 砂率宜为 35%～40%，泵送可增至 45%；灰砂比宜为 （1:1.5）～（1:2.5）。

④ 水胶比不得大于 0.5。

⑤ 入泵坍落度宜控制在 120～160mm，坍落度每小时损失值不应大于 20mm，坍落度总损失值不应大于 40mm。

（4）混凝土拌制和浇筑过程控制应符合下列要求。

① 拌制混凝土所用材料的品种、规格和用量，每工作班检查不应少于两次。

每盘混凝土各组成材料计量结果的允许偏差应符合表 4-19 规定。

表 4-19　混凝土组成材料计量结果的允许偏差

混凝土组成材料	每盘允许偏差/%	累计允许偏差/%
水泥、掺合料	±2	±1
粗、细骨料	±3	±2
水、外加剂	±2	±1

注：累计允许偏差仅适用于微机计量的搅拌站。

② 混凝土在浇筑地点的坍落度，每工作班至少检查两次。混凝土坍落度试验应符合现行《普通混凝土拌和物性能试验方法》的有关规定。

混凝土实测的坍落度与要求坍落度之间的允许偏差应符合表 4-20 的规定。

表 4-20　混凝土坍落度的允许偏差

要 求 坍 落 度	允许偏差/mm
≤40mm	±10
50～90mm	±15
≥100mm	±20

（5）防水混凝土抗渗性能，应采用标准条件下养护混凝土抗渗试件的试验结果评定。试件应在浇筑地点制作。

（6）防水混凝土的施工质量检验数量，应按照混凝土外露面积每 100m² 抽查 1 处，且不得少于 3 处；细部构造应按全数检查。

2. 主控项目质量控制

（1）防水混凝土的原材料、配合比及坍落度必须符合设计要求。

检验方法：检查出厂合格证、质量检验报告、计量措施和现场抽样试验报告。

（2）防水混凝土的抗压强度和抗渗压力必须符合设计要求。

检验方法：检查混凝土的抗压、抗渗试验报告。

（3）防水混凝土的变形缝、施工缝、后浇带、穿墙管道、埋没件等设置和构造，均须符合设计要求，严禁有渗漏。

检验方法：观察检查和检查隐蔽工程验收记录。

3. 一般项目

（1）防水混凝土结构表面应坚实、平整，不得有露筋、蜂窝等缺陷；埋设件位置应正确。

检验方法：观察和尺量检查。

（2）防水混凝土结构表面的裂缝宽度不应大于 0.2mm，并不得贯通。

检验方法：用刻度放大镜检查。

（3）防水混凝土结构厚度不应小于 250mm，其允许偏差为 +15mm、−10mm；迎水面钢筋保护层厚度不应小于 50mm，其允许偏差为 ±10mm。

检验方法：尺量检查和检查隐蔽工程验收记录。

四、水泥砂浆防水层

1. 一般规定

（1）本规定适用于混凝土或砌体结构的基层上采用多层抹面的水泥砂浆防水层。不适用于环境有侵蚀性、持续振动或温度高于80℃的地下工程。

（2）普通水泥砂浆防水层的配合比应按表4-21选用；掺入外加剂、掺合料、聚合物水泥砂浆的配合比应符合所掺材料的规定。

表4-21 普通水泥砂浆防水层的配合比

名　称	配合比（质量比）		水灰比	适 用 范 围
	水泥	砂		
水泥浆	1	—	0.55～0.60	水泥砂浆防水层的第一层
水泥浆	1	—	0.37～0.40	水泥砂浆防水层的第三、五层
水泥砂浆	1	1.5～2.0	0.40～0.50	水泥砂浆防水层的第二、四层

（3）水泥砂浆防水层所用的材料应符合下列规定。

① 应使用硅酸盐水泥、普通硅酸盐水泥或特种水泥，不得使用过期或受潮结块的水泥。

② 砂宜采用中砂，粒径3mm以下，含泥量不得大于1%，硫化物和硫酸盐含量不得大于1%。

③ 水应采用不含有害物质的洁净水。

④ 聚化物乳液的外观质量，无颗粒、异物和凝固物。

⑤ 外加剂的技术性能应符合现行国家有关标准的质量要求。

（4）水泥砂浆防水层的基层质量应符合下列要求。

① 水泥砂浆铺抹前，基层的混凝土和砌筑砂浆强度应不低于设计值的80%。

② 基层表面应坚实、平整、粗糙、洁净，并充分湿润，无积水。

③ 基层表面的孔洞、缝隙应用于防水层相同的砂浆填塞抹平。

（5）水泥砂浆防水层施工应符合下列要求。

① 分层铺抹或喷涂，铺抹时应压实、抹平和表面压光。

② 防水层各层应紧密贴合，每层宜连续施工，必须留施工缝时采用阶梯坡形槎，但离开阴阳角不得小于200mm。

③ 防水层的阴阳角应做成圆弧形。

④ 水泥砂浆终凝后应及时进行养护，养护温度不宜低于5℃并保持湿润，养护时间不得少于14天。

（6）水泥砂浆防水层的施工质量检验数量，应按施工面积每100m² 抽查1处，每处10m²，且不得少于3处。

2. 主控项目质量控制

（1）水泥砂浆防水层的原材料及配合比必须符合设计要求。

检验方法：检查出厂合格证、质量检验报告、计量措施和现场抽样试验报告。

（2）水泥砂浆防水层各层之间必须结合牢固，无空鼓现象。

检验方法：观察和用小锤轻击检查。

3. 一般项目质量控制

（1）水泥砂浆防水层表面应密实、平整，不得有裂纹、起砂、麻面等缺陷；阴阳角处应做成圆弧形。

检验方法：观察检查。

（2）水泥砂浆防水层施工缝留槎位置正确，接槎应按层次顺序操作，层层搭接紧密。

检验方法：观察检查和检查隐蔽工程验收记录。

（3）水泥砂浆防水层的平均厚度应符合设计要求，最小厚度不得小于设计值的85%。

检验方法：观察和尺量检查。

五、涂料防水层

1. 一般规定

（1）本规定适用于受侵蚀性介质或受推动作用的地下工程主体迎水面或背水面涂刷的涂料防水层。

（2）涂料防水层应采用反应型、水乳型、聚合物水泥防水涂料或水泥基、水泥基渗透结晶型防水涂料。

（3）防水涂料厚度选用应符合表4-22规定。

表4-22 防水涂料厚度 单位：mm

防水等级	设防道数	有机涂料			无机涂料	
		反应型	水乳型	聚合物水泥	水泥基	水泥基渗透结晶型
1级	三道或三道以上设防	1.2～2.0	1.2～1.5	1.2～2.0	1.2～2.0	≥0.8
2级	二道设防	1.2～2.0	1.2～1.5	1.2～2.0	1.2～2.0	≥0.8
3级	一道设防	—	—	≥2.0	≥2.0	—
	复合设防	—	—	≥1.5	≥1.5	—

（4）涂料防水层的施工应符合下列规定。

① 涂料涂刷前应先在基层上涂一层与涂料相容的基层处理剂。

② 涂膜应多遍完成，涂刷应待前遍涂层干燥成膜后进行。

③ 每遍涂刷时应交替改变涂层的先后搭接宽度，宜为30～50mm。

④ 涂料防水层的施工缝（甩槎）应注意保护，搭接缝宽度应大于100mm，接涂前应将其甩槎表面处理干净。

⑤ 涂刷程序应先做转角处、穿墙管道、变形缝等部位的涂料加强层，后进行大面积涂刷。

⑥ 涂料防水层中铺贴的胎体增强材料，同层相邻的搭接宽度应大于100mm，上下层接缝应错开1/3幅宽。

（5）防水涂料的保护层应符合规范的规定。

（6）涂料防水层的施工质量检验数量，应按涂层面积每100m² 抽查1处，每处10m² 不得少于3处。

2. 主控项目质量控制

（1）涂料防水层所用材料及配合比必须符合设计要求。

检验方法：检查出厂合格证、质量检验报告、计量措施和现场抽样试验报告。

（2）涂料防水层及其转角处、变形缝、穿墙管道等细部做法均需符合设计要求。

检验方法：观察检查和检盒隐蔽工程验收记录。

3. 一般项目

（1）涂料防水层的基层应牢固，基面应洁净、平整，不得有空鼓、松动、起砂和脱皮现象；基层阴阳角处应做成圆弧形。

检验方法：观察检查和检查隐蔽工程验收记录。

（2）涂料防水层应与基层粘接牢固，表面平整、涂刷均匀，不得有流淌、皱折、鼓泡、漏胎体和翘边等缺陷。

检验方法：观察检查。

（3）涂料防水层的平均厚度应符合设计要求，最小厚度不得小于设计厚度的80％。

检验方法：针测法或割取20mm×20mm实样用卡尺测量。

（4）侧墙涂料防水层的保护层与防水层粘接牢固，结合紧密，厚度均匀一致。

第五节 钢结构工程的质量控制

一、原材料及成品进场

（一）钢材

1. 主控项目质量控制

（1）钢材、钢铸件的品种、规格、性能等应符合现行国家产品标准和设计要求。进口钢材产品的质量应符合设计和合同规定的标准要求。

检查数量：全数检查。

检验方法：检查质量合格证文件、中文标志及检验报告等。

（2）对属于下列情况之一的钢材，应进行抽样复验，复验结果应符合现行国家产品标准和设计要求。

① 国外进口钢材。

② 钢材混批。

③ 板厚等于或大于40mm，且设计有Z向性能要求的厚板。

④ 建筑安全等级为一级，大跨度钢结构中主要受力构件受用的钢材。

⑤ 设计有复验要求的钢材。

⑥ 对质量有疑义的钢材。

检查数量：全数检查。

检验方法：检查复验报告。

2. 一般项目质量控制

（1）钢板厚度及允许偏差应符合其产品标准的要求。

检查数量：每一品种、规格的钢板抽查5处。

检验方法：用游标卡尺量测。

（2）型钢的规格尺寸及允许偏差符合其产品标准的要求。

检查数量：每一品种、规路的钢板抽查5处。

检验方法：用钢尺和游标卡尺量测。

（3）钢材的表面外观质量除应符合国家现行有关标准的规定外，尚应符合下列规定。

① 当钢材的表面有锈蚀、麻点或划痕等缺陷时，其深度不得大于该钢材厚度允许差值的1/2。

② 钢材表面的锈蚀等级应符合同行国家标准《涂装前钢材表面锈蚀等级和除锈等级》（GB 8923）规定的C级及C级以上。

③ 钢材端边或断口处不应有分层、夹渣等缺陷。

检查数量：全数检查。

检验方法：观察检查。

（二）连接用紧固标准件

1. 主控项目质量控制

（1）钢结构连接用高强度大六角头螺栓连接副、扭剪型高强度螺栓连接副、钢网架用高强度螺栓、普通螺栓、铆钉、自攻钉、拉铆钉、射钉、锚栓（机械型和化学试剂型）、地脚锚栓等紧固标准件及螺母、垫圈等标准配件，其品种、规格、性能等均应符合现行国家产品标准和设计要求。高强度大六角头螺栓连接副和扭剪型高强度螺栓连接副出厂时应分别随身带有扭矩系数和紧固轴力（预拉力）的检验报告。

检查数量：全数检查。

检验方法：检查产品的质量合格证明文件、中文标志及检验报告等。

（2）高强度大六角头螺栓连接副应按《钢结构工程施工质量验收规范》（GB 50205—2001）的规定检验其扭矩系数，其检验结果应符合《钢结构工程施工质量验收规范》的规定。

检查数量：见《钢结构工程施工质量验收规范》。

检验方法：检查复验报告。

（3）扭剪型高强度螺栓连接副应按《钢结构工程施工质量验收规范》的规定检验预拉力，其检验结果应符合《钢结构工程施工质量验收规范》的规定。

检查数量：见《钢结构工程施工质量验收规范》。

检验方法：检查复验报告。

2. 一般项目质量控制

（1）高强度螺栓连接副，应按包装箱配套供货，包装箱上应标明批号、规格、数量及生产日期。螺栓、螺母、垫圈外观表面应涂油保护，不出现生锈和沾染脏物，螺纹不应损伤。

检查数量：按包装箱数抽查5%，且不应少于3箱。

检验方法：观察检查。

（2）对建筑结构安全等级为一级，跨度40m及以上的螺栓球节点钢网架结构，其连接高强度螺栓应进行表面硬度试验，对8.8级的高强度螺栓其硬度应为HRC21～29；10.9级高强度螺栓其硬度应为HRC32～36，且不得有裂纹或损伤。

检查数量：按规格抽查8只。

检验方法：硬度计、10倍放大镜或磁粉探伤。

二、钢结构焊接工程

（一）一般规定

（1）本规定适用于钢结构制作和安装中的钢构件焊接和焊钉焊接的工程质量验收。

（2）钢结构焊接工程可按相应的钢结构制作或安装工程检验批的划分原则分为一个或若干个检验批。

（3）碳素结构钢应在焊缝冷却到环境温度、低合金结构钢应在完成焊接24h以后，进行焊缝探伤检验。

（4）焊缝施焊后应在工艺规定的焊缝及部位打上焊工钢印。

（二）钢结构焊接工程

1. 主控项目质量控制

（1）焊条、焊丝、焊剂、电渣焊熔嘴等焊接材料与母材的匹配应符合设计要求及国家现行行业标准《建筑钢结构焊接技术规程》（JGJ 81—2002）的规定。焊条、焊剂、药芯、焊丝、熔嘴等在使用前，应按其产品说明书及焊接工艺文件的规定进行烘焙和存放。

检查数量：全数检查。

检验方法：检查质量证明书和烘焙记录。

（2）焊工必须经考试合格并取得合格证书。持证焊工必须在其考试合格项目及其认可范围内施焊。

检查数量：全数检查。

检验方法：检查焊工合格证及其认可范围、有效期。

（3）施工单位对其首次采用的钢材、焊接材料、焊接方法、焊后热处理等，应进行焊接工艺评定，并应根据评定报告确定焊接工艺。

检查数量：全数检查。

检验方法：检查焊接工艺评定报告。

（4）设计要求焊透的一、二级焊缝应采用超声波探伤进行内部缺陷的检验，超声波探伤不能对缺陷作出判断时，应采用射线探伤，其内部缺陷分组探伤方法应符合现行国家标准《钢焊缝手工超声波探伤方法和探伤结果分析法》（GB 11345）和《钢熔化焊对接接头射线照相和质量分组》（GB 3323）的规定。

一级、二级焊缝的质量等级及缺陷分组应符合表 4-23 规定。

表 4-23　一级、二级焊缝的质量等级及缺陷分组

焊 缝 质 量 等 级		一 级	二 级
内部超声波探伤	评定等级	Ⅱ	Ⅲ
	检验等级	B 级	B 级
	探伤比例	100%	20%
内部缺陷射线探伤	评定等级	Ⅱ	Ⅲ
	检验等级	AB 级	AB 级
	探伤比例	100%	20%

注：探伤比例的计数方法按下列原则确定：①对工厂制作焊缝，应按每条焊缝计算百分比，且探伤长度不应小于 200mm，当焊缝长度不足 200mm 时，应对整条焊缝进行探伤；②对现场安装焊缝，应按同一类型、同一施焊条件焊缝条数计算百分比，探伤长度应不小于 200mm，并应不少于 1 条焊缝。

检查数量：全数检查。

检验方法：检查超声波或射线探伤记录。

（5）焊缝表面不得有裂纹、焊瘤等缺陷。一级、二级焊缝不得有表面气孔、夹渣、弧坑裂纹、电弧擦伤等缺陷。且一级焊缝不得有咬边、未焊满、根部收缩等缺陷。

检查数量：每批同类构件抽查 10%，且不应少于 3 件；被抽查构件中，每一类型焊缝按条数抽查 5%，且不应少于 1 条；每条检查 1 处，总抽查数不应少于 10 处。

检验方法：观察检查或使用放大镜、焊缝量规和钢尺检查，当存在疑义时，采用渗透或磁粉探伤检查。

2. 一般项目质量控制

（1）对于需要进行焊前预热或焊后热处理的焊缝，其预热温度或后热温度应符合国家现行有关标准的规定或通过工艺试验确定。预热区在焊道两侧，每侧宽度均应大于焊件厚度的 1.5 倍以上，且不应小于 100mm；后热处理应在焊后立即进行，保温时间应根据板厚按每 25mm 板厚 1h 确定。

检查数量：全数检查。

检验方法：检查预、后热施工记录和工艺试验报告。

（2）二级、三级焊缝外观质量标准应符合规范规定。三级对接焊缝应按二级焊缝标准进行外观质量检验。

检查数量：每批同类构件抽查 10％，且不应少于 3 件；被抽查构件中，每一类型焊缝按条数抽查 5％，且不应少于 1 条；每条检查 1 处，总抽查数不应少于 10 处。

（3）焊缝尺寸允许偏差应符合规范的规定。

检查数量：每批同类构件抽查 10％，且不应少于 3 件；被抽查构件中，各抽查 5％，但不应少于 1 条；每条检查 1 处，总抽查数不应少于 10 处。

检验方法：用焊缝量规检查。

（4）焊成凹形角焊缝、焊缝金属与母材间应平缓过渡；加工成凹形的角焊缝，不得在其表面留下切痕。

检查数量：每批同类构件抽查 10％，且不应少于 3 件。

检验方法；观察检查。

（5）焊缝观感应达到：外形均匀、成型较好，焊道与焊道、焊道与基本金属间过渡较平滑，焊缝和飞溅物基本清除干净。

检查数量：每批同类构件抽查 10％，且不应少于 3 件；被抽查构件中，每种焊接按数量各抽查 5％，总抽查处不应少于 5 处。

检验方法：观察检查。

三、单层钢结构安装工程

1. 规定

（1）本部分内容适用于单层钢结构的主体结构、地下钢结构、檩条及墙架等次要构件、钢平台、钢梯、防护栏杆等安装工程的质量验收。

（2）单层钢结构安装工程可按照变形缝或空间刚度单元等划分成一个或若干个检验批。地下钢结构可按不同地下层划分检验批。

（3）钢结构安装检验批应在进场验收和焊接连接、紧固连接、制作等分项工程验收的基础上进行验收。

（4）安装的测量校正、高强度螺栓安装、负温度下施工及焊接工艺等，应在安装前进行工艺试验或评定，并在此基础上制定相应的施工工艺方案。

（5）安装偏差的检测，应在结构形成空间刚度单元并连接固定后进行。

（6）安装时，必须控制屋面、楼面、平台等的施工荷载，施工荷载和冰雪荷载等严禁超过梁、桁架、楼面板、屋面板、平台铺板等的承载能力。

（7）在形成空间刚度单元后，应及时对柱底板和基础顶面的空隙进行细石混凝土、灌浆料等二次浇灌。

（8）吊车梁或直接承受动力荷载的梁，其受拉翼缘、吊车桁架或直接承受动力荷载的桁架，其受拉弦杆上不得焊接悬挂物和卡具等。

2. 基础和支撑面质量控制

（1）建筑物的定位轴线、基础轴线和标高、地脚螺栓的规格及其紧固应符合设计要求。

检查数量：按构件数抽查 10％，且不应少于 3 个。

检验方法：用经纬仪、水准仪、全站仪和钢尺实测。

（2）基础顶面直接作为柱的支撑面和基础顶面预埋钢板或支座作为柱的支撑面时，其支撑面、地脚螺栓（锚栓）位置的允许偏差应符合表 4-24 的规定。

检查数量：按柱基数抽查 10％，且不应少于 3 个。

检验方法：用经纬仪、水准仪、全站仪和钢尺实测。

表 4-24 支撑面、地脚螺栓（锚栓）位置的允许偏差

项　　目		允许偏差/mm
支撑面	标高	±3.0
	水平度	$l/1000$
地脚螺栓(锚栓)	螺栓中心位移	5.0
预留孔中心位移		10.0

注：l 为描述对象的长度。

（3）采用坐浆垫板时，坐浆垫板的允许偏差应符合表 4-25 的规定。

表 4-25 坐浆垫板的允许偏差

项　　目	允许偏差/mm
顶面标高	0.0 −3.0
水平度	$l/1000$
位置	20.0

检查数量：资料全数检查，按柱基数抽查 10％，且不应少于 3 个。

检验方法：用经纬仪、水准仪、全站仪和钢尺实测。

（4）采用杯口基础时，杯口尺寸的允许偏差应符合表 4-26 规定。

表 4-26 杯口尺寸的允许偏差

项　　目	允许偏差/mm
底面标高	0.0 −5.0
杯口深度 H	±5.0
杯口垂直度	$H/100$，且不应大于 10.0
位置	10.0

注：H 为描述对象的高（深）度。

检查数量：按基础数抽查 10％，且不应少于 4 处。

检验方法：观察和用尺实测。

3. 安装和校正质量控制

（1）钢构件应符合设计要求和本条例的规定。运输、堆放和吊装等造成的钢构件变形及涂层脱落，应进行矫正和修补。

检查数量：按构件数抽查 10％，且不应少于 3 个。

检验方法：用拉线、钢尺现场实测或观察。

（2）设计要求顶紧的节点，接触面不应少于 70％，且边缘间最大间隙不应大于 0.8mm。

检查数量：按节点数抽查 10％，且不应少于 3 个。

检验方法：用钢尺及 0.3mm 和 0.8mm 厚的塞尺现场实测。

（3）钢屋（托）架、桁架、梁及受压杆件的垂直度和侧向弯曲矢高的允许偏差应符合规范中有关钢屋（托）架允许偏差表 4-27 的规定。

检查数量：按同类构件数抽查 10％，且不应少于 3 个。

表 4-27　钢屋（托）架、桁架、梁及受压杆件的垂直度和侧向弯曲矢高的允许偏差

项　目	允许偏差/mm	
跨中的垂直度	$H/250$，且不应大于 15.0	
侧向弯曲矢高 f	$l\leqslant30$m	$l/1000$，且不应大于 10.0
	30m$\leqslant l\leqslant60$m	$l/1000$，且不应大于 30.0
	$l>60$m	$l/1000$，且不应大于 50.0

检验方法：用吊线、拉线、经纬仪和钢尺现场实测。

四、多层及高层钢结构安装工程

1．一般规定

（1）本部分内容适用于多层及高层钢结构的主体结构、地下钢结构、檩条及墙架等次要构件、钢平台、钢梯、防护栏杆等安装工程的质量验收。

（2）多层及高层钢结构安装工程可按照变形缝或空间刚度单元等划分成一个或若干个检验批。地下钢结构可按不同地下层划分检验批。

（3）柱、梁、支撑等构件的长度尺寸应包括焊接收缩余量等变形值。

（4）安装柱时，每节柱的定位轴线应从地面控制轴线直接引上，不得从下层柱的轴线引上。

（5）结构的楼层标高可按相对标高或设计标高进行控制。

（6）钢结构安装检验批应在进场验收和焊接连接、紧固件连接、制作等分项工程验收合格的基础上进行验收。

（7）多层及高层钢结构安装应遵照本部分内容的规定。

2．基础和支撑面质量控制

（1）建筑物的定位轴线、基础轴线和标高、地脚螺栓（锚栓）的规格和位置、地脚螺栓（锚栓）紧固符合设计要求。当设计无要求时，应符合表 4-28 的规定。

表 4-28　建筑物的定位轴线、基础轴线和标高、地脚螺栓（锚栓）的允许偏差

项　目	允许偏差/mm	项　目	允许偏差/mm
建筑物定位轴线	$l/20000$，且不应大于 3.0	基础上柱底标高	±2.0
基础上柱的定位轴线	1.0	地脚螺栓（锚栓）位移	2.0

检查数量：按构件数抽查 10%，且不应少于 3 个。

检验方法：用经纬仪、水准仪、全站仪和钢尺实测。

（2）多层建筑以基础顶面直接作为柱的支撑面和基础顶面预埋钢板或支座作为柱的支撑面时，其支撑面、地脚螺栓（锚栓）位置的允许偏差应符合表 4-29 的规定。

检查数量：按柱基数抽查 10%，且不应少于 3 个。

检验方法：用经纬仪、水准仪、全站仪和钢尺实测。

（3）多层建筑采用坐浆垫板时，坐浆垫板的允许偏差应符合表 4-30 的规定。

表 4-29　支撑面、地脚螺栓（锚栓）位置的允许偏差

项　目		允许偏差/mm
支撑面	标高	±3.0
	水平度	$l/1000$
地脚螺栓（锚栓）	螺栓中心偏移	5.0
预留孔中心偏移		10.0

表 4-30　坐浆垫板的允许偏差

项　目	允许偏差/mm
顶面标高	0.0 −3.0
水平度	$l/1000$
位置	20.0

检查数量：资料全数检查，按柱基数抽查 10%，且不应少于 3 个。

检验方法：用经纬仪、水准仪、全站仪和钢尺实测。

(4) 采用杯口基础时，杯口尺寸的允许偏差应符合表 4-31 的规定。

表 4-31　杯口尺寸的允许偏差

项　目	允许偏差/mm
底面标高	0.0 −5.0
杯口深度 H	±5.0
杯口垂直度	$H/100$，且不应大于 10.0
位置	10.0

检查数量：按基础数抽查 10%，且不应少于 4 处。

检验方法：观察和用尺实测。

3. 安装和校正质量控制

(1) 钢构件应符合设计要求和规范的规定。运输、堆放和吊装等造成的钢构件变形以及涂层脱落，应进行矫正和修补。

检查数量：按构件数抽查 10%，且不应少于 3 个。

检验方法：用拉线、钢尺现场实测或观察。

(2) 柱子安装的允许偏差应符合表 4-32 的规定。

表 4-32　柱子安装的允许偏差

项　目	允许偏差/mm
底层柱底轴线对定位轴线偏移	3.0
柱子定位轴线	1.0
单节柱的垂直度	$H/1000$，且不应大于 10.0

检查数量：标准柱全部检查；非标准柱抽查 10%，且不应少于 3 根。

检验方法：用全站仪或激光经纬仪和钢尺实测。

(3) 设计要求顶紧的节点，接触面不应少于 70% 紧贴，且边缘最大间隙不应大于 0.8mm。

检查数量：按节点数抽查 10%，且不应少于 3 个。

检验方法：用钢尺及 0.3mm 和 0.8mm 厚的塞尺现场实测。

(4) 钢主梁、次梁及受压杆件的垂直度和侧向弯曲矢高的允许偏差应符合规范中有关钢屋(托)架允许偏差的规定。

检查数量：按同类构件数抽查 10%，且不少于 3 个。

检验方法：用吊线、拉线、经纬仪和钢尺现场实测。

(5) 多层及高层钢结构主体的整体垂直度和整体平面弯曲允许偏差应符合表 4-33 的规定。

表 4-33　整体垂直度和整体平面弯曲允许偏差

项　目	允许偏差/mm
主体结构的整体垂直度	$(H/2500+10.0)$ 且不应大于 50.0
主体结构的整体平面弯曲	$l/1500$，且不应大于 25.0

检查数量：对主要立面全部检查。对每个所检查的立面，除两列角柱外，应至少选取一

列中间柱。

检验方法：对于整体垂直度，可采用激光经纬仪、全站仪测量，也可根据各节柱的垂直度允许偏差累计（代数和）计算。对于整体平面弯曲，可将产生的允许偏差累计（代数和）计算。

第六节　装饰装修工程的质量控制

一、抹灰工程

（一）一般规定

（1）本部分内容适用于一般抹灰、装饰抹灰和清水砌体勾缝等分项工程的质量验收。

（2）抹灰工程验收时应检查下列文件和记录。

① 抹灰工程的施工图、设计说明及其他设计文件。

② 材料的产品合格证明书、性能检测报告、进场验收记录和复验报告。

③ 隐蔽工程验收记录。

④ 施工记录。

（3）抹灰工程应对水泥的凝结时间和安定性进行复验。

（4）抹灰工程应对下列隐蔽工程项目进行验收。

① 抹灰总厚度大于或等于 35mm 时的加强措施。

② 不同材料基体交接处的加强措施。

（5）各分项工程的检验批应按下列规定划分。

① 相同材料、工艺和施工条件的室外抹灰工程每 500～1000m² 应划分为一个检验批，不足 500m² 也划分为一个检验批。

② 相同材料、工艺和施工条件的室内抹灰工程每 50 个自然间（大面积房间和走廊）按抹灰面积 30m² 也应划分为一个检验批，不足 50 间也应划分为一个检验批。

（6）检查数量应符合下列规定。

① 室内每个检验批应至少抽查 10%，并不得少于 3 间，不足 3 间时应全数检查。

② 室外每个检验每 100m² 应至少抽查一处，每处不得少于 10m²。

（7）外墙抹灰工程施工前应先安装钢木门窗、护栏等，并应将墙上的施工洞堵塞密实。

（8）抹灰用的石灰膏的熟化期不应少于 15 天；罩面用的磨细石灰粉的熟化期不应少于 3 天。

（9）室内墙面、柱面和门洞口的阳角做法应符合设计要求。设计无要求时的水泥砂浆作暗护角，其高度不应低于 2m，每侧宽度不应小于 50m。

（10）当要求抹灰层具有防水、防潮功能时，应采用防水砂浆。

（11）各种砂浆抹灰层，在凝结前应防止快干、水冲、撞击、振动和受冻，在凝结后应采取措施防止沾污和损坏。水泥砂浆抹灰层应在湿润条件下养护。

（12）外墙和顶棚的抹灰层与基层之间及各抹灰层之间必须粘接牢固。

（二）一般抹灰工程

本部分内容适用石灰砂浆、水泥砂浆、水泥混合砂浆、聚合物水泥砂浆和麻刀石灰、纸筋石灰、石膏灰等一般抹灰工程的质量验收。一般抹灰工程分为普通抹灰和高级抹灰，当设计无要求时，按普通抹灰验收。

1. 主控项目质量控制

（1）抹灰前基层表面的尘土、污垢、油渍等应清理干净，并应洒水湿润。

检查方法：检查施工记录。

（2）一般抹灰所用材料的品种和性能应符合设计要求。水泥的凝结时间和安定性复验合格。砂浆的配合比应符合设计要求。

检查方法：检查产品合格证书、进场验收记录、复验报告和施工记录。

（3）抹灰工程应分层进行。当抹灰总厚度大于或等于 35mm 时，应采取加强措施。不同材料基体交接处一面的抹灰，应采取防止开裂的加强措施，当采用加强网时，加强网与各基体的搭接宽度不小于 100mm。

检验方法：检查隐蔽工程验收记录和施工记录。

（4）抹灰层与基层之间及各抹灰层之间必须粘接牢固，抹灰层应无脱层、空鼓，面层应无爆灰和裂缝。

检查方法：观察；用小锤轻击检查；检查施工记录。

2．一般项目质量控制

（1）一般抹灰工程的表面质量应符合下列规定。

① 普通抹灰表面应光滑、洁净、接槎平整，分格缝应清晰。

② 高级抹灰表面应光滑、洁净、颜色均匀、无抹纹，分格缝和灰线应清晰美观。

检验方法：观察；手摸检查。

（2）护角、孔洞、槽、盒周围的抹灰表面应整齐、光滑；管道后面的抹灰表面应平整。

检验方法：观察。

（3）抹灰层的总厚度应符合设计要求；水泥砂浆不得抹在石灰砂浆层上；罩面石膏不得抹在水泥砂浆层上。

检验方法：检查施工记录。

（4）抹灰分隔缝的设置应符合设计要求，宽度和深度应均匀，表面应光滑，棱角应整齐。

检验方法：观察；尺量检查。

（5）有排水要求的部位应做滴水线（槽）。滴水线（槽）应整齐顺直，滴水线应内高外低，滴水槽的宽度和深度均不应小于 10mm。

检验方法：观察；尺量检查。

（6）一般抹灰工程质量的允许偏差和检验方法应符合表 4-34 的规定。

表 4-34　一般抹灰工程质量的允许偏差和检验方法

项次	项　　目	允许偏差/mm		检　验　方　法
		普通抹灰	高级抹灰	
1	立面垂直度	4	3	用 2m 垂直检测尺检查
2	表面平整度	4	3	用 2m 垂直检测尺检查
3	阴、阳角方正	4	3	用直角检测尺检查
4	分割条（缝）的直线度	4	3	拉 5m 线，不足 5m 拉通线用钢直尺检查
5	墙裙、勒脚上口直线度	4	3	拉 5m 线，不足 5m 拉通线用钢直尺检查

注：1. 普通抹灰，本表第 3 项阴角方正可不检查。

　　2. 顶棚抹灰，本表第 2 项表面平整度可不检查，但应平顺。

（三）装饰抹灰工程

适用于水刷石、斩假石、干粘石、假面砖等装饰抹灰工程质量验收。

1．主控项目质量控制

（1）抹灰前基层表面的尘土、污垢、油渍等应清除干净，并应洒水润湿。

检验方法：检查施工记录。

（2）装饰抹灰工程所用材料的品种和性能符合设计要求。水泥的凝结时间和安定性复验应合格。砂浆的配合比应符合设计要求。

检验方法：检查产品合格证书、进场验收记录、复验报告和施工记录。

（3）抹灰工程应分层进行。当抹灰总厚度大于或等于 35mm 时，应采取加强措施。不同材料的基体交接处表面的抹灰，应采取防止开裂的加强措施，当采用加强网时，加强网与各基体的搭接宽度不应小于 100mm。

（4）各抹灰层之间及抹灰层与基体之间必须粘接牢固，抹灰层应无脱层，空鼓和裂缝。

检验方法：观察；用小锤轻击检查；检查施工记录。

2．一般项目质量控制

（1）装饰抹灰工程的表面质量应符合下列规定。

① 水刷石表面应石粒清晰、分布均匀、紧密平整、色泽一致，应无掉粒和接槎痕迹。

② 斩假石表面剁纹应均匀顺进、深浅一致，应无漏剁处；阳角处应横剁并留出宽窄一致的不剁边条，棱角应无损坏。

③ 干粘石表面应色泽一致，不露浆，不漏粘，石粒应粘接牢固，分布均匀，阳角处应无明显黑边。

④ 假面砖表面应平整、沟纹清晰、留缝整齐、色泽一致，应无掉角、脱皮、起砂等缺陷。

检验方法：观察；手摸检查。

（2）装饰抹灰分格条（缝）的设备应符合设计要求，宽度和深度均应均匀，表面应平整光滑，棱角应整齐。

检验方法：观察。

（3）有排水要求的部位应做滴水线（槽）。滴水线（槽）应整齐顺直，滴水线应内高外低，滴水槽的宽度和深度均不应小于 10mm。

检验方法：观察；尺量检查。

（4）装饰抹灰工程质量的允许偏差和检验方法应符合表 4-35 的规定。

表 4-35　装饰抹灰工程质量的允许偏差和检验方法

项次	项　目	允许偏差/mm				检验方法
		水刷石	斩假石	干粘石	假面砖	
1	立面垂直度	5	4	5	5	用 2m 垂直检测尺检查
2	表面平整度	3	3	5	4	用 2m 垂直检测尺检查
3	阳角方正	3	3	4	5	用直角检测尺检查
4	分隔条	3	3	3	3	拉 5m 线，不足 5m 拉通线，用钢直尺检查
5	墙裙、勒脚上口直线度	3	3			拉 5m 线，不足 5m 拉通线，用钢直尺检查

二、门窗工程

下面主要介绍塑料门窗安装工程的质量控制。

1．主控项目质量控制

（1）塑料门窗的品种、类型、规格、尺寸、开启方向、安装位置、连接方式及填嵌密封处均应符合设计要求，内衬增强型钢的壁厚及设备应符合国家现行产品标准的重要要求。

检验方法：观察；尺量检查；检查产品合格证书、性能检测报告、进场验收记录和复验报告；检查隐蔽工程验收记录。

（2）塑料门窗杠、副杠和扇的安装必须牢固。固定片或膨胀螺栓数量与位置应正确。连接方式应符合设计要求。固定点应距窗角、中横框、中竖框 150～200mm，固定点间距应不大于 600mm。

检验方法：观察；手扳检查；检查隐蔽工程验收记录。

（3）塑料门窗拼樘料内衬增强型钢的规格、壁厚必须符合设计要求，型钢应与型材内腔紧密吻合，其两端必须与洞口固定牢固。窗框必须与拼樘料连接紧密，固定点间距应不大于 600mm。

检验方法：观察；手扳检查；尺量检查；检查进场验收记录。

（4）塑料门窗扇应开关灵活，关闭严密，无倒翘。推拉门窗扇必须有防脱落措施。

检验方法：观察；开启和关闭检查；手扳检查。

（5）塑料门窗配件的型号、规格、数量应符合设计要求，安装应牢固，位置应正确，功能应满足使用要求。

检验方法：观察；手扳检查；尺量检查。

（6）塑料门窗框与墙体间缝隙应采用闭孔弹性材料填嵌饱满，表面应采用密封胶密封。密封胶应粘接牢固，表面应光滑、顺直、无裂纹。

检验方法：观察；检查隐蔽工程验收记录。

2. 一般项目质量控制

（1）塑料门窗表面应洁净、平整、光滑，表面应无划痕、碰伤。

检验方法：观察。

（2）塑料门窗扇的密封条不得脱槽。旋转窗间隙应基本均匀。

（3）塑料门窗扇的开关力应符合下列规定。

① 平开窗扇平铰链的开关力应不大于 80N，滑撑铰链的开关力应不大于 80N，并不小于 30N。

② 推拉门窗的开关力应不大于 100N。

（4）玻璃密封条与玻璃及玻璃槽口的接缝应平整，不得卷边，脱槽。

检验方法：观察。

（5）排水孔应畅通，位置和数量应符合设计要求。

检验方法：观察。

（6）塑料门窗安装的允许偏差和检验方法应符合表 4-36 的规定。

三、吊顶工程

（一）一般规定

（1）本部分内容适用于暗龙骨吊顶、明龙骨吊顶等分项工程的质量验收。

（2）吊顶工程验收时应检查下列文件和记录。

① 吊顶工程的施工图、设计说明及其他设计文件；

② 材料的产品合格证书、性能检测报告、进场验收记录和复验报告；

③ 隐蔽工程验收记录；

④ 施工记录。

（3）吊顶工程应对人造木板的甲醛含量进行复验。

表 4-36 塑料门窗安装的允许偏差和检验方法

项次	项 目		允许偏差/mm	检 验 方 法
1	门窗槽口宽度、高度	≤1500	2	用钢尺检查
		>1500	3	
2	门窗槽口对角线长度差	≤2000	3	用钢尺检查
		>2000	5	
3	门窗框的正、侧面垂直度		3	用1m垂直检测尺检查
4	门窗框的水平度		3	用1m水平尺和塞尺检查
5	门窗横框标高		5	用钢尺检查
6	门窗竖向偏离中心		5	用钢直尺检查
7	双层门内外框间跨		4	用钢尺检查
8	用樘平开门窗相邻扇高度差		2	用钢直尺检查
9	平开门窗相邻扇高度差		+2，−1	用塞尺检查
10	推拉门窗扇与框搭接量		+1.5 −2.5	用钢直尺检查
11	推拉门窗扇与竖框平行度		2	用1m水平尺和塞尺检查

（4）吊顶工程应对下列隐蔽工程项目进行验收。

① 吊顶内管道、设备的安装及水管试压；

② 木龙骨防火、防腐处理；

③ 预埋件或拉结筋；

④ 吊杆安装；

⑤ 龙骨安装；

⑥ 填充材料的设置。

（5）各分项工程的检验批应按下列规定划分。

同一品种的吊顶工程每50个自然间应划分为一个检验批，不足50间也应划分为一个检验批。

（6）检查数量应符合下列规定。

每个检验批应至少抽查10％，并不得少于3间，不足3间时应全数检查。

（7）安装龙骨前，应按设计要求对房间净高、洞口标高和吊顶内管道、设备及其支架的标高进行交接检验。

（8）吊顶工程的木吊杆、木龙骨和木饰面板必须进行防火处理，并应符合有关设计防火规范的规定。

（9）吊顶工程中的预埋件、钢筋吊杆和型钢吊杆应进行防锈处理。

（10）安装饰面板前应完成吊顶内管道和设备的调试及验收。

（11）吊杆距主龙骨端部距离不得大于300mm，当大于300mm时，应增加吊杆。当吊杆长度大于1.5m时，应设置反支撑。当吊杆与设备相遇时，应调整并增设吊杆。

（12）重型灯具、电扇及其他重型设备严禁安装在吊顶工程的龙骨上。

（二）暗龙骨吊顶工程

这里的暗龙骨吊顶工程指的是适用以轻钢龙骨、铝合金龙骨、木龙骨等为骨架，以石膏板、塑料板或格栅等为饰面材料的暗龙骨吊顶工程的质量验收。

1. 主控项目质量控制

（1）吊顶标高、尺寸、起拱和造型应符合设计要求。

检验方法：观察；尺量检查。

（2）饰面材料的材质、品种、规格、图案和颜色应符合设计要求。

检验方法：观察；检查产品合格证书、性能检测报告、进场验收记录和复验报告。

（3）暗龙骨吊顶工程的吊杆、龙骨和饰面材料的安装必须牢固。

检验方法：观察；手扳检查；检查隐蔽工程验收记录和施工记录。

（4）吊杆、龙骨的材质、规格、安装间距及连接方式应符合设计要求。金属吊杆、龙骨应经过表面防腐处理；木吊杆、龙骨应进行防腐、防火处理。

检验方法：观察；尺量检查；检查产品合格证书、性能检测报告、进场验收记录和隐蔽工程验收记录。

（5）石膏板的接缝应按其施工工艺标准进行板缝防裂处理。安装双层石膏板时，基层板的接缝应错开，并不得在同一根龙骨上接缝。

检验方法：观察。

2. 一般项目质量控制

（1）饰面材料表面应洁净、色泽一致，不得有翘曲、裂缝及缺损。压条应平直、宽窄一致。

检验方法：观察；尺量检查。

（2）饰顶板上的灯具、烟感器、喷淋头、风口篦子等设备的位置应合理、美观，与饰面板的交接应吻合、严密。

检验方法：检查。

（3）金属吊杆、龙骨的接缝应均匀一致，角缝应吻合，表面应平整，无翘曲、锤印。木质吊杆、龙骨应顺直，无劈裂、变形。

检验方法：检查隐蔽工程验收记录和施工记录。

（4）吊顶内填充吸声材料的品种和铺设厚度应符合设计要求，并应有防散落措施。

检验方法：检查隐蔽工程验收记录和施工记录。

（5）暗龙骨吊顶工程安装的允许偏差和检验方法应符合表 4-37 的规定。

表 4-37　暗龙骨吊顶工程安装的允许偏差和检验方法

项次	项　目	允许偏差/mm				检 验 方 法
		纸面石膏板	金属板	矿棉板	木板、塑料板、格栅	
1	表面平整度	3	2	2	2	用 2m 靠尺和塞尺检查
2	接缝直线度	3	1.5	3	3	拉 5m 线，不足 5m 拉通线，用钢直尺检查
3	接缝高低差	1	1	1.5	1	用 2m 靠尺和塞尺检查

（三）明龙骨吊顶工程

1. 主控项目质量控制

（1）吊顶标高、尺寸、起拱和造型应符合设计要求。

检验方法：观察；尺量检查。

（2）饰面材料的材质、品种、规格、图案和颜色应符合设计要求。

检验方法：观察；检查产品合格证书、性能检测报告、进场验收记录和复验报告。

（3）饰面材料的安装应稳固严密。饰面材料与龙骨的搭接宽度应大于龙骨受力面宽度的2/3。

（4）吊杆、龙骨的材质、规格，安装间距及连接方式应符合设计要求、金属吊杆、龙骨应经过表面防腐处理；木吊杆、龙骨应进行防腐、防火处理。

检验方法：观察；尺量检查；检查产品合格证书、性能检测报告、工程验收记录。

（5）明龙骨吊顶工程的吊杆和龙骨安装必须牢固。

检验方法：观察；手扳检查；检查隐蔽工程验收记录和施工记录。

2. 一般项目质量控制

（1）饰面材料表面应洁净、色泽一致，不得有翘曲、裂缝及缺损。压条应平直、宽窄一致。

检验方法：观察；尺量检查。

（2）饰面板上的灯具、烟感器、喷淋头、风口箅子等设备的位置应合理、美观，与饰面板的交接应吻合、严密。

检验方法：检查。

（3）金属龙骨的接缝应平整、吻合、颜色一致，不得有划伤、擦伤等表面缺陷。木质龙骨应平整、顺直，无劈裂。

检验方法：观察。

四、饰面板工程

（一）饰面板安装工程

本部分内容适用于内墙饰面安装工程和高度不大于 24m、抗震设防烈度不大于 7 度的外墙饰面板安装工程的质量验收。

1. 主控项目质量控制

（1）饰面板的品种、规格、颜色和性能应符合设计要求，木龙骨、木饰面板和塑料饰面板的燃烧性能等级应符合设计要求。

检验方法：观察；检查产品合格证书，进场验收记录和性能检测报告。

（2）饰面板孔、槽的数量、位置和尺寸应符合设计要求。

检验方法：检查进场验收记录和施工记录。

（3）饰面板安装工程的预埋件（或后置埋件）、连接件的数量、规格、位置、连接方法和防腐处理必须符合设计要求。后置埋件的现场拉拔强度必须符合设计要求。饰面板安装必须牢固。

检验方法：手扳检查；检查进场验收记录，现场拉拔检测报告、隐蔽工程验收记录和施工记录。

2. 一般项目质量控制

（1）饰面板表面应平整、洁净、色泽一致，无裂痕和缺损。石材表面应无泛碱等污染。

检验方法：观察。

（2）饰面板嵌缝应密实、平直，宽度和深度应符合设计要求。嵌填材料色泽应一致。

检验方法：观察；尺量检查。

（3）采用湿作业法施工的饰面板工程，石材应进行防碱背涂处理。饰面板与基体之间的灌注材料应饱满、密实。

检验方法：用小锤轻敲检查；检查施工记录。

（4）饰面板上的孔洞应套割吻合，边缘应整齐。

检验方法：观察。

（5）饰面板安装允许偏差和检验方法应符合表 4-38 的规定。

表 4-38 饰面板安装允许偏差和检验方法

项次	项　目	允许偏差/mm							检　验　方　法
		石材			瓷板	木材	塑料	金属	
		光面	剁斧石	蘑菇石					
1	立面垂直度	2	3	3	2	1.5	2	2	用 2m 垂直检测尺检查
2	表面平整度	2	3	—	1.5	1	3	3	用 2m 靠尺和塞尺检查
3	阴阳角方正	2	4	4	2	1.5	3	3	用直角检测尺检查
4	接缝直接度	2	4	4	2	1	1	1	拉 5m 线,不足 5m 拉通线,用钢直尺检查
5	墙裙、勒脚上口直线度	2	3	3	2	2	2	2	拉 5m 线,不足 5m 拉通线,用钢直尺检查
6	接缝高低差	0.5	3	—	0.5	0.5	1	1	用钢直尺和塞尺检查
7	接缝宽度	1	2	2	1	1	1	1	用钢直尺检查

（二）饰面板粘贴工程

1. 主控项目质量控制

（1）饰面砖的品种、规格、图案、颜色和性能应符合设计要求。

检验方法：观察；检查产品合格证书、进场验收记录、性能检测报告和复验报告。

（2）饰面砖粘贴工程的找平、防水、粘接和勾缝材料及施工方法应符合设计要求及国家现行产品标准和工程技术标准的规定。

检验方法：检查产品合格证书、复验报告和隐蔽工程验收记录。

（3）饰面砖粘贴必须牢固。

检验方法：检查样板件粘接强度检测报告和施工记录。

（4）满粘法施工的饰面砖工程应无空鼓、裂缝。

检验方法：观察；用小锤轻击检查。

2. 一般项目

（1）饰面砖表面应平整、洁净、色泽一致，无裂痕和缺损。

检验方法：观察。

（2）阴阳角处搭接方式、非整砖合用部位应符合设计要求。

检验方法：观察。

（3）墙面突出物周围的饰面砖应整砖套割吻合，边缘应整齐。墙裙、贴脸突出墙面的厚度应一致。

检验方法：观察；尺量检查。

（4）饰面砖接缝应平直、光滑，填嵌应连续、密实；宽度和深度应符合设计要求。

检验方法：观察；尺量检查。

（5）有排水要求的部位应做滴水线（槽）。滴水线（槽）应顺直，流水坡向应正确，坡度应符合设计要求。

检验方法：观察；用水平尺检查。

（6）饰面砖粘贴允许偏差和检验方法应符合表 4-39 的规定。

表 4-39　饰面砖粘贴允许偏差和检验方法

项次	项　目	允许偏差/mm		检 验 方 法
		外墙面砖	内墙面砖	
1	立面垂直度	3	2	用 2m 垂直检测尺检查
2	表面平整度	4	3	用 2m 靠尺和塞尺检查
3	阴、阳角方正	3	3	用直角检测尺检查
4	接缝直线度	3	2	拉 5m 线，不足 5m 拉通线，用钢直尺检查
5	接缝高低差	1	0.5	用钢尺和直塞尺检查
6	接缝宽度	1	1	用钢直尺检查

五、涂饰工程

（一）水性涂料涂饰工程

本部分内容适用于乳液型涂料、无机涂料、水溶性涂料等水性涂料涂饰工程的质量验收。

1. 主控项目质量控制

（1）水性涂料涂饰工程所用涂料的品种、型号和性能应符合设计要求。

检验方法：检查产品合格证书、性能检测报告和进场验收记录。

（2）水性涂料涂饰工程的颜色、图案应符合设计要求。

检验方法：观察。

（3）水性涂料涂饰工程应涂饰均匀、粘接牢固，不得漏涂、透底、起皮和掉粉。

检验方法：观察；手摸检查。

（4）水性涂料涂饰工程的基层处理应符合规范规定。

2. 一般项目质量控制

（1）薄涂料的涂饰质量和检验方法应符合表 4-40 的规定。

表 4-40　薄涂料的涂饰质量和检验方法

项次	项　目	普通涂饰	高级涂饰	检 验 方 法
1	颜色	均匀一致	均匀一致	观察
2	泛碱、咬色	允许少量轻微	不允许	
3	流坠、疙瘩	允许少量轻微	不允许	
4	砂眼、刷纹	允许少量轻微砂眼，刷纹通顺	无砂眼，无刷纹	
5	装饰线、分色线直线度允许偏差/mm	2	1	拉 5m 线，不足 5m 拉通线，用钢直尺检查

（2）厚涂料的涂饰质量和检验方法应符合表 4-41 的规定。

表 4-41 厚涂料的涂饰质量和检验方法

项次	项 目	普通涂饰	高级涂饰	检 验 方 法
1	颜色	均匀一致	均匀一致	
2	泛碱、咬色	允许少量轻微	不允许	观察
3	点状分布	—	疏密均匀	

（3）复层涂料的涂饰质量和检验方法应符合表 4-42 的规定。

表 4-42 复层涂料的涂饰质量和检验方法

项次	项 目	普通涂饰	高级涂饰	检 验 方 法
1	颜色	均匀一致	均匀一致	
2	泛碱、咬色	允许少量轻微	不允许	观察
3	点状分布	—	疏密均匀	

（二）溶剂型涂料涂饰工程

1. 主控项目质量控制

（1）溶剂型涂料涂饰工程所选用涂料的品种、型号和性能应符合设计要求。

检验方法：检查产品合格证书、性能检测报告和进场验收记录。

（2）溶剂型涂料涂饰工程的颜色、光泽、图案应符合设计要求。

检验方法：观察。

（3）溶剂型涂料涂饰工程应涂饰均匀、粘接牢固，不得漏涂、透底、起皮和反锈。

检验方法：观察；手摸检查。

（4）溶剂型涂料涂饰工程基层处理应符合规范的要求。

检验方法：观察；手摸检查；检查施工记录。

2. 一般项目质量控制

（1）色漆的涂饰质量和检验方法应符合表 4-43 的规定。

表 4-43 色漆的涂饰质量和检验方法

项次	项 目	普通涂饰	高级涂饰	检 验 方 法
1	颜色	均匀一致	均匀一致	观察
2	光泽、光滑	光泽基本均匀,光滑无挡手感	光泽均匀一致、光滑	观察、手摸检查
3	刷纹	刷纹通顺	无刷纹	观察
4	裹漆、流坠、皱皮	明显处不允许	不允许	观察
5	装饰线、分色线直线度允许偏差/mm	2	1	拉 5m 线,不足 5m 拉通线,用钢直尺检查

注：无色漆不检查光泽。

（2）清漆的涂饰质量和检验方法应符合表 4-44 的规定。

表 4-44 清漆的涂饰质量和检验方法

项次	项 目	普通涂饰	高级涂饰	检 验 方 法
1	颜色	均匀一致	均匀一致	观察
2	木纹	棕眼刮平、木纹清楚	棕眼刮平、木纹清楚	观察、手摸检查
3	光泽、光滑	光泽基本均匀,光滑无皱	光泽均匀一致,光滑	观察、手摸检查
4	刷纹	刷纹通顺	无刷纹	观察
5	裹漆、流坠、皱皮	明显处不允许	不允许	观察

（3）涂层与其他装修材料和设备衔接处应吻合，界面应清晰。

检验方法：观察。

（三）美术涂饰工程

1. 主控项目质量控制

（1）美术涂饰所用材料的品种、型号和性能应符合设计要求。

检验方法：观察；检查产品合格证书、性能检测报告和进场验收记录。

（2）美术涂饰工程应涂饰均匀、粘接牢固，不得漏涂、透底、起皮、掉粉和反锈。

检验方法：观察；手摸检查。

（3）美术涂饰工程的基层处理应符合规范的要求。

检验方法：观察；手摸检查；检查施工记录。

（4）美术涂饰的套色、花纹和图案应符合设计要求。

检验方法：观察。

2. 一般项目质量控制

（1）美术涂饰表面应洁净，不得有流坠现象。

检验方法：观察。

（2）仿花纹涂饰的饰面应具有被模仿材料的纹理。

检验方法：观察。

（3）套色涂饰的图案不得移位，纹理轮廓应清晰。

检验方法：观察。

小　　结

```
                                    ┌─────────────────────────────────┐
                                    │ 灰土地基、砂石地基、强夯地基工程  │
                                    │ 的质量控制方法                    │
                                    ├─────────────────────────────────┤
                                    │ 砌筑砂浆、砖砌体、混凝土小型空心  │
                                    │ 砌块砌体、石砌体、配筋砌体工程的  │
                                    │ 质量控制方法                      │
                                    ├─────────────────────────────────┤
                                    │ 模板、混凝土、钢筋工程的质量控制  │
                                    │ 方法                              │
  ┌──────────────────┐             ├─────────────────────────────────┤
  │ 施工质量控制实施要点 ├─────────── │ 卷材防水、刚性防水屋面、防水混凝  │
  └──────────────────┘             │ 土、水泥砂浆防水层、涂料防水层工  │
                                    │ 程的质量控制方法                  │
                                    ├─────────────────────────────────┤
                                    │ 原材料及成品进场、钢结构焊接、单  │
                                    │ 层钢结构安装、多层及高层钢结构安  │
                                    │ 装工程的质量控制方法              │
                                    ├─────────────────────────────────┤
                                    │ 抹灰工程、门窗工程、吊顶工程、饰  │
                                    │ 面板工程、涂饰工程的质量控制方法  │
                                    └─────────────────────────────────┘
```

📖 自测练习

1. 灰土地基和强夯地基的质量控制要点有哪些？

2. 配筋砌体需要怎样控制质量？

3. 在混凝土工程中，保证混凝土质量需要注意的要点，保证钢筋质量需要注意的要点各有哪些？

4. 防水工程具体有哪几项工程？各自保证施工质量的施工要点有哪些？

5. 钢结构工程的原材料需要注意的要点是什么？钢结构焊接工程和多层及高层钢结构安装工程的质量控制要点是什么？

6. 装饰装修工程可分为哪几项？各自的主控质量和一般要求是什么？

第五章 建筑工程施工质量验收

【知识目标】
- 了解建筑工程质量验收的目的、作用和依据
- 理解建筑工程施工质量的划分、控制及验收规定
- 掌握建筑工程施工质量验收的程序和组织

【能力目标】
- 能够熟悉建筑施工质量验收的程序、要求和方法
- 能够对工程质量做出正确的结论
- 能学会填写有关的质量验收表格

本章主要介绍建筑工程质量验收的目的、作用和依据，建筑工程施工质量的划分、控制及验收规定，建筑工程施工质量验收的程序及组织，建筑工程项目的交接与回访保养。

第一节 建筑工程质量验收概述

建筑工程的质量验收就是采用一定的方法和手段，以技术方法的形式，对建筑工程的检验批、分项工程、分部工程和单位工程的施工质量进行检验，并根据检验结果按国家颁布的《建筑工程施工质量验收统一标准》（GB 50300—2013）和相关验收规范的有关规定，由施工单位对其检查结果做出评定，监理（建设）单位做出验收结论。

建筑工程的质量验收包括工程施工质量的中间验收和工程的竣工验收两个方面。中间验收是对施工过程中的检验批和分项工程质量进行控制，检验出"不合格"的各项工程，以便及时进行处理，使其达到质量标准的合格指标；竣工验收是对建筑工程施工的最终产品——单位工程的质量进行把关，这是项目建设程序的最后一个环节，是全面考核项目建设成果，检查设计与施工质量，确认项目能否投入使用的重要步骤。通过这两方面的验收，从过程控制和终端进行工程项目的质量控制，以确保达到业主所要求的功能和使用价值，实现建设投资的经济效益和社会效益。竣工验收的顺利完成，标志着项目建设阶段的结束和生产使用阶段的开始。尽快完成竣工验收工作，对促进项目的早日投产使用，发挥投资效益，有着非常重要的意义。

通过工程质量的验收，保证了前一道工序各项工程的质量达到合格标准后，才转入下一道工序各项工程的施工。另外，通过质量验收，可以积累大量的信息，定期对这些信息进行分析、研究，进而提出合理的质量改进措施使工程质量处于受控状态，从而预防施工过程中出现的质量问题。

建筑工程施工质量验收在评定过程中主要是根据国家颁发的有关技术标准和验收规范，具体地讲有：《建筑工程施工质量验收统一标准》和配合使用的建筑工程各专业工程施工验收规范系列；国家颁发的各种设计规范、规程、标准及建筑材料质量标准以及标准图集等；

工程承包合同、设计图纸、图纸会审记录、工程变更通知单；国务院各部门及各地区制定的标准、规范、规程、规定和企业内部的有关标准规定等。

第二节　现行施工质量验收标准及配套使用的系列规范

一、建筑工程施工质量验收系列规范介绍

建筑工程施工质量验收统一标准、规范体系由《建筑工程施工质量验收统一标准》（GB 50300—2013）和各专业验收规范共同组成，在使用过程中它们必须配套。

现行的《建筑工程施工质量验收统一标准》（GB 50300—2013）自 2014 年 6 月 1 日开始施行，原《建筑安装工程质量检验评定标准》（GB 50300—2001）同时废止。《建筑工程施工质量验收统一标准》是建筑工程施工质量验收的龙头性标准，其统一规定了建筑工程施工质量的验收方法、程序和原则，并作为建筑工程各专业验收规范编制的统一准则。这套标准和规范的推行标志着我国面向新世纪，适应市场经济的施工质量验收标准和施工规范全面实施，将对我国工程建设标准化发展方向，建筑工程施工组织方式和质量监管工作产生重大影响。标准和系列规范的推行是加强建筑工程法制建设的重要组成部分，也是当前整顿和规范建筑市场、提高工程质量、标本兼治的核心工作。

1. 施工质量验收统一标准、规范体系的编制指导思想

施工质量验收规范编制的总体指导思想是"验评分离，强化验收，完善手段，过程控制"。

具体要解决以下几个方面的内容。

（1）建立验收类规范和施工技术规范，要求同一个对象只能制定一个标准，以便于执行。这就要求标准规范之间应当协调一致，避免重复矛盾。提出了建筑安装工程质量验收标准规范体系的框架，这个体系框架将作为指导编制标准规范的指导思想。

（2）统一编制原则。为便于将来的工程验收规范的修订加快，首先要结合当前我国的质量方针政策，确定质量责任和要求深度，然后修改和完善不合理的指标；对于强制性的工程验收规范，将属于涉及工程安全、影响使用功能和质量的给予重点突出并具体化，对验收的方法和手段给予规范化，形成对施工质量全过程控制的要求；对于推荐性的施工工艺规范，将有关施工工艺和技术方面的内容作为企业标准或行业推荐性标准；对于质量检测方面的内容，应分清基本试验和现场检测，基本试验程序和第三方确认的公正性；结合当前有关建设工程质量方针和政策，制定出评优良工程方面的推荐性标准，此外还应兼顾工程观感质量。

（3）措施应配套。制定的配套措施应围绕规范的贯彻实施，特别是强制性验收规范的贯彻执行。

2. 施工质量验收统一标准、规范体系的编制依据及其相互关系

建筑工程施工质量验收统一标准、规范体系的编制依据，主要是《中华人民共和国建筑法》、《建设工程质量管理条例》、《建筑结构可靠度设计统一标准》及其他有关设计规范等。验收统一标准及专业验收规范的落实和执行，还需要有关标准的支持，所以需要建设以验收规范为主体的整体施工技术体系（支撑体系），这样就使工程建设技术标准体系有了基础，发挥了全行业的力量，都来为提高建设工程的质量而努力。如图 5-1 所示。

二、《建筑工程施工质量验收统一标准》和配合使用的系列验收规范名称

《建筑工程施工质量验收统一标准》和与它配合使用的部分建筑工程各专业工程施工质

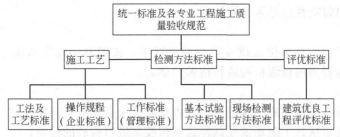

图 5-1　工程质量验收规范支持体系示意图

量验收规范名称如下。

《建筑工程施工质量验收统一标准》GB 50300—2013；

《建筑地基基础工程施工质量验收规范》GB 50202—2002；

《砌体工程施工质量验收规范》GB 50203—2011；

《混凝土结构工程施工质量验收规范》GB 50204—2002（2011 版）；

《钢结构工程施工质量验收规范》GB 50205—2001；

《木结构工程施工质量验收规范》GB 50206—2012；

《屋面工程质量验收规范》GB 50207—2012；

《地下防水工程质量验收规范》GB 50208—2011；

《建筑地面工程施工质量验收规范》GB 50209—2010；

《建筑装饰装修工程质量验收规范》GB 502010—2001；

《建筑给水排水及采暖工程施工质量验收规范》GB 50242—2002；

《通风与空调工程施工质量验收规范》GB 50243—2002；

《建筑电气安装工程施工质量验收规范》GB 50303—2011；

《电梯工程施工质量验收规范》GB 50310—2002；

《智能建筑工程施工质量验收规范》GB 50339—2013。

三、施工质量验收标准规范的有关术语

《建筑工程施工质量验收统一标准》共给出 17 个术语，这些术语对规范有关建筑工程施工质量验收活动中的用语，加深对标准条文的理解，特别是更好地贯彻执行标准是十分必要的。下面是几个较重要的质量验收的相关术语。

1. 验收

建筑工程质量在施工单位自行检查合格的基础上，由工程质量验收责任方组织，工程建设相关单位参加，对检验批、分项、分部、单位工程及其隐蔽工程的质量进行抽样检验，对技术文件进行审核，并根据设计文件和相关标准以书面形式对工程质量是否达到合格做出确认。

2. 进场检验

对进入施工现场的建筑材料、构配件、设备及器具等，按相关标准的要求进行检验，并对其质量、规格及型号等是否符合要求做出确认的活动。

3. 检验批

按相同的生产条件或按规定的方式汇总起来供抽样检验用的，由一定数量样本组成的检验体。检验批是施工质量验收的最小的单位，是分项工程乃至整个建筑工程质量验收的基础。

4. 检验

对被检验项目的特征、性能进行量测、检查、试验等，并将结果与标准规定的要求进行比较，以确定项目每项性能是否合格的活动。

5. 见证检验

施工单位在工程监理单位或建设单位的见证下，按照有关规定从施工现场随机抽取试样，送至具备相应资质的检测机构进行检验的活动。

6. 复验

建筑材料、设备等进入施工现场后，在外观质量检查和质量证明文件核查符合要求的基础上，按照有关规定从施工现场抽取试样送至试验室进行检验的活动。

7. 主控项目

建筑工程中对安全、节能、环境保护和主要使用功能起决定性作用的检验项目。例如混凝土结构工程中"钢筋安装时，受力钢筋的品种、级别、规格和数量"。例如混凝土结构工程中"钢筋安装时，受力钢筋的品种、级别、规格和数量必须符合设计要求"，"纵向受力钢筋连接方式应符合设计要求"，"安装现浇结构的上层模板及其支架时，下层模板应具有承受上层荷载的承载能力，或加设支架，上、下层支架的立柱应对准、并铺设垫板"等都是主控项目。

8. 一般项目

除主控项目以外的检验项目都是一般项目。例如混凝土结构工程中，除了主控项目外，"钢筋的接头宜设置在受力较小处，同一纵向受力钢筋不宜设置两个或两个以上接头，接头末端至钢筋弯起点的距离不应小于钢筋直径的 10 倍"；"钢筋应平直、无损伤，表面不得有裂纹、油污、颗粒状或片状老锈"；"施工缝的位置应在混凝土浇筑前按设计要求和施工技术方案确定，施工缝的处理应按施工技术方案执行"等都是一般项目。

9. 观感质量

通过观察和必要的测试所反映的工程外在质量和功能状态。

10. 返修

对施工质量不符合标准规定的部位采取的整修等措施。

11. 返工

对施工质量不符合标准规定的部位采取的更新、重新制作、重新施工等措施。

第三节 建筑工程施工质量验收的划分

一、施工质量验收划分的目的

建筑工程施工质量验收涉及建筑工程施工过程控制和竣工验收控制，是工程施工质量控制的重要环节，合理划分建筑工程施工质量验收层次是非常必要的。特别是不同专业工程的验收批如何确定，将直接影响到质量验收工作的科学性、经济性、实用性及可操作性。因此有必要建立统一的工程施工质量验收的层次划分。通过验收批和中间验收层次及最终验收单位的确定，实施对工程施工质量的过程控制和终端把关，确保工程施工质量达到工程项目决策阶段所确定的质量目标和水平。

建筑物的施工建设，由准备工作开始到竣工交付使用要经过若干个工序、若干个工种之间的配合施工。所以一个工程质量的好坏，取决于各个施工工序和各工种的操作质量。为了便于控制、检查和评定每个施工工序和工种的操作质量，建筑工程按检验批、分项工程、分部工程（子分部工程）、单位工程（子单位工程）四级划分进行评定；将一个单位（子单位）工程划分为若干个部分（子部分）工程，每个分部（子分部）工程又划分为若干个分项工程，每个分项工程又可划分为一个或者若干个检验批。首先评定验收检验批的质量，再评定验收分项工程的质量，而后以分项工程质量为基础评定验收部分（子分部）工程的质量，最终以分部（子分部）工程质量、质量控制资料及有关安全和功能的检测资料、观感质量来综合评定验收单位（子单位）工程的质量。检验批、分项、分部（子分部）和单位（子单位）工程四级的划分目的是为了方便质量管理和控制工程质量，根据某项工程的特点，对其进行质量控制和验收。

二、施工质量验收的划分

建筑工程质量验收划分为单位（子单位）工程、分部（子分部）工程、分项工程和检验批。

1. 单位（子单位）工程的划分

单位工程的划分应按下列原则确定。

（1）具备独立施工条件并能形成独立使用功能的建筑物及构筑物为一个单位工程。如一个学校中的一栋教学楼，某城市的广播电视塔等。

（2）规模较大的单位工程，可将其能形成独立使用功能的部分划分为一个子单位工程。

子单位工程的划分一般可根据工程的建筑设计分区、使用功能的显著差异、结构缝的设置等实际情况，在施工前由建设、监理、施工单位自行商定，并据此收集整理施工技术资料和验收。

（3）室外工程可根据专业类别和工程规模划分单位（子单位）工程。室外单位（子单位）工程、分部工程按表 5-1 采用。

表 5-1　室外工程划分

单位工程	子单位工程	分部工程
室外设施	道路	路基、基层、面层、广场与停车场、人行道、人行地道、挡土墙、附属构筑物
	边坡	土石方、挡土墙、支护
附属建筑及室外环境	附属建筑	车棚，围墙，大门，挡土墙
	室外环境	建筑小品，亭台，水景，连廊，花坛，场坪绿化，景观桥
室外安装	给水排水	室外给水系统，室外排水系统
	供热	室外供热系统
	供冷	供冷管道安装
	电气	室外供电系统，室外照明系统

2. 分部（子分部）工程的划分

分部工程的划分应按下列原则确定。

（1）分部工程的划分应按专业性质、建筑部位确定。如建筑工程划分为地基与基础、主体结构、建筑装饰装修、建筑屋面、建筑给水排水及采暖、建筑电气、建筑智能化、通风与空调、建筑节能、电梯十个分部工程。

（2）当分部工程较大或较复杂时，可按施工顺序、专业系统及类别等划分为若干个子分部工程。如智能建筑分部工程中就包含了火灾及报警消防联动系统、安全防范系统、综合布线系统、智能化集成系统、电源与接地、环境、住宅智能化系统等子分部工程。

3. 分项工程的划分

分项工程应按主要工种、材料、施工工艺、设备类别等进行划分。如混凝土结构工程中按主要工种分为模板工程、钢筋工程、混凝土工程等分项工程；按施工工艺又分为预应力、现浇结构、装配式结构等分项工程。再如设备安装工程一般应按工种种类及设备组别等划分，同时也可按系统、区段来划分。如碳素钢管有给水管道、排水管道等。同时还可根据工程特点，按系统或区段来划分各自的分项工程，如住宅楼的下水管道，可把每个单元排水系统划分为一个分项工程。

建筑工程分部（子分部）工程、分项工程的具体划分见《建筑工程施工质量验收统一标准》。

4. 检验批的划分

分项工程可由一个或若干个检验批组成，检验批可根据施工质量控制和专业验收需要按楼层、施工段、变形缝等进行划分。建筑工程的地基基础分部工程中的分项工程一般划分为一个检验批；有地下层的基础工程可按地下层划分检验批；屋面分部工程中的分项工程不同楼层屋面可划分为不同的检验批；单层建筑工程中的分项工程可按变形缝等划分检验批，多层及高层建筑建筑工程中主体分部的分项工程可按楼层或施工段来划分检验批；其他分部工程中的分项工程一般按楼层划分检验批；对于工程量较少的分项工程可统一化为一个检验批。安装工程一般按一个设计系统或组别划分为一个检验批。室外工程统一划分为一个检验批。散水、台阶、明沟等含在地面检验批中。

第四节 建筑工程施工质量控制及验收规定

一、建筑工程施工质量控制规定

（1）建筑工程采用的主要材料、半成品、成品、建筑构配件、器具和设备应进行进场检验。凡涉及安全、节能、环境保护和主要使用功能的重要材料、产品，应按各专业工程施工规范、验收规范和设计文件等规定进行复验，并应经监理工程师检查认可。

（2）各施工工序应按施工技术标准进行质量控制，每道施工工序完成后，经施工单位自检符合规定后，才能进行下道工序施工。各专业工种之间的相关工序应进行交接检验，并应记录。

（3）对于监理单位提出检查要求的重要工序，应经监理工程师检查认可，才能进行下道工序施工。

二、施工质量验收的基本规定

（1）施工现场应具有健全的质量管理体系、相应的施工技术标准、施工质量检验制度和综合施工质量水平评定考核制度。施工现场质量管理可按要求进行检查记录。未实行监理的建筑工程，建设单位相关人员应履行监理职责。

施工现场质量管理检查记录应由施工单位按表 5-2 填写，总监理工程师进行检查，并做出检查结论。

当专业验收规范对工程中的验收项目未做出相应规定时，应由建设单位组织监理、设计、施工等相关单位制定专项验收要求。涉及安全、节能、环境保护等项目的专项验收要求应由建设单位组织专家论证。

（2）建筑工程施工质量应按下列要求进行验收。

① 工程质量验收均应在施工单位自检合格的基础上进行。

② 参加工程施工质量验收的各方人员应具备相应的资格。

③ 检验批的质量应按主控项目和一般项目验收。

表 5-2　施工现场质量管理检查记录

开工日期：

工程名称			施工许可证号		
建设单位			项目负责人		
设计单位			项目负责人		
监理单位			总监理工程师		
施工单位		项目负责人		项目技术负责人	
序号	项　目		主　要　内　容		
1	项目部质量管理体系				
2	现场质量责任制				
3	主要专业工种操作岗位证书				
4	分包单位管理制度				
5	图纸会审记录				
6	地质勘察资料				
7	施工技术标准				
8	施工组织设计编制及审批				
9	物资采购管理制度				
10	施工设施和机械设备管理制度				
11	计量设备配备				
12	检测试验管理制度				
13	工程质量检查验收制度				
14					
自检结果：			检查结论：		
施工单位项目负责人：　　　　　年　月　日			总监理工程师：　　　　　　年　月　日		

④ 对涉及结构安全、节能、环境保护和主要使用功能的试块、试件及材料，应在进场时或施工中按规定进行见证检验。

⑤ 隐蔽工程在隐蔽前应由施工单位通知监理单位进行验收，并应形成验收文件，验收合格后方可继续施工。

⑥ 对涉及结构安全、节能、环境保护和使用功能的重要分部工程应在验收前按规定进行抽样检验。

⑦ 工程的观感质量应由验收人员现场检查，并应共同确认。

建筑工程施工质量验收合格应符合下列规定：

① 符合工程勘察、设计文件的规定。

② 符合本标准和相关专业验收规范的规定。

三、建筑工程施工质量验收规定

（一）检验批的质量验收

检验批质量验收合格应符合下列规定：

① 主控项目的质量经抽样检验均应合格。

② 一般项目的质量经抽样检验合格。当采用计数抽样时，合格点率应符合有关专业验收规范的规定，且不得存在严重缺陷。对于计数抽样的一般项目，正常检验一次、二次抽样可按标准判定。

③ 具有完整的施工操作依据、质量验收记录。

从上面的规定可以看出，检验批的质量验收包括了质量资料的检查和主控项目、一般项目的检验两方面的内容。

1. 资料检查

质量控制资料反映了检验批从原材料到验收的各施工工序的施工操作依据，检查情况以及保证质量所必需的管理制度等。对其完整性的检查，实际是对过程控制的确认，这是检验批合格的前提。所要检查的资料主要包括以下几方面。

① 图纸会审、设计变更、洽商记录；

② 建筑材料、成品、半成品、建筑构配件、器具和设备的质量证明书及进场检（试）验报告；

③ 工程测量、放线记录；

④ 按专业质量验收规定的抽样检验报告；

⑤ 隐蔽工程检查记录；

⑥ 施工过程记录和施工过程检查记录；

⑦ 新材料、新工艺的施工记录；

⑧ 质量管理资料和施工单位操作依据等。

2. 主控项目和一般项目的检验

主控项目的条文是必须达到的要求，是保证工程安全和使用功能的重要检验项目，是对安全、卫生、环境保护和公众利益起决定性作用的检验项目，是确定该检验批主要性能的检验项目。如果达不到规定的质量指标，降低要求就相当于降低该工程项目的性能指标，就会严重影响工程的安全性能，如混凝土、砂浆的强度等级是保证混凝土结构、砌体工程强度的重要检验项目，所以必须全部达到要求。

一般项目是除主控项目以外的检验项目，其条文也是应该达到的，只不过对少数条文可以适当放宽一些，也不影响工程安全和使用功能。这些条文虽不像主控项目那样重要，但对工程安全、使用功能、工程整体的美观都有较大影响的。这些条文虽不像主控项目在验收时，绝大多数抽查的处（件），其质量指标都必须达到要求，其中 20% 虽可以超过一定的指标，也是有限的，通常不能超过规定值的 150%。

（二）分项工程质量验收

分项工程的验收在检验批的基础上进行。一般情况下，两者具有相同或相近的性质，只是批量的大小不同而已。因此，将有关的检验批汇集构成分项工程。分项工程合格质量的条件比较简单，只要构成分项工程的各检验批的验收资料文件完整，并且均已验收合格，则分项工程验收合格。

分项工程质量验收合格应符合下列规定。

（1）分项工程所含检验批的质量均应验收合格。

（2）分项工程所含的检验批的质量验收记录应完整。

验收分项工程时应注意两点：一是核对检验批的部位、区段是否全部覆盖分项工程的范围，没有缺漏；二是检验批验收记录的内容及签字人是否正确、齐全。

（三）分部（子分部）工程质量验收

分部（子分部）工程质量验收合格应符合下列规定。

（1）分部（子分部）工程所含分项工程的质量均应验收合格。

（2）质量控制资料应完整。

（3）有关安全、节能、环境保护和主要使用功能的抽样检验结果应符合相应规定。

（4）观感质量应符合要求。

分部工程的验收在其所含各分项工程验收的基础上进行。首先，分部工程的各分项工程必须已验收且相应的质量控制资料文件必须完整，这是验收的基本条件。此外，由于各分项工程的性质不尽相同，因此作为分部工程不能简单地组合而加以验收，尚需增加以下两类检查。

涉及安全、节能、环境保护和主要使用功能的地基基础、主体结构和设备安装等分部工程应进行有关的见证检验或抽样检测。如建筑物垂直度、标高、全高测量记录，建筑物沉降观测测量记录，给水管道通水实验记录，暖气管道、散热器压力试验记录，照明动力全负荷实验记录等。以观察、触摸或简单量测的方式进行观感质量验收，并由验收人的主观判断，检查结果并不给出"合格"或"不合格"的结论，而是综合给出"好"、"一般"、"差"的质量评价结果。对于"差"的检查点应进行返修处理。

（四）单位（子单位）工程质量验收

单位（子单位）工程质量验收合格应符合下列规定。

（1）单位（子单位）工程所含分部（子分部）工程的质量应验收合格。

（2）质量控制资料应完整。

（3）所含分部工程中有关安全、节能、环境保护和主要使用功能的检验资料应完整。

（4）主要使用功能的抽查结果应符合相关专业验收规范的规定。

（5）观感质量应符合要求。

单位工程质量验收也称质量竣工验收，是建筑工程投入使用前的最后一次验收，也是最重要的一次验收。验收合格的条件有五个方面：构成单位工程的各分部工程验收合格；有关的质量控制资料应完整；涉及安全、节能、环境保护和主要使用功能的分部工程检验资料应复查合格，这些检验资料与质量控制资料同等重要。资料复查要全面检查其完整性，不得有漏检缺项，其次复核分部工程验收时补充进行的见证抽样检验报告，这体现了对安全和主要使用功能等的重视；对主要使用功能应进行抽查；观感质量应通过验收。

使用功能的检查是对建筑工程和设备安装工程质量的综合检验，也是用户最为关心的内容，体现了完善手段、过程控制的原则，也将减少工程投入使用后的质量投诉和纠纷。因此，在分项、分部工程验收合格的基础上，竣工验收时再作全面检查。抽查项目是在检查资料文件的基础上由参加验收的各方人员商定，并用计量、计数的方法抽样检验，检验结果应符合有关专业验收规范的规定。

第五节　建筑工程质量验收程序和组织

一、检验批及分项工程的验收程序与组织

检验批应由专业监理工程师组织施工单位项目专业质量检查员、专业工长等进行验收。

分项工程应由专业监理工程师组织施工单位项目专业技术负责人等进行验收。

检验批验收是建筑工程施工质量验收的最基本层次，是单位工程质量验收的基础，所有检验批均应由专业监理工程师组织验收。验收前，施工单位应完成自检，对存在的问题自行整改处理，然后申请专业监理工程师组织验收。

分项工程由若干检验批组成，也是单位工程质量验收的基础。验收时在专业监理工程师组织下，可由施工单位项目技术负责人对所有检验批记录进行汇总，核查无误后报专业监理工程师审查，确认符合要求后，由项目专业技术负责人在分项工程质量验收记录签字，然后由专业监理工程师签字通过验收。

在分项工程验收中，如果对检验批验收结论有怀疑或异议时，应进行相应的现场检查核实。

二、分部工程的验收程序与组织

分部工程应由总监理工程师组织施工单位项目负责人和项目技术、质量负责人等进行验收。

勘察、设计单位项目负责人和施工单位技术、质量部门负责人应参加地基与基础分部工程的验收。

设计单位项目负责人和施工单位技术、质量部门负责人应参加主体结构、节能分部工程的验收。

三、单位（子单位）工程的验收程序和组织

1. 竣工初验收的程序

单位工程中的分包工程完工后，分包单位应对所承包的工程项目进行自检，并应按本标准规定的程序进行验收。验收时，总包单位应派人参加。分包单位应将所分包工程的质量控制资料整理完整，并移交给总包单位。

单位工程完工后，施工单位应组织有关人员进行自检。总监理工程师应组织各专业监理工程师对工程质量进行竣工预验收。存在施工质量问题时，应由施工单位及时整改。整改完毕后，由施工单位向建设单位提交工程竣工报告，申请工程竣工验收。

单位工程完成后，施工单位应首先依据验收规范、设计图纸等组织有关人员进行自检，对检查结果进行评定并进行必要的整改。监理单位应根据本标准和《建设工程监理规范》的要求对工程进行竣工预验收。符合规定后由施工单位向建设单位提交工程竣工报告和完整的质量控制资料，申请建设单位组织竣工验收。工程竣工预验收由总监理工程师组织，各专业监理工程师参加，施工单位由项目经理、项目技术负责人等参加，其他各单位人员可不参加。工程预验收除参加人员与竣工验收不同外，其方法、程序、要求等应与工程竣工验收相同。

2. 正式验收

建设单位收到工程竣工报告后，应由建设单位项目负责人组织监理、施工、设计、勘察等单位项目负责人进行单位工程验收。

建设工程竣工验收应具备下列条件：

（1）完成建设工程设计和合同约定的各项内容；

（2）有完整的技术档案和施工管理资料；

（3）有完整使用的主要建筑材料、建筑构配件和设备的进场实验报告；

（4）有勘察、设计、施工、工程监理等单位分别签署的质量合格文件；

（5）有施工单位签署的工程保修书。

单位工程竣工验收是依据国家有关法律、法规及规范、标准的要求，全面考核建设工作成果，检查工程质量是否符合设计文件和合同约定的各项要求，竣工验收通过后，工程将投入使用，发挥其投资效应，也将与使用者的人身健康或财产安全密切相关。因此工程建设的参与单位应对竣工验收给予足够重视。

单位工程质量验收应由建设单位项目负责人组织，由于勘察、设计、施工、监理单位都是责任主体，因此各单位项目负责人应参加验收，考虑到施工单位对工程负有直接生产责任，而施工项目部不是法人单位，故施工单位的技术、质量负责人也应参加验收。

在一个单位工程中，对满足生产要求或具备使用条件，施工单位已自行检验，监理单位已预验收的子单位工程，建设单位可组织进行验收。由几个施工单位负责施工的单位工程，当其中的子单位工程已按设计要求完成，并经自行检验，也可按规定的程序组织正式验收，办理交工手续。在整个单位工程验收时，已验收的子单位工程验收资料应作为单位工程验收的附件。

第六节　施工质量验收的资料

一、单位（子单位）工程质量验收记录

单位（子单位）工程质量验收记录由以下几部分内容组成：单位工程质量竣工验收记录、质量控制资料核查记录、安全和功能检验资料核查记录及主要功能抽查记录、观感质量检查记录。使用的表格如表 5-3～表 5-6 所示。

表 5-3　单位工程质量竣工验收记录

工程名称		结构类型		层数/建筑面积	/
施工单位		技术负责人		开工日期	
项目负责人		项目技术负责人		完工日期	
序号	项目	验收记录		验收结论	
1	分部工程	共＿＿分部，经查符合设计及标准规定＿＿分部			
2	质量控制资料核查	共＿＿项，经核查符合规定＿＿项			
3	安全和使用功能核查及抽查结果	共核查＿＿项，符合规定＿＿项，共抽查＿＿项，符合规定＿＿项，经返工处理符合要求＿＿＿项			
4	观感质量验收	共抽查＿＿项，达到"好"和"一般"的＿＿项，经返修处理符合要求的＿＿项			
5	综合验收结论				
参加验收单位	建设单位	监理单位	施工单位	设计单位	勘察单位
	（公章） 项目负责人： 　　年 月 日	（公章） 总监理工程师： 　　年 月 日	（公章） 项目负责人： 　　年 月 日	（公章） 项目负责人： 　　年 月 日	（公章） 项目负责人： 　　年 月 日

注：单位工程验收时，验收签字人员应由相应单位的法人代表书面授权。

表 5-4 单位工程质量控制资料核查记录

工程名称			施工单位				
序号	项目	资料名称	份数	施工单位		监理单位	
				核查意见	核查人	核查意见	核查人
1	建筑与结构	图纸会审记录、设计变更通知单、工程洽商记录					
2		工程定位测量、放线记录					
3		原材料出厂合格证书及进场检验、试验报告					
4		施工试验报告及见证检测报告					
5		隐蔽工程验收记录					
6		施工记录					
7		地基、基础、主体结构检验及抽样检测资料					
8		分项、分部工程质量验收记录					
9		工程质量事故调查处理资料					
10		新技术论证、备案及施工记录					
1	给水排水与供暖	图纸会审记录、设计变更通知单、工程洽商记录					
2		原材料出厂合格证书及进场检验、试验报告					
3		管道、设备强度试验、严密性试验记录					
4		隐蔽工程验收记录					
5		系统清洗、灌水、通水、通球试验记录					
6		施工记录					
7		分项、分部工程质量验收记录					
8		新技术论证、备案及施工记录					
1	通风与空调	图纸会审记录、设计变更通知单、工程洽商记录					
2		原材料出厂合格证书及进场检验、试验报告					
3		制冷、空调、水管道强度试验、严密性试验记录					
4		隐蔽工程验收记录					
5		制冷设备运行调试记录					
6		通风、空调系统调试记录					
7		施工记录					
8		分项、分部工程质量验收记录					
9		新技术论证、备案及施工记录					
1	建筑电气	图纸会审记录、设计变更通知单、工程洽商记录					
2		原材料出厂合格证书及进场检验、试验报告					
3		设备调试记录					
4		接地、绝缘电阻测试记录					
5		隐蔽工程验收记录					

续表

序号	项目	资料名称	份数	施工单位		监理单位	
				核查意见	核查人	核查意见	核查人
6	建筑电气	施工记录					
7		分项、分部工程质量验收记录					
8		新技术论证、备案及施工记录					
1	智能建筑	图纸会审记录、设计变更通知单、工程洽商记录					
2		原材料出厂合格证书及进场检验、试验报告					
3		隐蔽工程验收记录					
4		施工记录					
5		系统功能测定及设备调试记录					
6		系统技术、操作和维护手册					
7		系统管理、操作人员培训记录					
8		系统检测报告					
9		分项、分部工程质量验收记录					
10		新技术论证、备案及施工记录					
1	建筑节能	图纸会审、设计变更通知单、工程洽商记录					
2		原材料出厂合格证书及进场检验、试验报告					
3		隐蔽工程验收记录					
4		施工记录					
5		外墙、外窗节能检验报告					
6		设备系统节能检测报告					
7		分项、分部工程质量验收记录					
8		新技术论证、备案及施工记录					
1	电梯	图纸会审记录、设计变更通知单、工程洽商记录					
2		设备出厂合格证书及开箱检验记录					
3		隐蔽工程验收记录					
4		施工记录					
5		接地、绝缘电阻试验记录					
6		负荷试验、安全装置检查记录					
7		分项、分部工程质量验收记录					
8		新技术论证、备案及施工记录					

结论：

施工单位项目负责人：　　　　　　　　　总监理工程师：

年　月　日　　　　　　　　　　　　年　月　日

表 5-5　单位工程安全和功能检验资料核查及主要功能抽查记录

工程名称			施工单位			
序号	项目	安全和功能检查项目	份数	核查意见	抽查结果	核查（抽查）人
1	建筑与结构	地基承载力检验报告				
2		桩基承载力检验报告				
3		混凝土强度试验报告				
4		砂浆强度试验报告				
5		主体结构尺寸、位置抽查记录				
6		建筑物垂直度、标高、全高测量记录				
7		屋面淋水或蓄水试验记录				
8		地下室渗漏水检测记录				
9		有防水要求的地面蓄水试验记录				
10		抽气（风）道检查记录				
11		外窗气密性、水密性、耐风压检测报告				
12		幕墙气密性、水密性、耐风压检测报告				
13		建筑物沉降观测测量记录				
14		节能、保温测试记录				
15		室内环境检测报告				
16		土壤氡气浓度检测报告				
1	给水排水与供暖	给水管道通水试验记录				
2		暖气管道、散热器压力试验记录				
3		卫生器具满水试验记录				
4		消防管道、燃气管道压力试验记录				
5		排水干管通球试验记录				
6		锅炉试运行、安全阀及报警联动测试记录				
1	通风与空调	通风、空调系统试运行记录				
2		风量、温度测试记录				
3		空气能量回收装置测试记录				
4		洁净室洁净度测试记录				
5		制冷机组试运行调试记录				
1	建筑电气	建筑照明通电试运行记录				
2		灯具固定装置及悬吊装置的载荷强度试验记录				
3		绝缘电阻测试记录				
4		剩余电流动作保护器测试记录				
5		应急电源装置应急持续供电记录				
6		接地电阻测试记录				
7		接地故障回路阻抗测试记录				

续表

序号	项目	安全和功能检查项目	份数	核查意见	抽查结果	核查（抽查）人
1	智能建筑	系统试运行记录				
2		系统电源及接地检测报告				
3		系统接地检测报告				
1	建筑节能	外墙节能构造检查记录或热工性能检验报告				
2		设备系统节能性能检查记录				
1	电梯	运行记录				
2		安全装置检测报告				

结论：

施工单位项目负责人：　　　　　　　　　总监理工程师：

　　　　　年　月　日　　　　　　　　　　　　　　年　月　日

注：抽查项目由验收组协商确定。

表5-6　单位工程观感质量检查记录

工程名称			施工单位	
序号		项　　目	抽查质量状况	质量评价
1	建筑与结构	主体结构外观	共检查__点,好__点,一般__点,差__点	
2		室外墙面	共检查__点,好__点,一般__点,差__点	
3		变形缝、雨水管	共检查__点,好__点,一般__点,差__点	
4		屋面	共检查__点,好__点,一般__点,差__点	
5		室内墙面	共检查__点,好__点,一般__点,差__点	
6		室内顶棚	共检查__点,好__点,一般__点,差__点	
7		室内地面	共检查__点,好__点,一般__点,差__点	
8		楼梯、踏步、护栏	共检查__点,好__点,一般__点,差__点	
9		门窗	共检查__点,好__点,一般__点,差__点	
10		雨罩、台阶、坡道、散水	共检查__点,好__点,一般__点,差__点	
1	给排水与供暖	管道接口、坡度、支架	共检查__点,好__点,一般__点,差__点	
2		卫生器具、支架、阀门	共检查__点,好__点,一般__点,差__点	
3		检查口、扫除口、地漏	共检查__点,好__点,一般__点,差__点	
4		散热器、支架	共检查__点,好__点,一般__点,差__点	
1	通风与空调	风管、支架	共检查__点,好__点,一般__点,差__点	
2		风口、风阀	共检查__点,好__点,一般__点,差__点	
3		风机、空调设备	共检查__点,好__点,一般__点,差__点	
4		管道、阀门、支架	共检查__点,好__点,一般__点,差__点	
5		水泵、冷却塔	共检查__点,好__点,一般__点,差__点	
6		绝热	共检查__点,好__点,一般__点,差__点	

续表

序号	项目		抽查质量状况	质量评价
1	建筑电气	配电箱、盘、板、接线盒	共检查__点,好__点,一般__点,差__点	
2		设备器具、开关、插座	共检查__点,好__点,一般__点,差__点	
3		防雷、接地、防火	共检查__点,好__点,一般__点,差__点	
1	智能建筑	机房设备安装及布局	共检查__点,好__点,一般__点,差__点	
2		现场设备安装	共检查__点,好__点,一般__点,差__点	
1	电梯	运行、平层、开关门	共检查__点,好__点,一般__点,差__点	
2		层门、信号系统	共检查__点,好__点,一般__点,差__点	
3		机房	共检查__点,好__点,一般__点,差__点	
观感质量综合评价				
结论: 施工单位项目负责人: 总监理工程师: 　年　月　日 年　月　日				

注:1. 对质量评价为差的项目应进行返修。

2. 观感质量检查的原始记录应作为本表附件。

二、分部（子分部）工程质量验收记录

分部（子分部）工程质量应由总监理工程师组织施工单位项目负责人和有关的勘察、设计单位项目负责人等进行验收，并应按表 5-7 记录。

地基与基础分部工程的验收应由施工、勘察、设计单位项目负责人和总监理工程师参加并签字。主体结构、节能分部工程的验收应由施工、设计单位项目负责人和总监理工程师参加并签字。

三、分项工程质量验收记录

分项工程质量应由专业监理工程师组织施工单位项目专业技术负责人等进行验收，并应按表 5-8 记录。

四、工程检验批质量验收记录

检验批质量验收记录应由施工项目专业质量检查员填写，专业监理工程师组织项目专业质量检查员、专业工长等进行验收，并按表 5-9 记录。

表 5-7 　　　　　　　　分部工程质量验收记录　　　　　编号:＿＿＿＿＿

单位(子单位)工程名称			子分部工程数量		分项工程数量	
施工单位			项目负责人		技术(质量)负责人	
分包单位			分包单位负责人		分包内容	
序号	子分部工程名称	分项工程名称	检验批数量	施工单位检查结果	监理单位验收结论	
1						
2						

续表

序号	子分部工程名称	分项工程名称	检验批数量	施工单位检查结果	监理单位验收结论
3					
4					
5					
6					
7					
8					
质量控制资料					
安全和功能检验结果					
观感质量检验结果					
综合验收结论					
施工单位 项目负责人： 年 月 日	勘察单位 项目负责人： 年 月 日		设计单位 项目负责人： 年 月 日	监理单位 总监理工程师： 年 月 日	

表 5-8 _____分项工程质量验收记录   编号：_____

单位(子单位) 工程名称		分部(子分部) 工程名称		
分项工程数量		检验批数量		
施工单位		项目负责人		项目技术 负责人
分包单位		项目负责人		分包内容
序号	检验批 名称	检验批容量	部位/区段	施工单位检查结果	监理单位验收结论
1					
2					
3					
4					
5					
6					
7					
8					

续表

序号	检验批名称	检验批容量	部位/区段	施工单位检查结果	监理单位验收结论
9					
10					
11					
12					
13					
14					
15					

说明：				
施工单位检查结果		项目专业技术负责人： 年 月 日		
监理单位验收结论		专业监理工程师： 年 月 日		

表 5-9 _____检验批质量验收记录   编号：_____

单位(子单位)工程名称		分部(子分部)工程名称		分项工程名称	
施工单位		项目负责人		检验批容量	
分包单位		分包单位项目负责人		检验批部位	
施工依据			验收依据		

		验收项目	设计要求及规范规定	最小/实际抽样数量	检查记录	检查结果
主控项目	1					
	2					
	3					
	4					
	5					
	6					
	7					
	8					
	9					
	10					
一般项目	1					
	2					
	3					
	4					
	5					

续表

施工单位 检查结果	专业工长： 项目专业质量检查员： 年　月　日
监理单位 验收结论	专业监理工程师： 年　月　日

第七节　工程项目的交接与回访保养

一、工程项目的交接

工程项目竣工和交接是两个不同的概念。所谓竣工是针对承包单位而言，它有以下几层含义：第一，承包单位按合同要求完成了工作内容；第二，承包单位按质量要求进行了自检；第三，项目的工期、进度、质量均满足合同的要求。工程项目交接则是由监理工程师对工程的质量进行验收之后，协助承包单位与业主进行移交项目所有权的过程。能否交接取决于承包单位所承包的工程项目是否通过了竣工验收。因此，交接是建立在竣工验收基础上的时间过程。

工程项目经竣工验收合格后，便可办理工程交接手续，即将工程项目的所有权移交给建设单位。交接手续应及时办理，以便项目早日投产使用，充分发挥投资效益。

在办理工程项目交接前，施工单位要编制竣工结算书，以此作为向建设单位结算最终拨付的工程价款。而竣工结算书通过监理工程师审核、确认并签证后，才能通知建设银行与施工单位办理工程价款的拨付手续。

竣工结算书的审核，是以工程承包合同、竣工验收单、施工图纸、设计变更通知书、施工变更记录、现行建筑安装工程预算定额、材料预算价格、取费标准等为依据，分别对各单位工程的工程量、套用定额、单价、取费标准及费用等进行核对，搞清有无多算、错算，与工程实际是否相符合，所增减的预算费用有无根据、是否合法。

在工程项目交接时，还应将成套的工程技术资料进行分类整理、编目建档后移交给建设单位，同时，施工单位还应当对施工中所占用的房屋设施，进行维修清理，打扫干净，连同房门钥匙全部予以移交。

二、工程项目的回访与保修

工程项目在竣工验收交付使用后，按照合同和有关的规定，在一定的期限，即回访保修期内（例如一年左右的时间），应由项目经理部组织原项目人员主动对交付使用的竣工工程进行回访，听取用户对工程的质量意见，填写质量回访表，报有关技术与生产部门备案处理。

回访一般采用三种形式：一是季节性回访，大多数是雨期回访屋面、墙面的防水情况，冬期回访采暖系统的情况，发现问题，采取有效措施及时加以解决；二是技术性回访，主要了解在工程施工过程中可采用的新材料、新技术、新工艺、新设备等的技术性能和使用后的效果，发现问题及时加以补救和解决，同时也便于总结经验，获取科学依据，为改进、完善和推广创造条件；三是保修期满前的回访，这种回访一般是在保修期即将结束之前进行回访。

　　在保修期内，属于施工单位施工过程中造成的质量问题，要负责维修，不留隐患。一般施工项目竣工后，各承包单位的工程款保留 5% 左右，作为保修金。按照合同在保修期满退回承包单位。如属于设计原因造成的质量问题，在征得甲方和设计单位认可后，协助修补，其费用由设计单位承担。

　　施工单位在接到用户来访、来信的质量投诉后，应立即组织力量维修，发现影响安全的质量问题应紧急处理。项目经理对于回访中发现的质量问题，应组织有关人员进行分析，制定措施，作为进一步改进和提高质量的依据。

　　对所有的回访和保修都必须予以记录，并提交书面报告，作为技术资料归档。项目经理部还应不定期听取用户对工程质量的意见。对于某些质量纠纷或问题应尽量协商解决，若无法达成统一意见，则由有关仲裁部门负责仲裁。

小　　结

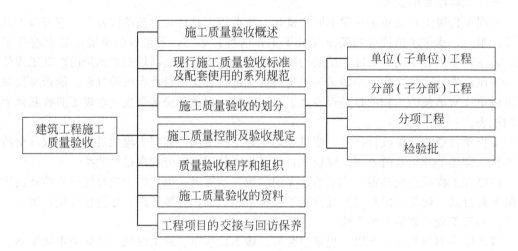

📖 自测练习

1. 影响工程质量的主要因素有哪些？

2. 制定验收标准和规范的指导思想是什么？

3. 建筑工程施工质量验收划分的目的是什么？

4. 建筑工程施工质量验收应如何划分？

5. 检验批质量合格应符合哪些规定？

6. 分项工程质量合格应符合哪些规定？

7. 分部（子分部）工程质量合格应符合哪些规定？

8. 单位（子单位）工程质量合格应符合哪些规定？

9. 建筑工程质量验收程序和组织有什么规定？

10. 单位（子单位）工程质量验收资料包括哪些内容？

11. 分部（子分部）工程质量验收记录包括哪些内容？

第六章 建筑工程质量事故的处理

【知识目标】
- 了解建筑工程质量事故的特点和分类
- 理解建筑工程质量事故处理的依据和程序
- 掌握建筑工程质量事故处理的方法
- 了解建筑工程质量事故处理的资料

【能力目标】
- 能够了解工程质量事故的基本知识
- 能够熟悉工程质量事故分析和处理的常用方法

由于影响建筑产品质量的因素繁多，在施工过程中稍有不慎，就极易引起系统性因素的质量变异，从而产生质量问题，甚至发生严重的工程质量事故。因此，必须采取有效的措施，对常见的质量问题和事故事先加以预防，并对已经出现的质量事故及时进行分析和处理。

第一节 建筑工程质量事故的特点和分类

一、建筑工程质量事故的特点

根据我国有关质量、质量管理和质量保证方面的国家标准的定义，凡工程产品质量没有满足某个规定的要求，就称之为质量不合格；而没有满足某个预期的使用要求或合理的期望（包括与安全性有关的要求），则称之为质量缺陷。在建设工程中通常所称的工程质量缺陷，一般是指工程不符合国家或行业现行有关技术标准、设计文件及合同中对质量的要求。

由工程质量不合格和质量缺陷而造成或引发经济损失、工期延误或危及人的生命和社会正常秩序的事件，称为工程质量事故。

工程质量事故具有复杂性、严重性、可变性和多发性的特点。

1. 复杂性

建筑生产与一般工业相比有产品固定，生产流动；产品多样，结构类型不一，露天作业多，自然条件复杂多变；材料品种、规格多，材料性能各异；多工种、多专业交叉施工，相互干扰大；工艺要求不同、施工方法各异、技术标准不一等特点。因此，影响工程质量的因素繁多，造成质量事故的原因错综复杂，即使是同一类质量事故，而原因却可能截然不同。例如，就墙体开裂质量事故而言，其产生的原因就可能是：设计计算有误；地基不均匀沉降；或温度应力、地震力、冻胀力的作用；也可能是施工质量低劣、偷工减料或材料不良等。所以使得对质量事故进行分析，判断其性质、原因及发展，确定处理方案与措施等都增加了复杂性。

2. 严重性

工程项目一旦出现质量事故，其影响较大。轻者影响工程顺利进行、拖延工期、增加工程费用，重者则会留下隐患成为危险的建筑，影响使用功能或不能使用，更严重的还会引起建筑物的失稳、倒塌，造成人民生命、财产的巨大损失。所以对于建筑工程质量事故问题不能掉以轻心，必须高度重视，加强对工程建筑质量的监督管理，防患于未然，力争将事故消灭在萌芽之中，以确保建筑物的安全。

3. 可变性

许多建筑工程的质量事故出现后，其质量状态并非稳定于发现时的初始状态，而是有可能随时间、环境、施工情况等而不断地发展、变化。例如，地基基础或桥墩的超量沉降可能随上部荷载的不断增大而继续发展；混凝土结构出现的裂缝可能随环境温度的变化而变化，或随荷载的变化及持续时间的变化而变化等。因此，有些在初始阶段并不严重的质量问题，如不及时处理和纠正，有可能发展成严重的质量事故，例如，开始时微细的裂缝可能发展为结构断裂或建筑物倒塌事故。所以在分析、处理工程质量事故时，一定要注意质量事故的可变性，应及时采取可靠的措施，防止事故进一步恶化，或加强观测与试验，取得可靠数据，预测未来发展的趋向。

4. 多发性

建筑工程质量事故多发性有两层意思：一是有些事故像"常见病"、"多发病"一样经常发生，而成为质量通病，例如混凝土、砂浆强度不足，预制构件裂缝等；二是有些同类事故一再发生，例如悬挑结构断塌事故，近几年在全国十几个省、市先后发生数十起，一再重复出现。

二、工程质量问题的分类

工程质量事故一般分为工程质量不合格、工程质量缺陷、工程质量通病和工程质量事故四种。

(1) 工程质量不合格　指工程质量未满足设计、规范、标准的要求。

(2) 工程质量缺陷　是指各类影响工程结构、使用功能和外形观感的常见性质量损伤。

(3) 工程质量通病　是指建筑工程中经常发生的、普遍存在的工程质量问题。

(4) 工程质量事故　凡是工程质量不合格必须进行返修、加固或报废处理，由此造成直接经济损失低于 5000 元的称为质量问题；直接经济损失在 5000 元（含 5000 元）以上的称工程质量事故。

三、建筑工程质量事故的分类

建筑工程质量事故一般可按下述不同的方法分类。

1. 按事故发生的时间分类

(1) 施工期事故。

(2) 使用期事故。

从国内外大量的统计资料分析，绝大多数质量事故都发生在施工阶段到交工验收前这段时间内。

2. 按事故损失的严重程度分类

(1) 一般质量事故　凡具备下列条件之一者为一般质量事故。

① 直接经济损失在 5000 元（含 5000 元）以上，不满 5 万元的；

② 影响使用功能和工程结构安全，造成永久质量缺陷的。

(2) 严重质量事故　凡具备下列条件之一者为严重质量事故。

① 直接经济损失在 5 万元（含 5 万元）以上，不满 10 万元的；

② 严重影响使用功能或工程结构安全，存在重大质量隐患的；

③ 事故性质恶劣或造成 2 人以下重伤的。

（3）重大质量事故　凡具备下列条件之一者为重大质量事故。

① 工程倒塌或报废；

② 由于质量事故，造成人员死亡或重伤 3 人以上；

③ 直接经济损失 10 万元以上。

建筑工程重大事故分为以下四级。

① 凡造成死亡 30 人以上或直接经济损失 300 万元以上为一级；

② 凡造成死亡 10 人以上 29 人以下或直接经济损失 100 万元以上，不满 300 万元为二级；

③ 凡造成死亡 3 人以上，9 人以下或重伤 20 人以上或直接经济损失 30 万元以上，不满 100 万元为三级；

④ 凡造成死亡 2 人以下，或重伤 3 人以上，19 人以下或直接经济损失 10 万元以上，不满 30 万元为四级。

（4）特别重大事故　凡具备下列条件之一者为特别重大事故。

① 一次死亡 30 人及其以上；

② 直接经济损失达 500 万元及其以上；

③ 其他性质特别严重的事故。

3. 按施工质量事故产生的原因分类

（1）技术原因引发的质量事故。

（2）管理原因引发的质量事故。

（3）社会、经济原因引发的质量事故。

4. 施工质量事故按事故责任分类

（1）指导责任事故　如施工技术方案未经分析而贸然组织施工；材料配方失误；违背施工程序指挥施工等。

（2）操作责任事故　如工序未执行施工操作规程；无证上岗等。

5. 按事故造成的后果分类

（1）未遂事故　凡通过检查所发现的问题，经自行解决处理，未造成经济损失或延误工期的，均属于未遂事故。

（2）已遂事故　凡造成经济损失及不良后果者，则构成已遂事故。

6. 按事故性质分类

（1）倒塌事故　建筑物整体或局部倒塌。

（2）开裂事故　包括砌体或混凝土结构开裂。

（3）错位偏差事故　位置错误；结构构件尺寸、位置偏差过大；预埋件、预留洞等错位偏差超过规定等。

（4）地基工程事故　地基失稳或变形，斜坡失稳等。

（5）基础工程事故　基础错位、变形过大，设备基础振动过大等。

（6）结构或构件承载力不足事故　混凝土结构中漏放或少放钢筋；钢结构中杆件连接达不到设计要求等。

（7）建筑功能事故　房屋漏水、渗水，隔热或隔声功能达不到设计要求，装饰工程质量达不到标准等。

四、工程质量问题原因分析

常见的质量事故的原因有以下几类。

① 违背建设程序和法规；

② 工程地质勘察失误或地基处理失误；

③ 设计计算问题；

④ 建筑材料及制品不合格；

⑤ 施工与管理失控；

⑥ 自然条件影响；

⑦ 建筑结构或设施的使用不当等。

第二节 建筑工程质量事故处理的依据和程序

一、建筑工程质量事故处理的依据

处理工程质量事故，必须分析原因，作出正确的处理决策，这就要以充分的、准确的有关资料作为决策基础和依据，进行工程质量事故处理的主要依据有几个方面。

（1）事故调查分析报告，一般包括以下内容。

① 质量事故的情况；

② 事故性质；

③ 事故原因；

④ 事故评估；

⑤ 设计、施工以及使用单位对事故的意见和要求；

⑥ 事故涉及人员与主要责任者的情况等。

（2）具有法律效力的，得到有关当事各方认可的工程承包合同、设计委托合同、材料或设备购销合同以及监理合同或分包合同等合同文件。

（3）有关的技术文件和档案。

（4）相关的法律法规。

（5）类似工程质量事故处理的资料和经验。

二、建筑工程质量事故处理的程序

事故处理的程序：事故调查→事故原因分析→事故调查报告→结构可靠性鉴定→确定处理方案→事故处理设计→事故处理施工→工程验收和处理效果检验→事故处理结论

1. 事故调查

（1）初步调查 工程情况；事故情况；图纸资料；施工资料等。

（2）详细调查 设计情况；地基及基础情况；结构实际情况；荷载情况；建筑物变形观测；裂缝观测等。

（3）补充调查 对有怀疑的地基进行补充勘测；测定所用材料的实际性能；建筑物内部缺陷的检查；较长时期的观测等。

2. 事故原因分析

在事故调查的基础上，分清事故的性质、类别及其危害程度，为事故处理提供必要的依据。

（1）确定事故原点 事故原点的状况往往反映出事故的直接原因。

（2）正确区别同类型事故的不同原因 根据调查的情况，对事故进行认真、全面的分析，找出事故的根本原因。

（3）注意事故原因的综合性　要全面估计各种因素对事故的影响，以便采取综合治理措施。

3. 事故调查报告

主要包括：工程概况；事故概况；事故是否已作过处理；事故调查中的实测数据和各种试验数据；事故原因分析；结构可靠性鉴定结论；事故处理的建议等。

4. 结构可靠性鉴定

根据事故调查取得的资料，对结构的安全性、适用性和耐久性进行科学的评定，为事故的处理决策确定方向。

可靠性鉴定一般由专门从事建筑物鉴定的机构作出。

5. 确定处理方案

根据事故调查报告、实地勘察结果和事故性质，以及用户的要求确定优化方案。

6. 事故处理设计

注意事项如下。

① 按照有关设计规范的规定进行；

② 考虑施工的可行性；

③ 重视结构环境的不良影响，防止事故再次发生。

7. 事故处理施工

施工应严格按照设计要求和有关的标准、规范的规定进行，并应注意以下事项：把好材料质量关；复查事故实际状况；做好施工组织设计；加强施工检查；确保施工安全。

8. 工程验收和处理效果检验

事故处理工作完成后，应根据规范规定和设计要求进行检查验收。

9. 事故处理结论

建筑工程质量事故处理结论包括以下几种。

（1）经返修返工后质量事故已排除，可以继续施工；

（2）经检测符合设计要求，隐患已消除；

（3）经设计复核，不影响结构安全及使用功能；

（4）经加固补强，结构及主要使用功能满足使用要求；

（5）经降低使用标准或附带限制使用条件，如减荷、缩短耐久期限、影响建筑外观等，基本满足使用要求；

（6）对短期内难以作出结论的，可提出进一步观测检验意见。

建筑工程质量事故处理的一般程序如图 6-1 所示。

三、事故处理的任务与特点

1. 事故处理的主要任务

（1）创造正常施工条件。

（2）确保建筑物安全。

（3）满足使用要求。

（4）保证建筑物具有一定的耐久性。

（5）防止事故恶化，减小损失。

（6）有利于工程交工验收。

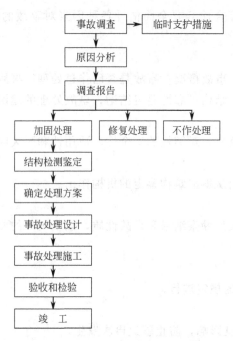

图 6-1 工程质量事故处理的一般程序

2.质量事故处理的特点

（1）复杂性　相同形态的事故，产生的原因、性质及危害程度会截然不同。

（2）危险性　随时可能诱发倒塌。

（3）连锁性　结构构件之间的相互牵连。

（4）选择性　处理方法和处理时间可有多种选择。

（5）技术难度大。

（6）高度的责任性　涉及单位之间关系和人员处理。

四、事故处理的原则与要求

1.事故处理必须具备的条件

（1）事故情况清楚。

（2）事故性质明确。结构性的还是一般性的问题；表面性的还是实质性的问题；事故处理的迫切程度。

（3）事故原因分析准确、全面。

（4）事故评价基本一致，各单位的评价应基本达成一致的认识。

（5）处理目的和要求明确，恢复外观、防渗堵漏、封闭保护、复位纠偏、减少荷载、结构补强、拆除重建等。

（6）事故处理所需资料齐全。

2.事故处理的注意事项

（1）综合治理。注意处理方法的综合应用，以便取得最佳效果。

（2）消除事故根源。

（3）注意事故处理期的安全。随时可能发生倒塌，要有可靠支护；对需要拆除结构，应制定安全措施；在不卸载进行结构加固时，要注意加固方法的影响。

（4）加强事故处理的检查验收。准备阶段开始，对各施工环节进行严格的质量检查验收。

3. 不需要处理的事故

（1）不影响结构安全和正常使用，如错位事故。

（2）施工质量检验存在问题。

（3）不影响后续工程施工和结构安全。

（4）利用后期强度。混凝土强度未达设计要求，但相差不多，同时短期内不会满载，可考虑利用混凝土后期强度。

（5）通过对原设计进行验算可以满足使用要求。根据实测数据，结合设计要求验算，如能满足要求，经设计单位同意，可不作处理。

第三节　建筑工程质量事故处理的方法与验收

一、建筑工程质量事故处理的方法

事故处理方法，应当正确地分析和判断事故产生的原因，通常可以根据质量问题的情况，确定以下几种不同性质的处理方法。

（1）返工处理　即推倒重来，重新施工或更换零部件，自检合格后重新进行检查验收。

（2）修补处理　即经过适当的加固补强、修复缺陷，自检合格后重新进行检查验收。

（3）让步处理　即对质量不合格的施工结果，经设计人的核验，虽没达到设计的质量标准，却尚不影响结构安全和使用功能，经业主同意后可予验收。

（4）降级处理　如对已完工部位，因轴线、标高引测差错而改变设计平面尺寸，若返工损失严重，在不影响使用功能的前提下，经承发包双方协商验收。

（5）不作处理　对于轻微的施工质量缺陷，如面积小、点数多、程度轻的混凝土蜂窝麻面、露筋等在施工规范允许范围内的缺陷，可通过后续工序进行修复。

二、建筑工程质量事故处理的验收

1. 检查验收

施工单位自检合格报验，按施工验收标准及有关规范的规定进行，结合监理人员的旁站、巡视和平行检验结果，依据质量事故技术处理方案设计要求，通过实际量测确定。

2. 必要的鉴定

凡涉及结构承载力等使用安全和其他重要性能的处理工作，均应做相应鉴定。

3. 验收结论

验收结论通常有以下两种。

（1）事故已排除，可以继续施工。

（2）隐患已消除，结构安全有保证。

对短期内难以作出结论的，可提出进一步观测检验意见。对于处理后符合规定的，监理工程师应确认，并应注明责任方主要承担的经济责任。对经处理仍不能满足安全使用要求的分部工程，单位（子单位）工程，应拒绝验收。

第四节 建筑工程质量事故处理的资料

一、质量事故处理所需的资料

处理工程质量事故，必须分析原因，作出正确的处理决策，这就要以充分的、准确的有关资料作为决策的基础和依据，一般质量事故处理，必须具备以下资料。

（1）与工程质量事故有关的施工图。

（2）与工程施工有关的资料、记录　例如，建筑材料的试验报告，各种中间产品的检验记录和试验报告，以及施工记录等。

（3）事故调查分析报告　一般包括以下内容：

① 质量事故的情况；

② 事故性质；

③ 事故原因；

④ 事故评估；

⑤ 事故涉及的人员与主要责任者的情况等。

（4）设计单位、施工单位、监理单位和建设单位对事故处理的意见和要求。

二、质量事故处理后的资料

事故处理后，应由监理工程师提出事故处理报告，其内容包括以下几方面：

① 质量事故调查报告；

② 质量事故原因分析；

③ 质量事故处理依据；

④ 质量事故处理方案、方法及技术措施；

⑤ 质量事故处理施工过程的各种原始记录资料；

⑥ 质量事故检查验收记录；

⑦ 质量事故结论等。

小　结

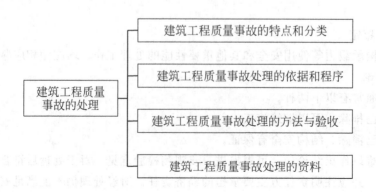

自测练习

1. 建筑工程质量事故的特点是什么？

2. 建筑工程质量事故如何分类？

3. 建筑工程质量事故处理的依据是什么？

4. 简述建筑工程质量事故处理的程序。

5. 事故处理的特点是什么？

6. 建筑工程质量事故处理的方法有哪些？

下篇
建筑工程安全管理

第七章 现代建筑工程安全管理基本知识

【知识目标】
- 理解安全生产的基本概念及安全管理的方针、目标和特点
- 理解施工项目安全管理的基本原则
- 了解当前建筑安全管理中存在的主要问题
- 掌握加强建筑施工安全管理的对策
- 了解建设工程安全生产管理有关法律法规与标准规范
- 理解建设工程安全生产管理的常用术语

【能力目标】
- 能解释安全生产管理的概念
- 能熟悉安全生产管理的基本常识和相关法律法规与标准规范

第一节 现代建筑工程安全管理概述

一、安全生产的重要性

安全生产工作直接关系到每个人的生命安危和国家的财产安全，是全国一切经济部门和生产企业的首要大事。

安全生产、文明生产是企业提高效率和效益的前提。只有安全管理搞好了，建筑企业才能在生产中减少或避免事故和职业病的发生，减少事故造成的直接经济损失和间接经济损失。建筑企业也必须在施工中随时随地重视安全教育，狠抓安全措施的落实，做到最大限度地减少事故的发生，促使劳动者把自己的精力、技能和知识充分地集中到保质保量、高效率完成生产任务中，提高企业的经济效益。

二、建筑工程安全生产管理的基本概念

安全，是指预知人类在生产和生活各个领域存在的固有的或潜在的危险，并且为消除这些危险所采取的各种方法、手段和行为的总称。包括人身安全、设备与财产安全、环境安全等。

通俗地讲，安全就是指安稳，即人的平安无事，物的安稳可靠，环境的安定良好。

安全生产，是指在劳动生产过程中，通过努力改善劳动条件，克服不安全因素，防止伤亡事故发生，使劳动生产在保障劳动者安全健康和国家财产不受损失的前提下顺利进行。

建筑工程项目安全管理，是指在工程项目的施工过程中，组织安全生产的全部管理活动。通过对施工现场危险源的状态控制，减少或消除事故的安全隐患，从而有效控制施工现场的事故发生率，使项目目标效益得到充分保证。

（1）安全管理从宏观的角度来讲包括劳动保护、安全技术和工业卫生，三者之间既相互

联系又相互独立。

① 劳动保护　规范企业的安全管理行为。以法律、法规、规程、条例、制度等形式，在法制层面上保障了劳动者的劳动安全与身体健康。

② 安全技术　规范施工过程中物的状态。针对劳动方法、手段和对象的管理，制定预防伤亡事故的工程技术和安全技术规范、标准等，以减轻或消除因物的不安全状态造成的威胁。

③ 工业卫生　针对劳动者的安全与健康的保护措施，着重于对工业生产中高温、粉尘、振动、噪声、毒物的管理。通过防护、医疗、保健等措施，防止劳动者在工作过程中受到有害因素的危害。

（2）从生产管理的角度来讲，安全管理是指在进行生产管理的同时，通过采用计划、组织、技术等手段，对不安全因素进行有效控制的一切管理活动。如生产管理过程实行作业标准化；组织安全点检；作业现场布置过程中充分考虑安全因素，推行安全操作资格确认制度。通过建立与完善安全生产管理制度等一系列的安全控制措施的制定，作为实现安全管理的有力保障。

三、现代建筑工程施工的特点

为搞好安全管理，首先需要了解建筑施工的特点。

1. 流动性

建筑产品的固定性决定了建筑施工的流动性。由于产品的固定，生产者和生产设备不仅要随着建筑物建造地点的变动而变动，而且还要随着建筑物的施工部位的改变而在不同的空间流动。施工队伍中的人员流动也相当大，总有新的工人加入到施工队伍中，他们的技术水平和安全意识参差不齐。

2. 周期长

建筑产品的庞大性决定了建筑施工的周期长。由于产品的庞大，建造过程中要投入大量的劳动力、材料、机械等，同时建筑施工还要受到工艺流程和施工程序的制约，使各专业、各工种间必须按照合理的施工顺序进行配合和衔接，因而施工周期较长。

3. 单件性

建筑产品的多样性决定了建筑施工的单件性。由于产品多样，不同的甚至相同的建筑物，在不同地区、不同季节、不同现场条件下，其施工准备工作、施工工艺和施工方法等也不尽相同。

4. 复杂性与先进性

建筑产品的综合性决定了建筑施工的复杂性。建筑施工涉及面广，除工程力学、建筑结构、建筑构造、地基基础、机械设备、建筑材料等学科外，还涉及城市规划、勘察设计、消防、环境保护等社会各部门的协调配合，造成了建筑施工的复杂性。

为提高劳动生产率，技术人员总是不断地采取新技术、新设备。施工人员总是在不断地接受新技术、新设备，而熟练掌握新技术、新设备需要一定的过程。

5. 高空作业多、手工操作多、体力消耗大、受气候影响大

建筑产品体积庞大，整个房屋的高度从几十米甚至到几百米，建筑工人要在高空从事露天作业，受气候的影响相当大。尽管许多先进技术应用于建筑施工，机械设备代替了许多手工劳动，但从整体建筑活动来看，手工操作的比重仍然很高，工人的体力消耗很大，劳动强度相当高。

四、安全管理的方针、目标和特点

建筑施工生产的特点是产品固定，人员流动大，且多为露天，高空作业，施工环境和作

业条件较差，不安全因素随着工程形象进度和施工季节的变化而不断的变化，规律性差，存在安全隐患多等，因此建筑业属事故多发行业之一。针对施工作业的特点，控制人的不安全行为和物的不安全状态，是施工现场安全管理的重点，也是预防与避免伤害事故，保证生产处于最佳安全状态的根本环节。因此，对施工现场的人员、机械、环境等系统的可靠性，必须进行经常性的检查、分析、判断、调整、强化动态安全管理活动。

1. 安全控制的方针

安全控制的目的是为了安全生产，因此安全控制的方针也应符合安全生产的方针，即"安全第一，预防为主"。

（1）"安全第一"是把人身的安全放在首位，安全控制为了保证更有效地生产，反之生产也必须保证人身安全，安全和生产二者是统一体，同时为建设总体目标顺利实施服务。

（2）"预防为主"是实现"安全第一"的最重要手段，只有采取正确的措施和方法进行安全控制，减少甚至消除事故隐患，尽量把事故消灭在萌芽状态。"预防为主"是安全控制最重要的思想。

2. 安全控制的目标

安全控制的目标是减少和消除生产过程中的事故，保证人员健康安全和财产免受损失。制定安全控制目标具体包括以下几方面。

（1）减少或消除人的不安全行为的目标。

（2）减少或消除设备、材料的不安全状态的目标。

（3）改善生产环境和保护自然环境的目标。

（4）安全管理的目标。

3. 安全生产管理的特点

（1）动态性　由于建设工程项目的单件性，使得每项工程所处的条件不同，同时建设工程项目施工还具有分散性，现场施工分散于施工现场的各个部位，尽管有各种规章制度和安全技术交底的环节，但是在实际作业过程中，安全生产管理仍需要采取动态化的管理方法来适应不断变化的外界状况。

（2）系统交叉性　建设工程项目是开放性的系统，受自然环境和社会环境影响很大，安全生产管理需要把工程系统、环境系统及社会系统结合起来，以达到建设项目的社会效益最大化。

（3）严谨性　安全状态具有触发性，因此安全生产管理措施必须严谨，一旦失控就会造成损失和伤害。

五、施工项目安全管理的基本原则

施工现场安全管理大致体现为安全组织管理、场地与设施管理、行为控制和安全技术管理四个方面，分别对生产中的人、物、环境的行为与状态，进行具体的管理与控制。为了使施工项目中的各种因素控制好，在实施安全管理过程中，必须遵循以下几条原则。

1. 安全管理法制化

安全管理要法制化，就是要依靠国家以及有关部委制定的安全生产法律文件，对施工项目进行管理。加强法制是安全管理的重要环节，也是安全管理的关键。对违反安全生产法律的单位和个人要视责任大小、情节轻重，给予政纪、党纪处分，甚至追究刑事责任，坚决依法处理。平时要加强对建筑施工管理人员和广大职工的安全法律教育，增强法制观念，使大家做到知法守法，安全生产。

由于我国国民经济还不够发达，企业科学管理水平还不高，还没有认真执行以法治安全，安全法制观念较为淡薄。这主要表现在有法不依，以权代法，违法不究，执法不严，经营承包、租赁只求短期效益，不顾安全等。

我国目前安全管理法制化的文件包括安全生产法规和各种技术规范。安全生产法规，是指国家关于改善劳动条件，实现安全生产，为保护劳动者在生产过程中的安全和健康而采取的各种措施的总和，是必须执行的法律规范。技术规范，是指人们关于合理利用自然力、生产工具、交通工具和劳动对象的行为规则，如操作规程、技术规范、标准和规定等。安全技术规范是强制性的标准，具有法律规范的性质。

我国主要的安全法律、法规的内容详见附录。

2. 安全管理制度化

规章制度，是指国家各主管部门及其地方政府的各种法规性文件，制定的各方面的条例、办法、制度、规程、规则和章程等，它们具有不同的约束力和法律效力。

安全管理要制度化，要对施工项目过程中的各种因素进行控制，以预防和减少各种安全事故，这样就必须建立和健全各种安全管理规章制度和规定，实行安全管理责任制，安全管理要制度化和经常化。

3. 实行科学化管理

安全管理的方法和手段要科学化，要加强对管理科学的研究，将最新的管理科学应用到建筑企业施工安全管理上，使生产技术和安全管理技术协调发展，用动态的观点来看待建筑施工安全管理，这样才能预防、消灭事故，防止或消除事故伤害，保护劳动者的安全与健康的目的，在安全管理中求发展。

4. 贯彻"安全第一，预防为主"的方针

贯彻"安全第一，预防为主"的方针，是搞好安全工作的准则，是搞好安全生产的关键。只有做好预防工作，才能处于主动。国家颁发的劳动安全法则，上级制订的安全规范，都是为贯彻该方针而制定的。

第二节 当前建筑安全管理中存在的主要问题及相应对策

一、当前建筑安全管理中存在的主要问题

1. 法律法规方面

建设工程相关的安全生产法律法规和技术标准体系有待进一步完善，相关标准也需要配套。据统计，我国自新中国成立以来颁布并实施的有关安全生产、劳动保护方面的主要法律法规约280余项，但专门针对建筑业的只有2011年实施的《中华人民共和国建筑法》和2004年施行的《建设工程安全生产管理条例》。这些法律法规对规范我国建筑市场和加强我国建筑安全生产起到了积极作用。但必须承认的是，随着社会的发展，已暴露出不少缺陷和问题。建筑法律法规的可操作性不够强；法律法规体系不健全；部分法律法规还存在着重复和交叉问题。

2. 政府监管方面

建筑业安全生产的监督管理基本上还停留在突击性的安全大检查上，缺少日常的监督管理制度和措施。监管体系不够完善，资金不落实，监管力度不够，手段落后，不能适应市场经济发展的要求。

3. 人员素质方面

行业整体素质低主要体现在：一是在所有从业人员中，农民工比例占到80%，有的施

工现场甚至90％以上，其安全防护意识和操作技能较低，而职业技能的培训却远远不够；二是全行业技术、管理人员偏少；三是专职安全管理人员更少，素质低，远远达不到工程安全管理的需要。

4. 安全技术方面

建筑业安全生产科技相对落后，近年来，科学技术含量高、施工难度大和施工危险性大的工程增多，给施工安全生产管理提出了新课题、新挑战。大批高、大、精、尖工程的出现，使施工难度、危险性增大。

5. 企业安全管理方面

长期以来，我国安全生产工作的重点主要放在国有企业，特别是国有大中型企业。随着改革的深入和经济的快速发展，各类非国有生产经营单位大量增加，企业总量、就业、各类运输工具等大量增加以及农民工和非法劳工大量地增加，由于部分施工企业安全生产管理水平落后，在安全管理方面存在着相当大的缺陷，与发达国家有很大的差距。施工企业安全生产投入不足，基础薄弱，企业违背客观规律，一味强调施工进度，轻视安全生产，蛮干、乱干、抢工期，在侥幸中求安全的现象相当普遍。各方从业人员过分注意自身的经济利益，忽视自身的安全，致使在对企业的安全监督管理方面出现有章不循、纪律松弛、违章指挥、违章作业、管理不严、监督不力和违反劳动纪律事件处罚不严，加之当前各级机构改革使安全监督管理队伍发生较大变化，有些生产经营单位甚至取消了安全管理机构和专业安全管理人员，致使安全生产监督力量更加薄弱。

二、加强建筑施工安全管理的对策

1. 企业树立"安全就是效益"的安全经济观

就施工企业来说，树立"安全就是效益"的安全经济观，就是让企业充分认识到安全能为企业带来效益，从而变企业被动安全管理为主动安全管理。由于安全带来的效益具有一定的隐蔽性，企业往往觉察不到，隐含的包括人的健康生命在内的间接效益更是不可估量。

2. 人员和家庭树立"安全就是幸福"的安全理念

追求生活幸福美满是每一个人及其家庭成员的梦想，是一生孜孜追求的主要目标。建筑施工工地的员工，外出辛苦工作，为的就是给家庭提供一个可靠的经济来源，他们的主要目的就是为了家庭的生活幸福。但是，由于思想认识水平不高、生活压力较大等原因，往往造成片面地追求收入，把个人的安危置之度外。因此，有必要向这些员工及家庭宣传"安全就是幸福"的安全经济观，让他们认识到安全不仅是生活质量提高的表现之一，而且关系到家庭的幸福，甚至家庭的未来，平安健康就是最大的财富。

3. 预防为主的科学观

要高效、高质量地实现企业的安全生产，必须走预防为主之路，必须采用超前管理、预期型管理的方法，这是生产实践证实的科学真理。施工企业应该通过各种合理的对策和努力，从根本上消除事故发生的隐患，把安全生产事故的发生率降低到最小限度。采用现代化的安全管理技术，变纵向单因素管理为横向综合管理；变事后处理为预先分析；变事故管理为隐患管理；变静态的被动管理为动态的主动管理，实现本质安全化。这些都是安全生产的科学观。

4. 机构是实现安全生产管理的中枢

建筑施工企业的安全管理队伍建设是安全生产工作的一个重要基础。没有一支可靠的安全生产管理队伍，一切安全管理工作都无法得到贯彻落实。在现代企业制度下，建筑施工企业在转换经营机制的过程中，重生产轻安全的思想膨胀，安全管理有所放松，专门从事安全生产管理的专职人员力量薄弱，安全监管体系难以保证。建筑施工企业一定要按照我国安全生产法律法规规定，在公司和建设工程项目上设置安全生产管理机构，配备专职安全生产管理人员，提供各种方便条件，让安全生产管理机构及安全生产管理人员充分履行职责，发挥中枢控制作用，这样才能使安全生产工作得以确实的保证。

三、全面的安全管理手段是实现安全生产管理的利器

1. 制度手段

建筑企业必须按照相关法律法规的要求，结合自己的实际，制定出相关安全管理制度。建筑施工企业用制度来约束企业内各主体的行为，谁违反将受到严惩，从而起到规范安全管理、降低或预防安全事故的发生。

2. 经济手段

经济手段就是借助经济杠杆的调节作用，通过保险、安全投入，提高伤亡事故赔偿标准、安全风险抵押等手段，编织一个安全网，从而实现安全生产。

3. 科技手段

要实现安全生产形势的根本好转，必须依靠科技进步，大力发展安全科学技术，以改造传统建筑业的生产过程，从施工、技术装备、劳动保护用品等方面保障安全生产，从本质上为促进建筑安全管理水平的提高提供技术手段支持，从而使建筑安全生产转移到依靠科技进步的轨道上来。一是积极推广建筑安全生产新技术，提高建筑安全生产的技术含量，确保安全生产；二是积极把信息技术应用于安全管理，对增加企业事前预防控制，增强企业安全管理的系统性等方面起到积极作用；三是要对事故进行统计分析，掌握事故发生的规律；四是要抓住关键点，预防事故发生，有重点地预防和控制高处坠落、物体打击、坍塌、触电、机具伤害这五类事故，由于这五类事故占建筑安全事故总数的90％以上，控制住了这五大类事故，将会使事故明显下降，能起到事半功倍的效果。

第三节　建设工程安全生产管理有关法律法规与标准规范

安全生产法律法规是指国家关于改善劳动条件，实现安全生产，为保护劳动者在生产过程中的安全和健康而采取的各种措施的总和，是必须执行的法律规范。

规章制度是指国家各主管部门及其他地方政府的各种法规性文件，制定的各方面的条例、制度、规程、规则和章程等。它们具有不同的约束力和法律效应，企业制定的规章制度是为了保护国家法律制度的实施和加强企业的内部管理，进行正常而有秩序地生产而制定的相应措施与方法，因此，企业规章制度有两个特点：一是制定时必须服从国家法律、法规，不能凌驾于国家法律之上；二是本企业具有约束力，全体员工必须遵守。

技术规范是指人们关于合理利用自然力、生产工具、交通工具和劳动对象的行为规则。如：操作规程、技术规范、标准和规定等。安全技术规范是强制性的标准。因为，违反规范往往给个人、企业和社会造成严重危害，为维护和有利于社会秩序、企业生产秩序和工作秩序，便把遵守安全技术规范确定为法律义务，使之具有法律规范的性质。

我国现行有关建设工程安全生产的法律法规与标准规范，见表7-1。

表 7-1　我国现行有关建设工程安全生产法律法规与标准规范

类　别	颁布单位	名　　称	颁布时间/年
法律法规	全国人大	中华人民共和国安全生产法	2002
	全国人大	中华人民共和国建筑法	2011
	全国人大	中华人民共和国消防法	2008
	全国人大	中华人民共和国刑法	2011
	国务院	建设工程安全生产管理条例	2003
	国务院	安全生产许可证条例	2004
	国务院	特别重大事故调查程序暂行规定	1989
	国务院	生产安全事故报告和调查处理条例	2007
	国务院	国务院关于特大安全事故行政责任追究的规定	2001
	国务院	特种设备安全生产监察条例	2009
部门规章	原建设部	建设行政处罚程序暂行规定	2001
	原建设部	实施工程建设强制性标准监督规定	2000
	原建设部	建筑业企业资质管理规定	2001
	原建设部	建筑工程施工许可管理办法	2001
规范性文件	原建设部	建筑施工企业主要负责人、项目负责人和专职安全生产管理人员安全生产考核管理暂行规定	2004
标准规范		施工企业安全生产评价标准(JGJ/T 77—2010)	2010
		建筑施工安全检查标准(JGJ 59—2011)	2011
		施工现场临时用电安全技术规范(JGJ 46—2005)	2005
		建筑施工高处作业安全技术规范(JGJ 80—91)	1992
		龙门架及井架物料提升机安全技术规范(JGJ 88—2010)	2010
		建筑施工扣件式钢管脚手架安全技术规范(JGJ 130—2011)	2011
		建筑机械使用安全技术规程(JGJ 33—2012)	2012
		建筑施工门式钢管脚手架安全技术规范(JGJ 128—2010)	2010
		工程建设标准强制性条文(房屋建筑部分)(2013 版)	2013

第四节　建设工程安全生产管理的常用术语

1. 安全生产管理体制

根据国务院发（1993）50 号文，当前我国的安全生产管理体制是"企业负责、行业管理、国家监察和群众监督、劳动者遵章守法"。具体含义包括企业负责、行业管理、国家监督、群众（工会组织）监督、劳动者遵章守法。

2. 安全生产责任制度

安全生产责任制度是建筑生产中最基本的安全管理制度，是所有安全规章制度的核心，安全生产责任制度是指将各种不同的安全责任落实到负责安全管理的人员和具体岗位人员身上的一种制度。这一制度是"安全第一，预防为主"方针的具体体现，是建筑安全生产的基本制度。安全生产责任制度的主要内容包括：一是从事建筑活动主体的负责人的责任制，如施工单位的法定代表人要对本企业的安全负主要的安全责任。二是从事建筑活动主体的职能机构或职能处（室）负责人及其工作人员的安全生产责任制，如施工单位根据需要设置职能机构或职能处（室）负责人及其工作人员要对安全负责。三是岗位人员的安全生产责任制，岗位人员必须对安全负责，如从事特种作业的安全人员必须进行培训，经过考试（核）合格后才能上岗作业。

3. 安全生产目标管理

安全生产目标管理就是根据建筑施工企业的总体规划要求，制定出在一定时期内安全生产方面所要达到的预期目标并组织实现此目标。其基本内容是：确定目标、目标分解、执行目标、检查总结。

4. 施工组织设计

施工组织设计是组织建筑工程施工的纲领性文件，是指导施工准备和组织施工的全面性的技术、经济文件，是指导现场施工的规范性文件。施工组织设计必须在施工阶段完成。

5. 安全技术措施

安全技术措施是指为防止工伤事故和职业病的危害，从技术上采取的措施。在工程施工中，是指针对工程特点、环境条件、劳力组织、作业方法、施工机械、供电设施等制定的确保安全施工的措施。安全技术措施也是建筑工程项目管理实施规划或施工组织设计的重要组成部分。

6. 安全技术交底

安全技术交底是落实安全技术措施及安全管理事项的重要手段之一。重大安全技术措施及重要部位的安全技术有公司技术负责人向项目经理部技术负责人进行书面的安全技术交底。一般安全技术措施及施工现场应注意的安全事项由项目经理部技术负责人向施工作业班组、作业人员做出详细说明，并经双方签字认可。

7. 安全教育

安全教育是实现安全生产的一项重要基础工作，它可以提高职工搞好安全生产的自觉性、积极性和创造性，增强安全意识，掌握安全知识，提高职工的自我防护能力，使安全规章制度得到贯彻执行。安全教育培训的主要内容包括：安全生产思想、安全知识、安全技术、安全规程（标准）、安全法规、劳动保护和典型实例分析。

8. 班前安全活动

班前安全活动是指在上班前由班长组织并主持，根据本班目前工作内容，重点介绍安全注意事项、安全操作要点，以达到组员在班前掌握安全操作要领，提高安全防范意识，减少事故发生的活动。

9. 特种作业

特种作业是指在劳动过程中容易发生伤亡事故，对操作者本人，尤其对他人和周围设施的安全有重大危害等因素的作业。直接从事特种作业者，称特种作业人员。

10. 安全检查

安全检查是指建筑行政主管部门，施工企业安全生产管理部门或项目经理部对施工企业的工程项目经理部贯彻国家安全生产法律法规的情况、安全生产情况、劳动条件、事故隐患等进行的检查。

11. 安全事故

安全事故是人们在进行有目的的活动过程中，发生了违背人们意愿的不幸事件，使其有目的的行动暂时或永久地停止。重大安全事故，是指在施工过程中由于责任过错造成工程倒塌或废弃、机械设备破坏和安全设施失灵造成人身伤亡或重大经济损失的事故。

12. 安全评价

安全评价是采用系统科学方法，辨别和分析系统存在的危险性并根据其形成事故的风险大小，采取相应的安全措施，以达到系统安全的过程。安全评价的基本内容包括识别危险源、评价风险、采取措施，直至达到安全指标。

13. 安全标志

安全标志由安全色、几何图形和图形符号构成，以此表达特定的安全信息。其目的是引起人们对不安全因素的注意，预防事故发生。安全标志分为禁止标志、警告标志、指令标志、提示标志四类。

小　　结

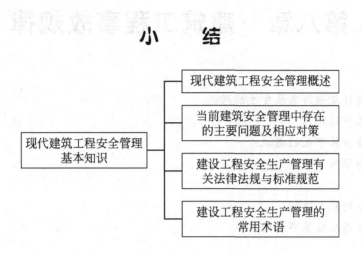

自测练习

1. 现代建筑工程施工的特点有哪些？
2. 安全管理的目标和特点是什么？
3. 施工项目安全管理应遵循什么原则？
4. 如何加强建筑施工安全管理？

第八章　建筑工程事故规律

【知识目标】
- 了解事故的特性及预防事故发生的措施
- 理解高处坠落事故原因
- 掌握预防高处坠落事故的措施
- 了解事故致因理论

【能力目标】
- 能够熟悉事故的基本特征
- 能够掌握预防高处坠落事故的措施

事故是指人们在进行有目的的活动过程中，突然发生违反人们意愿，并可使有目的的活动发生暂时性或永久性终止，同时造成人员伤亡和财产损失的意外事件。事故发生具有偶然性、因果性和潜伏性。

偶然性是指事故的发生是随机的，服从统计规律，在多次重复操作中，会发生事故的规律。事故的发生具有偶然性，事故的后果也具有偶然性，但偶然寓于必然之中，偶然之中存在必然的规律性。如海因利希（W. H. Heinrich）事故法则，即是事故统计规律性的体现。

事故的因果性是指事故发生必然存在导致其发生的原因，即存在危险因素。预防事故发生的最根本的措施是消除危险因素。生产中的不安全因素主要来自人的不安全行为和物的不安全状态以及环境不良。造成人的不安全行为和物的不安全状态、环境不良的主要原因可归结为四个方面，即：技术的原因、教育的原因、身体和态度的原因、管理的原因。针对这四个方面的原因可以采取三种防治对策，即工程技术对策（Engineering）、教育对策（Education）和法制对策（Enforcement），也称 3E 原则。

事故的潜伏性是指危险因素在导致事故发生之前是处于潜伏状态的，人们不能确定事故是否会发生。因此，预防事故发生的主要手段是全员参与，全过程（全面）检查，对发现的危险因素，采取消除、控制措施。

建筑工程施工期间，事故表现为突发性，偶然性，给安全管理带来困难，这是"事故是建设成本"的错误观念的主要理论依据，这一错误观念又进一步助长了建筑工程事故高发，使建筑安全管理陷入被动的"事故管理"的怪圈。通过对建筑工程事故的统计分析与安全管理实例研究，表明建筑工程事故具有统计规律性，建筑工程事故与环境危险性密切相关。基于事故的统计规律性，预测潜在的危险因素，预先采取消除、控制措施，就可以预防事故的发生；对人的不安全行为和物与环境不安全状态的全面检查，识别潜在的危险因素，进而采取有效的预防、控制措施，避免事故发生。因此，事故是可以预防，可以杜绝的。

第一节　事故的统计特性

事故的统计特性可通过海因利希的 1∶29∶300 事故法则进行说明。此法则是海因利希从 55 万余次事故的统计中得出来的比率，它说明了事故与伤害程度之间存在的概率原则。它表明在平均 330 次事故中，有 300 次事故没有引起人员伤亡，29 次造成轻伤，有 1 次事故会出现重伤或死亡的严重后果。但究竟会在哪一次事故中出现伤亡，是由偶然性决定的，人们是无法做出判断。这个规律告诉人们，如果要降低死亡或重伤事故，那就要降低轻伤事故。要降低轻伤事故，就要降低一般性无伤（险肇）事故。

研究事故的统计规律性，采取措施，预防事故发生，是安全管理的中心工作。

第二节　建筑工程事故与环境

对过去的违反安全条例的记录以及意外伤害事故的资料的研究和分析表明，工伤事故与工作环境条件之间存在着联系，作业环境条件危险性越高，事故发生率也越高。据统计，2012 年我国建筑施工事故发生频率最高的类别是高处坠落、坍塌、物体打击、起重伤害、机具伤害五类，发生的频率分别为 52.06%、14.21%、11.73%、10.70% 和 4.74%，总计占全部事故死亡人数的 92.00%。

表 8-1 为英国建筑工程事故的主要类别。以 2002～2003 年度为例，排在第一位的是高处坠落事故，占 40%；排在第二位的是物体打击，占 18%；第三为触电，占 11%；第四为施工坍塌，占 9%；第五为车辆伤害，占 7%。

表 8-1　英国建筑工程事故的主要类别

事故类别	1996～1997 年度	1997～1998 年度	1998～1999 年度	1999～2000 年度	2000～2001 年度	2001～2002 年度	2002～2003 年度
高处坠落	50%	50%	47%	48%	40%	43%	40%
车辆伤害	15%	9%	17%	8%	21%	17%	7%
物体打击	14%	19%	15%	28%	12%	17%	18%
施工坍塌	6%	5%	6%	3%	15%	7%	9%
触电	9%	9%	4%	10%	4%	5%	11%
其他	6%	8%	11%	3%	8%	11%	15%
总死亡人数	66	58	47	61	73	60	57

美国 OSHA 对 2001 年度 719 起死亡事故统计分析结果如表 8-2 所示。表 8-3 列出了美国 2001 年度建筑死亡事故原因与 1991～2000 年度的分析比较结果。

从表 8-2、表 8-3 可以看出，坠落事故、挤压伤害、物体打击事故是建筑工程的主要事故类别，从 1991 年以来，这一规律没有明显变化。

表 8-2 美国 2001 年度建筑施工死亡事故类别统计

序号	原因描述		事故起数	事故起数所占比例/%	死亡人数
	归类	分项原因			
1		吸入有毒气体/窒息	11	1.5	13
2		固定设备挤压	4	0.6	5
3		结构倒塌砸伤	19	2.6	19
4		被无人操作的施工设备挤压或碾压	55	7.6	56
5		在操作施工设备时被挤压/碾压/夹住	30	4.2	30
6		在维修/修理施工设备时被挤压/碾压	10	1.4	10
7		车辆挤压或碾压	20	2.8	24
8		溺水或不致命的跌落	3	0.4	3
9	触电	触摸裸露电线而遭电击	28	3.9	28
10		设备接触电源而遭电击 其中：①梯子 ②脚手架 ③起重及提升机械 ④取物料时的连接器	36 2 1 26 7	5.0 0.3 0.1 3.6 1.0	38
11		设备安装、使用工具中遭电击	48	6.7	48
12		其他原因遭电击	0	0.0	0
13		电梯等起重机械垮塌	6	0.8	6
14	高处坠落	从扶梯上坠落(包括扶梯倒塌)	38	5.3	38
15		从屋顶上坠落	86	12.0	87
16		从交通车辆、施工设备上坠落	4	0.6	4
17		从脚手架上坠落	23	3.2	23
18		从斗车(电梯或吊篮)上坠落	18	2.5	19
19		从结构(除屋顶外)上坠落	77	10.7	77
20		从工作平台上坠落	13	1.8	17
21		从洞口(除屋顶外)坠落	24	3.3	24
22		其他方面的坠落	8	1.1	8
23		火灾、爆炸、烫伤	12	1.7	12
24		温度过高或过低	5	0.7	5
25		起重作业引起的撞击、挤压、坠落	31	4.3	32
26		坠落物、抛射物打击	40	5.6	40
27		堑沟垮塌导致挤压、窒息	32	4.5	33
28		装卸设备、物料时挤压	14	1.9	14
29		雷击火灾和冲击	7	1.0	7
30		其他原因造成挤压	1	0.1	1
31		其他不明原因	16	2.2	16
	合 计		719	100	737

表 8-3　美国 1991～2000 年度施工死亡事故与 2001 年度施工死亡事故比较

序号	原因描述		1991～2000 年度平均		2001 年度	
	归类	分项原因	事故起数	所占比例/%	事故起数	所占比例/%
1		吸入有毒气体/窒息	6.2	1.0	11	1.6
2		固定设备挤压	5.9	1.0	4	0.6
3		结构倒塌砸伤	26.3	4.3	19	2.7
4		被无人操作的施工设备挤压或碾压	46.4	7.7	55	7.8
5		在操作施工设备时被挤压/碾压/夹住	32.6	5.4	30	4.3
6		在维修/修理施工设备时被挤压/碾压	12.4	2.0	10	1.4
7		车辆挤压或碾压	24.6	4.1	20	2.8
8		溺水或不致命的跌落	5.9	1.0	3	0.4
9	触电	触摸裸露电线而遭电击	25.1	4.1	28	4.0
10		设备接触电源而遭电击	47.3	7.8	36	5.1
11		设备安装、使用工具中遭电击	26.0	4.3	48	6.8
12		其他原因遭电击	5.3	0.9	0	0
13	高处坠落	电梯等起重机械垮塌	2.4	0.4	6	0.9
14		从扶梯上坠落（包括扶梯倒塌）	23.4	3.9	38	5.4
15		从屋顶上坠落	68.0	11.2	86	12.3
16		从交通车辆、施工设备上坠落	5.4	0.9	4	0.6
17		从脚手架上坠落	20.3	3.3	23	3.3
18		从斗车（电梯或吊篮）上坠落	11.9	2.0	18	2.6
19		从结构（除屋顶外）上坠落	47.1	7.8	77	11.0
20		从工作平台上坠落	15.1	2.5	13	1.9
21		从洞口（除屋顶外）坠落	15.4	2.5	24	3.4
22		其他方面的坠落	4.2	0.7	8	1.1
23		火灾、爆炸、烫伤	14.3	2.4	12	1.7
24		温度过高或过低	3.5	0.6	5	0.7
25		起重作业引起的撞击、挤压、坠落	33.1	5.5	31	4.4
26		坠落物、抛射物打击	22.5	3.7	40	5.7
27		堑沟垮塌导致挤压、窒息	28.7	4.7	32	4.6
28		装卸设备、物料时挤压	10.9	1.8	14	2.0
29		雷击火灾和冲击	16	2.6	7	1.0
	合计		606.2	100	702	100

第三节　高处坠落事故

一、高处坠落事故原因分析

为了预防高处坠落事故，上海市建委组织有关教学与科研机构，对建筑施工高处坠落事故进行了专题研究。分析比较了全国 1992～1995 年上半年的建筑施工高处坠落死亡事故与 1995～2001 年上海市建筑施工高处坠落事故类别，结果如表 8-4～表 8-7 所示。

表 8-4　全国 1992～1995 年发生高处坠落事故的主要类别

类别	洞口临边	普通脚手架	模板工程	井字架(龙门架)	特殊脚手架	电梯	塔吊	打桩机械	合计
所占比例/%	38	15	12	18	9	1	7	0	100

表 8-5　上海市 1995～2001 年发生高处坠落事故的主要类别

类别	洞口临边	普通脚手架	模板工程	井字架(龙门架)	特殊脚手架	电梯	塔吊	打桩机械	合计
所占比例/%	34	14	11	19	8	7	6	1	100

表 8-6　上海市 1995～2001 年建筑施工高处坠落事故与总事故情况

时间 / 类别	1995 年	1996 年	1997 年	1998 年	1999 年	2000 年	2001 年	平均
高处坠落	83	74	56	46	33	43	33	53
总事故	186	161	123	90	65	72	73	110

表 8-7　全国与上海市建筑施工高处坠落事故环境因素比较

类 别		洞口临边	普通脚手架	模板工程	井字架(龙门架)	特殊脚手架	电梯	塔吊	打桩机械
所占比例/%	全国	37.8	14.6	12.2	18.3	8.5	1.2	6.9	0.4
	上海市	31.5	12.4	9.8	17.7	6.9	6.6	5.3	1.1

从表中可以看出，建筑施工高处坠落事故的环境因素，主要集中在：①建筑物的临边、洞口；②脚手架、操作平台及特殊脚手架等；③机械设备；④模板工程。其中，前三方面事故环境因素占高处坠落事故因素的 91%。基于事故致因理论，分析归纳出高处坠落事故的主要原因为以下几条。

（1）工期紧、施工图纸出图晚、施工准备仓促，施工方为了追求利润最大化而加班加点施工、不断变化施工工艺和顺序、防高处坠落的硬件、安全设施被简化或省略。

（2）施工设备落后，机械化程度低，大部分靠廉价的人力作业，缺乏作业空间的封闭措施，空间之间的连通可靠性差。

（3）施工临时设施（脚手架、井架和施工机械等）未按技术标准搭建和安装，设施不配套，超出了其施工能力，不得不多次调整或改变其使用功能。

（4）普通工、辅助工没有固定的技能特长，流动性大，需要不断地熟悉新工艺、适应新环境，易造成从高处坠落的伤害。

（5）作业人员的劳动防护用品使用不当或未使用造成的坠落事故占总坠落事故的绝大多数。

（6）在大型项目中，多工艺、多层次、全方位、不合理的立体交叉作业，增加了防护和管理上的难度。

（7）由于多种原因造成部分项目被分包、转包，造成管理层次增多，削弱了安全管理的效果。

（8）项目实施工程中，用于高处作业安全防护的最低费用标准缺乏明确的相关规定。

二、预防高处坠落事故的措施

（一）技术手段

（1）对高处作业安全设施的主要受力构件，应进行详细的受力分析与计算，确认无误后方可搭设和使用。

（2）施工前必须对高处作业的安全标志、工具、仪表、电气设备和其他各种设备，进行全面检查，确认无误后方可投入使用。

（3）施工过程中，对高处作业应制定安全技术措施，当发现有缺陷和隐患时，必须及时解决，危及人身安全的必须停止作业。

（4）因作业需要，临时拆除或变动安全防护设施时，必须进行安全分析，经施工负责人书面批准，并采取相应的可靠措施后实施，作业完成后应立即恢复。

（5）井架、施工电梯等垂直运输设备与建筑物通道的两侧边，必须设防护栏杆；地面通道上部应搭设安全防护棚，双笼井架通道间，应予以分隔密封。各种垂直运输接料平台，除两侧设防护栏杆外，平台口还应设置安全门。

（6）起重吊装作业、搭吊、物料提升机及其他垂直运输设备的施工组织设计应详细编制，包括专项计算，装、拆施工顺序，安全技术措施与注意事项，特殊情况防范措施等，装、拆过程中应严格按有关标准、规范执行。

（7）施工作业场所所有存在坠落隐患的物件，应一律先行拆除或加以固定，高处作业所有的物料均应堆放平稳，不得妨碍通行及装、拆作业。保持施工现场的整洁，作业中的走道、通道不得随意乱放原材料或丢弃废料。登高用具应随时清扫，禁止作业人员抛掷传递物件。

（8）雨天和雪天进行高处作业时，必须采取可靠的防滑、防寒和防冻措施，遇强风、大雾等恶劣天气，不得进行露天攀登与悬空高处作业。

（二）管理手段

管理上，应采用一切科学的管理手段，先进的管理制度，保证作业环境良好，安全技术措施到位，工序操作规范，现场监控有效，全面杜绝人的不安全行为，从而防止高处坠落事故发生。

1. 行业管理

（1）定额中增加安全费用　为确保施工定额中安全费用的定额使用，有必要尽快相应调整定额中的施工安全费用额度。制定作业管理的具体实施细则，制定新的技术和安全标准，并在施工中贯彻实施。

（2）招投标环节控制　建设单位在项目招标文件中，应明确安全设施费用投入的具体要求。

施工单位在投标文件中，应单独编制确保安全生产的各项投入的具体内容，并列支费用清单。

招投标评标专家中，应有经认可的安全管理专家，对安全生产各项投入的具体内容及列支费用进行评价，对未注明安全生产的各项投入的具体内容和费用列支情况的，视为废标，不予评审通过。

（3）相关单位及人员控制　对体检部门及体检人员严格控制。体检单位应把好体检关，不让身体不适合高处作业人员从事高处作业。

对有关培训机构及培训人员严格管理，安全培训机构需制定培训大纲，明确培训目的、内容以及培训对象。安全培训教材应适应普通劳动者的文化程度，做到通俗易懂、针对性强，并制定特种作业人员的上岗标准和条件。

对施工机械设备，安全防护设施等的监测机构及监测人员，必须做到资质、资格的严格控制，保证各种机械设备合格、防护设施达标。

2. 企业管理

（1）企业应加强对各级管理人员和作业人员的安全教育培训，提高各级管理人员，尤其是作业人员的安全素质。以人为本，注重人的行为管理；加强对特种机械作业人员的管理，做到持证上岗；特别是要选拔一批有文化、有技术，又有施工经验的人员担任安全员，并加强对安全员的培训教育，全面提高安全员素质。

（2）增强管理人员和职工的法制观念，全面落实安全生产责任制，建立、健全施工项目的安全生产保证体系和安全文明生产。

（3）做到所有按规定应当进行的专项安全施工组织设计，即临时用电、脚手架工程、基坑支护与模板工程、起重吊装作业、塔吊、物料提升机及其他垂直运输设施的安装、拆除作业施工组织设施，以及重点、大型工程的消防专项施工组织设计等。

（4）开发、引进并利用新技术，提高施工工艺水平，从长远利益出发，留足用于设备更新、维修、保养资金；开发并引进先进的检测设备、仪器，保证各种机械设备安全检测的可靠性。

3. 现场管理

（1）建筑施工现场，特别是高处作业场所，由于高危险作业点多，影响安全工作的关键部位多，应优先采用其他行业证明非常有效的安全作业措施、安全色标、安全标志，传递安全信息，以利于高处作业人员辨别安全区和安全重点关键部位。

（2）高处作业施工方案，安全技术措施，工艺、工序、安全技术操作规程齐全，针对性强。作业人员上岗前进行技术交底，使用机械设施、设备、安全防护设施前要经过检查、交底、验收。

（3）施工前，应逐级进行安全教育及安全作业技术交底，落实所有安全技术措施和个体防护用品，做到纵向到底，横向到边。

（4）严格把好进场人员的技术、文化、健康素质关，使管理和操作人员符合高处作业相应的素质要求，并掌握相应的工艺、工序、安全操作规程和作业要点。

（5）加强安全教育，班前安全技术交底、分部分项作业及专项作业技术交底、工种操作技术规程等应结合高处坠落事故案例教育，使安全技术教育、交底具有针对性，保证有效性。

（6）总包单位要加强对分包单位资质的审核。施工企业管理层与操作层及总包单位与分包单位之间要加强沟通。

（7）各项安全管理素质、职责落实到人，确保对有高处坠落危险的危险点、关键部位进行标识。

（8）要建立健全现场安全管理网络，在高处作业的管理和控制方面做到关键部位有检查，危险部位有监护。

第四节 事故致因理论简述

事故致因理论是从大量典型事故的本质原因的分析中所提炼出的事故机理和事故模型。这些机理和模型反映了事故发生的规律性，能够为事故原因的定性定量分析、为事故的预测预防、为改进安全管理工作，从理论上提供科学的、完整的依据。

随着科学技术和生产方式的发展，事故发生的本质规律在不断变化，人们对事故原因的认识也在不断深入，因此先后出现了十几种极有代表性的事故致因理论和事故模型。

一、早期的事故致因理论

在 20 世纪 50 年代以前，资本主义工业化大生产飞速发展，美国福特公司的大规模流水线生产方式得到广泛应用。这种生产方式利用机械的自动化迫使工人适应机器工作，包括操作要求和工作节奏，一切以机器为中心，人成为机器的附属和奴隶。与这种情况相对应，人们往往将生产中的事故原因推到操作者的头上。

1919 年，由格林伍德（M. Greenwood）和伍兹（H. Woods）提出了"事故倾向性格"论，后来又由纽伯尔德（Newboid）在 1926 年以及法默（Farmer）在 1939 年分别对其进行了补充。该理论认为，从事同样的工作和在同样的工作环境下，某些人比其他人更易发生事故，这些人是事故倾向者，他们的存在会使生产中的事故增多；如果通过人的性格特点区分出这部分人而不予雇用，则可以减少工业生产的事故，这种理论把事故致因归咎于人的天性，至今仍有某些人赞成这一理论，但是后来的许多研究结果并没有证实此理论的正确性。

这一时期最著名的事故致因理论就是 1936 年由美国人海因利希（W. H Heinrich）所提出的事故因果连锁理论。海因利希认为，伤害事故的发生是一连串的事件，按一定因果关系依次发生的结果。他用五块多米诺骨牌来形象地说明这种因果关系，即第一块牌倒下后会引起后面的牌连锁反应而倒下、最后一块牌即为伤害。因此，该理论也被称为"多米诺骨牌"理论。"多米诺骨牌"理论建立了事故致因的事件链这一重要概念，并为后来者研究事故机理提供了一种有价值的方法。

海因利希曾经调查了 75000 件工伤事故，发现其中有 98％ 是可以预防的。在可预防的工伤事故中，以人的不安全行为为主要原因的占 89.8％，而以设备的、物质的不安全状态为主要原因的只占 10.2％。按照这种统计结果，绝大部分工伤事故都是由于工人的不安全行为引起的。海因利希还认为，即使有些事故是由于物的不安全状态引起的，其不安全状态的产生也是由于工人的错误所致。因此，这一理论与事故倾向性格论一样，将事件链中的原因大部分归于工人的错误，表现出时代的局限性。

二、第二次世界大战后的事故致因理论

第二次世界大战爆发后，高速飞机、雷达、自动火炮等新式军事设备的出现、带来了操作的复杂性和紧张度，使得人们难以适应，常常发生动作失误。于是，产生了专门研究人类的工作能力及其限制的学问——人机工程学，它对战后工业安全的发展也产生了深刻的影响。人机工程学的兴起标志着工业生产中人与机器关系的重大改变。以前是按机械的特性来训练工人、让工人满足机械的要求；现在是根据人的特性来设计机械，使机械适合人的操作。

这种在人机系统中以人为主，让机器适合人的观念，促使人们对事故原因重新进行认识。越来越多的人认为，不能把事故的发生简单地说成是工人的性格缺陷或粗心大意，应该重视机械的、物质的危险性在事故中的作用，强调实现生产条件、机械设备的固有安全，才能切实有效地减少事故的发生。

1949 年，葛登（Gorden）利用流行病传染机理来论述事故的发生机理，提出了"用于事故的流行病学方法"理论。葛登认为，流行病病因与事故致因之间具有相似性，可以参照分析流行病因的方法来分析事故。

流行病的病因有三种：①当事者（病者）的特征，如年龄、性别、心理状况、免疫能力等；②环境特征，如温度、湿度、季节、社区卫生状况、防疫措施等；③致病媒介特征，如病毒、细菌、支原体等。这三种因素的相互作用，可以导致人的疾病发生。与此相类似，对于事故，一要考虑人的因素，二要考虑作业环境因素，三要考虑引起事故的媒介。

这种理论比只考虑人失误的早期事故致因理论有了较大的进步，它明确地提出事故因素

间的关系特征，事故是三种因素相互作用的结果，并推动了关于这三种因素的研究和调查。但是，这种理论也有明显的不足，主要是关于致因的媒介。作为致病媒介的病毒等在任何时间和场合都是确定的，只是需要分辨并采取措施防治。而作为导致事故的媒介到底是什么，还需要识别和定义，否则该理论无太大用处。

1961 年由吉布森（Gibson）提出，并在 1966 年由哈登（Hadden）引申的"能量异常转移"论，是事故致因理论发展过程中的重要一步。该理论认为：事故是一种不正常的、或不希望的能量转移，各种形式的能量构成了伤害的直接原因。因此，应该通过控制能量或者控制能量的载体来预防伤害事故，防止能量异常转移的有效措施是对能量进行屏蔽。

能量异常转移论的出现，为人们认识事故原因提供了新的视野。例如，企业利用"用于事故的流行病学方法"理论进行事故原因分析时，就可以将媒介看成是促成事故的能量，即有能量转移至人体才会造成事故。

三、20 世纪 70 年代后的事故致因理论

近几十年以来，科学技术不断进步，生产设备、工艺及产品越来越复杂，信息论、系统论、控制论相继成熟并在各个领域获得广泛应用。对于复杂系统的安全性问题，采用以往的理论和方法已不能很好地解决，由此出现了许多新的安全理论和方法。

在事故致因理论方面，人们结合信息论、系统论和控制论的观点、方法，提出了一些有代表性的事故理论和模型。相对来说，并在 20 世纪 70 年代以后是事故致因理论比较活跃的时期。

1969 年瑟利（J. Surry）提出的，并在 20 世纪 70 年代初得到发展的瑟利模型，是以人对信息的处理过程为基础描述事故发生因果关系的一种典型模型，这种理论认为：人在信息处理过程中出现失误从而导致人的行为失误，进而引发事故。与此类似的理论还有 1970 年的海尔（Hale）模型，1972 年威格里沃思（Wigglesworth）的"人失误的一般模型"，1974 年劳伦斯（Lawrence）提出的"金矿山人失误模型"，以及 1978 年安德森（Anderson）等人对瑟利模型的修正等。

这些理论均从人的特性与机器性能及环境状态之间是否匹配和协调的观点出发，认为机械和环境的信息不断地通过人的感官反映到大脑，人若能正确地认识、理解、判断、作出正确决策和采取行动，就能化险为夷，避免事故和伤亡。反之，如果人未能察觉、认识所面临的危险，或判断不准确而未采取正确的行动，就会发生事故和伤亡。由于这些理论把人、机、环境作为一个整体（系统）看待，研究人、机、环境之间的相互作用、反馈和调整，从中发现事故的致因，揭示出预防事故的途径，所以，也有人将它们统称为系统理论。

动态和变化的观点是近代事故致因理论的又一基础。1972 年，本尼尔（Benner）提出了在处于动态平衡的生产系统中，由于"扰动"（Perturbation）导致事故的理论，即 P 理论。此后，约翰逊（Johnson）于 1975 年发表了"变化—失误"模型，1980 年塔兰茨（W. E. Talanch）在《安全测定》一书中介绍了"变化论"模型，1981 年佐藤吉信提出了"作用—变化与作用连锁"模型。

近十几年来，比较流行的事故致因理论是"轨迹交叉"论。该理论认为，事故的发生不外乎是人的不安全行为（或失误）和物的不安全状态（或故障）两大因素综合作用的结果，即人、物两大系列时事运动轨迹的交叉点就是事故发生的所在。预防事故的发生就是设法从时空上避免人、物运动轨迹的交叉。与轨迹交叉论类似的理论是"危险场"理论。危险场是指危险源能够对人体造成危害的时间和空间的范围。这种理论多用于研究存在诸如辐射、冲

击波、毒物、粉尘、声波等危害的事故模型。

到目前为止，事故致因理论的发展还很不完善，还没有给出对于事故调查分析和预测预防方面的普遍和有效的方法。然而，通过对事故致因理论的深入研究，必将在安全管理工作中产生以下深远影响。

（1）从本质上阐明事故发生的机理，奠定安全管理的理论基础，为安全管理实践指明正确的方向。

（2）有助于指导事故的调查分析，帮助查明事故原因，预防同类事故的再次发生。

（3）为系统安全分析、危险性评价和安全决策提供充分的信息和依据，增强针对性，减少盲目性。

（4）有利于从定性的物理模型向定量的数学模型发展，为事故的定量分析和预测奠定基础，真正实现安全管理的科学化。

（5）增加安全管理的理论知识，丰富安全教育的内容，提高安全教育的水平。

四、事故致因理论的相互联系

事故致因理论，从人-机-环不同侧面揭示了事故发生的规律性，具有相互补充完善的作用，应视具体情况具体分析应用，各类事故致因理论及其相互联系见表 8-8。只有人的不安全行为的降低，机（物）和环境的不安全状态的改善，人-机（物）-环相互协调运作，安全才有保证。实现的途径即：安全培训——防止人的不安全行为；安全设施——控制机（物）以及环境的不安全状态；组织管理——人-机（物）-环协调与接口管理。从而构成三位一体的安全管理体系。

表 8-8　各类事故致因理论及其相互联系

事故致因理论	事　故　诱　因	相　互　联　系
①海因里希连锁反应原理	触发事件造成的连锁反应,而人的不安全状态和物的不安全行为直接酿成事故	
②联系事件理论	触发事件造成的连锁反应中,任一事件都是酿成事故主要的而且不可或缺的原因	是海因里希连锁反应原理的完善
③能量理论	事故是一种能量的不正常或不期望的释放	
④轨迹交叉理论	可以通过避免人与物两种运动轨迹交叉来预防事故的发生	
⑤事故倾向性理论	人的内在的、固有的不完善是酿成事故的主因	
⑥人机工程学事故致因理论	人-机（物）-环不协调酿成事故	

小　结

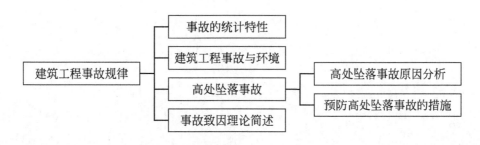

自测练习

1. 事故发生具有哪些基本特征?
2. 简述事故的统计特征及其作用。
3. 简述预防高处坠落事故的措施。
4. 事故致因理论都有哪些种类?

第九章 建筑工程安全事故概述及案例分析

【知识目标】
- 了解建筑工程安全隐患的原因
- 了解建筑工程安全事故的特点及分类
- 理解建筑工程安全事故的原因分析
- 理解建筑工程各类安全事故案例分析

【能力目标】
- 能解释建筑工程安全隐患的原因
- 能熟悉有关的处理程序处理建筑工程安全事故

第一节 建筑工程安全事故概述

一、建筑工程安全隐患及处理

（一）建筑工程安全隐患的原因

隐患是指未被事先识别或未采取必要保护措施的可能导致安全事故的危险源或不利环境因素。隐患也是指具有潜在的对人身或健康构成伤害，造成财产损失或兼具这些的起源或情况。安全隐患就是在安全检查及数据分析时发现的，应利用"安全隐患通知单"通知负责人制定纠正和预防措施，限期整改，安全员跟踪验证。

隐患如不能及时发现并处理，往往会引起事故。建设工程安全管理的重点之一是加强安全风险分析，及早制定对策和措施控制，强调对建设工程安全事故隐患的处理、安全事故的预防，避免安全事故的发生。

1. 常见原因

建筑工程施工生产具有产品的固定性，施工周期长，露天作业，体积庞大，施工流动性大，工人整体素质差，手工作业多，体能消耗大，以及产品多样性，工艺多样性，施工场地狭窄等特点，导致施工安全生产作业环境的局限性，作业条件的恶劣性，作业的高空性，安全管理的难度性，个体劳动保护的艰巨性，以及安全管理与技术的保证性，立体交叉性等，决定了施工生产存在诸多的不安全因素，容易导致安全隐患和安全事故的发生。工程安全隐患、安全事故往往是多种原因引起的，尽管每次发生的安全隐患、安全事故的类型不相同，但通过大量安全隐患、安全事故的调查，并采用系统工程学的原理，利用数理统计的方法，发现安全隐患、安全事故的原因主要是违章所致，其次是设计、勘察的不合理、缺陷，以及其他原因等。安全隐患、安全事故的基本原因有以下几个方面。

（1）违章作业、违章指挥和安全管理不到位　建筑工程施工单位由于没有制定安全技术措施、缺乏安全技术知识、不进行逐级安全技术交底，安全生产责任制不落实，违章指挥，违章作业，施工安全管理工作不到位，是导致生产安全隐患、安全事故的主要原因。

（2）设计不合理与缺陷 据欧洲联盟统计分析，63％的安全事故（施工过程中的安全事故和使用过程中的安全事故）是因为前期工程项目设计策划和施工准备阶段就存在缺陷，因此，安全事故许多是设计原因造成的。设计原因主要包括：不按照法律、法规和工程建设强制性标准进行设计，导致设计不合理；或未考虑施工安全操作和防护的需要，对涉及施工安全的重点部位和环节在设计文件中未注明，未对防范生产安全事故提出指导意见；采用新结构、新材料、新工艺的建设工程和特殊结构的建设工程，未在设计中提出保障施工作业人员安全和预防生产事故的措施建议等。

（3）勘察文件失真 勘察单位未认真进行地质勘察或勘探时钻孔布置、深度等不符合规定要求的，勘察文件或报告不详细，不准确，不能真实全面地反映实际的地下情况，从而导致基础、主体结构的设计错误，引发重大安全事故。

（4）使用不合格的安全防护用具、安全材料、机械设备、施工机具及配件等 许多建筑工程已发生的安全隐患、安全事故，就是施工现场使用劣质、不合格的安全防护用具，安全材料、机械设备、施工机具及配件等造成的，因此，为了杜绝和防止不合格的安全物资流入施工现场中，施工单位采购、租赁安全物资时，应具有生产（制造）许可证、产品合格证等。

（5）安全生产资金投入不足 长期以来，建设单位、施工单位为了追求经济效益，置安全生产于不顾，挤占安全生产费用，致使在工程投入中用于安全生产的资金过少，不能保证正常安全生产措施的需要，也是导致安全事故不断发生的重要原因。

（6）安全事故的应急措施制度不健全 施工单位及其施工现场未制定生产安全事故应急救援预案，未落实应急救援人员、设备、器材等，发生生产安全事故后得不到及时救助和处理。

（7）违法违规行为 违法违规行为包括无证设计、无证施工，越级设计、越级施工，边设计、边施工，违法分包、转包，擅自修改设计等，引发了大量的安全事故发生。

（8）其他因素 其他因素包括：工程自然环境因素，如恶劣气候诱发安全事故；工程管理环境因素，如安全生产监督制度不健全，缺少日常的具体监督管理制度和措施；安全生产责任不够明确等。

2．施工安全隐患原因分析方法

由于影响建筑工程安全隐患的因素众多，一个建设安全隐患的发生，可能是上述原因之一或多种原因所致，要分析确定是哪种原因所引起的，必然对安全隐患的特征、表现，以及其在施工中所处的实际情况和条件进行具体分析，其分析的基本步骤如下：

① 现场调查研究，观察记录，必要时拍照，充分了解与掌握引发安全隐患的现象和特征，以及施工现场的环境和条件等；

② 收集、调查与安全隐患有关的全部设计资料、施工资料；

③ 指出可能产生安全隐患的所有因素；

④ 分析、比较和剖析，找出最可能造成安全隐患的原因；

⑤ 进行必要的计算分析予以认证确认；

⑥ 必要时可征求设计单位、专家等的意见。

（二）建筑工程施工安全隐患的处理

建设工程施工过程中，由于种种主观、客观原因，可能出现施工安全隐患。当发现安全隐患，监理工程师应按以下程序进行处理。

具体内容如下所述。

（1）当发现工程施工安全隐患时，应立即进行整改，施工单位提出整改方案，必要时应经设计单位认可。

（2）当发现严重安全事故隐患时，应暂时停止施工，并采取安全防护措施与整改方案，并报建设单位和监理工程师。整改方案经监理工程师审核后，施工单位进行整改处理，处理结果应重新进行检查、验收。

安全事故隐患整改处理方案内容如下：

① 存在安全事故隐患的部位、性质、现状、发展变化、时间、地点等详细情况；

② 现场调查的有关数据和资料；

③ 安全事故隐患原因分析与判断；

④ 安全事故隐患处理的方案；

⑤ 是否需要采取临时防护措施；

⑥ 确保安全事故隐患整改责任人、整改完成时间和整改验收人；

⑦ 涉及的有关人员和责任及预防该安全事故隐患重复出现的措施等。

（3）隐患整改处理方案批准后应按既定的整改处理方案实施处理并进行跟踪检查。

（4）安全事故隐患处理完毕，施工单位应组织人员检查验收，自检合格后报监理工程师核验，施工单位写出安全隐患处理报告，报监理单位存档，主要内容包括以下几方面：

① 基本整改处理过程描述；

② 调查和核查情况；

③ 安全事故隐患原因分析结果；

④ 处理的依据；

⑤ 审核认可的安全隐患处理方案；

⑥ 实施处理中的有关原始数据、验收记录、资料；

⑦ 对处理结果的检查、验收结论；

⑧ 安全隐患处理结论。

二、建筑工程安全事故的特点、分类和原因分析

（一）建筑工程安全事故的特点及分类

安全事故是指人们在进行有目的的活动过程中，发生了违背人们意愿的不幸事故，使其有目的的行为暂时或永久地停止。建设工程安全事故指在建筑工程施工现场发生的安全事故，一般会造成人身伤亡或伤害且造成包括急救在内的医疗救护，或财产、设备、工艺等损失。

重大安全事故，系指在施工过程中由于责任过失造成工程倒塌或废弃、机械设备破坏和安全设施失当造成人身伤亡或重大经济损失的事故。

特别重大事故在《特别重大事故调查程序暂行规定》（国务院令第34号）中将其定义为："造成特别重大人身伤亡或者巨大经济损失以及性质特别严重、产生重大影响的事故。"特别重大事故，也称为特大事故。

1. 建筑工程安全事故的特点

（1）严重性 建筑工程发生安全事故，其影响往往较大，会直接导致人员伤亡或财产损失，给广大人民生命和财产带来巨大损失，重大安全事故往往会导致群死群伤或巨大财产损失。近年来，安全事故死亡的人数和事故起数仅次于交通、矿山，成为人民关注的热点问题之一。因此，对建设工程安全事故隐患决不能掉以轻心，一旦发生安全事故，其造成的损失将无法挽回。

（2）复杂性 建筑工程施工生产的特点决定了影响建筑工程安全生产的因素很多，建筑工程安全事故的原因错综复杂，即使是同一类安全事故，其发生的原因可能多种多样。因此，在对安全事故进行分析时，对判断出其性质、原因（直接原因、间接原因、主要原因）等就增加了复杂性。

（3）可变性 许多建筑工程施工中出现安全事故隐患，其安全事故隐患并非静止的，而是有可能随着时间而不断地发展、恶化，若不及时整改和处理，往往可能发展成为严重或重大的安全事故。因此，在分析与处理工程安全事故隐患时，要重视安全事故隐患的可变性，应及时采取有效措施，进行纠正、消除，杜绝其发展恶化为安全事故。

（4）多发性 建筑工程中的安全事故，往往在建筑工程某部位、工序或作业活动经常发生，例如，物体打击事故、触电事故、高处坠落事故、坍塌事故、起重机械事故、中毒事故等。因此，对多发性安全事故，应注意吸取教训，总结经验，采取有效预防措施，加强事前预控、事中控制。

2. 建筑工程安全事故的分类

建筑工程安全事故可按事故后果严重程度、伤亡事故类别等进行分类。

（1）按事故后果严重程度分类 根据《生产安全事故报告和调查处理条例》（国务院493号令），按照事故造成的人员伤亡或者直接经济损失，事故一般分为以下等级：

① 特别重大事故，是指造成30人以上死亡，或者100人以上重伤（包括急性工业中毒，下同），或者1亿元以上直接经济损失的事故；

② 重大事故，是指造成10人以上30人以下死亡，或者50人以上100人以下重伤，或者5000万元以上1亿元以下直接经济损失的事故；

③ 较大事故，是指造成3人以上10人以下死亡，或者10人以上50人以下重伤，或者1000万元以上5000万元以下直接经济损失的事故；

④ 一般事故，是指造成3人以下死亡，或者10人以下重伤，或者1000万元以下直接经济损失的事故。

（2）按伤亡事故类型分类 依据《企业职工伤亡事故分类标准》（GB 6441—86），按直接致使职工受到伤害的原因，即伤害方式分类。

① 物体打击：指落物、滚石、锤击、碎裂崩块、碰伤等伤害，包括因爆炸而引起的物体打击；

② 车辆伤害：包括挤、压、撞、倾覆等；

③ 机械伤害：包括绞、碾、碰、割、戳等；

④ 起重伤害：指起重设备或操作过程中所引起的伤害；

⑤ 触电：包括雷击伤害；

⑥ 淹溺；

⑦ 灼烫；

⑧ 火灾；

⑨ 高处坠落：包括从架子、屋顶上坠落以及从平地坠入地坑等；

⑩ 坍塌：包括建筑物、堆置物、土石方倒塌；

⑪ 冒顶片帮；

⑫ 透水；

⑬ 放炮；

⑭ 火药爆炸；

⑮ 瓦斯爆炸；

⑯ 锅炉爆炸；

⑰ 容器爆炸；

⑱ 其他爆炸；

⑲ 中毒和窒息；

⑳ 其他伤害。

（3）按事故的原因及性质分类

① 生产事故　主要指在建筑产品的生产、维修、拆除过程中，操作人员违反操作规程等而直接导致的安全事故。

② 质量事故　指由于设计不符合规范标准或施工达不到设计要求而导致建筑实体存在瑕疵，从而导致安全事故的发生。

③ 技术事故　由于工程技术原因而导致的安全事故。

④ 环境事故　主要是指建筑实体在施工过程或使用过程中，由于使用环境或周边环境原因而导致的安全事故。

（二）建筑工程安全事故的原因分析

1. 建筑工程安全事故的原因

建筑工程安全事故发生的基本因素主要包括勘察设计原因、施工人员违章作业、施工单位安全管理不到位、安全物资质量不合格、安全生产投入不足等。

对建筑工程安全事故发生的原因进行分析时，应判断出直接原因、间接原因、主要原因等。

（1）直接原因　根据《企业职工伤亡事故分类标准》（GB 6441—86），直接导致伤亡事故发生的机械、物质和环境的不安全状态，以及人的不安全行为，是事故的直接原因。

四类因素（人、物、环境、管理），简称"4M"因素。

（2）间接原因　事故中属于技术和设计上的缺陷，教育培训不够、未经培训、缺乏或不懂安全操作知识，劳动组织不合理，对现场工作缺乏检查或指导错误，没有安全操作规程或不健全，没有或不认真实施事故防护措施，对事故隐患整改不力等原因，是事故的间接原因。

（3）主要原因　导致事故发生的主要因素，是事故的主要原因。

2. 建筑工程安全事故原因分析

建筑工程安全事故原因分析的步骤如下所述。

（1）首先整理和阅读调查材料，根据《企业职工伤亡事故分类标准》（GB 6441—86），按以下七项内容进行分析。

① 受伤部位　指身体受伤的部位。

② 受伤性质　指人体受伤的类型。

③ 起因物　指导致事故发生的物体、物质。

④ 致害物　指直接引起伤害及中毒的物体或物质。

⑤ 伤害方法　指致害物与人体发生接触的方式。

⑥ 不安全状态　指能导致事故发生的物质条件。

⑦ 不安全行为　指能造成事故的人为错误。

（2）确定事故的直接原因、间接原因、事故的责任者。在分析事故原因时，应根据调查所确认的事实，从直接原因入手，逐步深入到间接原因，从而掌握事故的全部原因。通过对直接原因和间接原因的分析，确定事故中的直接责任和领导责任者，再根据其在事故发生过程中的作用，确定主要责任者。

（3）制定事故预防措施。根据对事故原因的分析，制定防止类似事故再次发生的预防措施，在防范措施中，应把改善劳动生产条件、作业环境和提高安全技术措施水平放在首位，力求从根本上消除危险因素。

3. 建设工程安全事故责任分析

在查清伤亡事故原因后，必须对事故进行责任分析，目的在于使事故责任者、单位领导人和广大职工吸取教训，接受教育，改进安全工作。

事故责任分析可以通过事故调查所确认的事实、事故发生的直接原因和间接原因、有关人员的职责、分工和在具体事故中所起的作用，追究其所应负的责任；按照有关组织管理人员及生产技术因素，追究最初造成不安全状态的责任；按照有关技术规定的性质、明确程度、技术难度，追究属于明显违反技术规定的责任；对属于未知领域的责任不予追究。

根据对事故应负责任的程度不同，事故责任者分为直接责任者、主要责任者、重要责任者和领导责任者。对事故责任者的处理，在以教育为主的同时，还必须根据有关规定，按情节轻重，分别给予经济处罚、行政处分，直至追究刑事责任。对事故责任者的处理意见形成以后，事故责任企业的有关部门必须尽快办理报批手续。

（三）建筑工程安全事故处理依据和程序

1. 建筑工程安全事故处理依据

进行建筑工程安全事故处理的主要依据有四个方面：安全事故的实况材料；具有法律效力的建设工程合同，包括工程承包合同、设计委托合同、材料设备供应合同、分包合同以及监理合同等；有关的技术文件、档案；相关的建设工程法律法规、标准及规范。

（1）安全事故的实况材料。

施工单位的安全事故调查报告。安全事故发生后，施工单位有责任就所发生的安全事故进行周密的调查、研究掌握情况，并在此基础上写出调查报告，提交总监理工程师、建设单位和政府有关部门。在调查报告中首先就与安全事故有关的实际情况做详尽的说明，其内容应包括以下几方面：

① 安全事故发生的时间、地点；

② 安全事故状况的描述；

③ 安全事故发展变化的情况（其范围是否继续扩大，程度是否已经稳定等）；

④ 有关安全事故的观测记录、事故现场状态的照片或录像。

监理单位现场调查的资料。其内容大致与施工单位调查报告中有关内容相似，可用来与施工单位所提供的情况对照、核实。

（2）有关的技术文件和档案。

与设计有关的技术文件、施工图纸和技术说明等设计文件是建设工程施工的重要依据。在处理安全事故中，其作用一方面是可以对照设计文件，核查施工安全生产是否完全符合设计的规定和要求；另一方面是可以根据所发生的安全事故情况，核查设计中是否存在问题或缺陷，是否为导致安全事故的一个原因。

与施工有关的技术文件与资料档案包括以下几种。

① 施工组织设计或施工方案、施工计划。

② 施工记录、事故日志等。根据它们可以查对发生安全事故的工程施工时的情况，如：施工时的气温、降雨、风等有关的自然条件；施工人员的情况；施工工艺与操作过程的情况；使用的材料情况；施工场地、工作面、交通等情况；地质及水文地质情况等。借助这些资料可以追溯和探寻事故的可能原因。

③ 有关建筑材料、施工机具及设备等的质量证明资料。例如，材料批次、出厂日期、出厂合格证或检验报告、施工单位抽检或实验报告等。

④ 有关安全物资，如安全防护用具、材料、设备等的质量证明资料。

⑤ 其他有关资料。

上述各类技术资料对于分析安全事故原因，判断其发展变化趋势，推断事故影响及严重程度，考虑处理措施等起着重要的作用，都是不可缺少的。

（3）有关合同及合同文件。

所涉及的合同文件有：工程承包合同；设计委托合同；设备、器材与材料供应合同；设备租赁合同；分包合同；监理合同等。

有关合同及合同文件在处理安全事故中的作用是：确定在施工过程中有关各方面是否按照合同有关条款实施其活动，借以探寻产生事故的可能原因。

（4）相关的建设工程法律法规和标准规范。

① 建筑市场管理　依据《中华人民共和国建筑法》、《中华人民共和国合同法》、《中华人民共和国招标投标法》、《中华人民共和国安全生产法》、《建设工程安全管理条例》、《安全生产许可证条例》、《建筑施工企业安全生产许可证管理规定》等法律法规及规章，维护建筑市场的正常秩序和良好环境，充分发挥竞争机制，保证建设工程安全和质量。

② 施工安全管理　2003 年 11 月国务院颁布的《建设工程安全生产管理条例》，以《中华人民共和国建筑法》和《中华人民共和国安全生产法》为基础，全面系统地对建设工程有关的安全责任和管理问题作了明确的规定，可操作性强。它不但对建设工程安全生产管理具有指导作用，而且是全面保证工程施工安全和处理工程施工安全事故的重要依据。

③ 建筑业资质、安全生产许可证和从业人员资格管理　原建设部在 2001 年发布了《建设工程勘察设计企业资质管理规定》、《建筑业企业资质管理规定》和《工程监理企业资质管理规定》等。这类部门规章涉及的主要内容是：勘察、设计、施工、监理等单位的等级划分；明确各级企业应具备的条件，确定各级企业所能承担的任务范围；以及其等级评定的申请、审查、批准、升降管理等方面。

2002 年全国人大颁布的《中华人民共和国安全法》、2003 年国务院颁布的《建设工程安全生产管理条例》、2004 年国务院发布的《安全生产许可证条例》等法律、法规和规章，明确规定了建筑业企业必须取得安全生产许可证，方能从事建筑施工活动。

《中华人民共和国建筑法》规定对注册建筑师、注册结构工程师和注册监理工程师等有关人员实行资格认证制度。《中华人民共和国注册建筑师条例》、《注册结构工程师执业资格制度暂行规定》、《监理工程师考试和注册试行办法》，以及有关注册建造师的规定等，这类法规主要涉及建筑活动的从业者应具有相应的执业资格、注册等级划分、考试和注册办法、执业范围、权利、义务及管理等。

2003 年国务院颁布的《建设工程安全生产管理条例》、2004 年建设部发布的《建筑施工企业主要负责人、项目负责人和专职安全生产管理人员安全生产考核管理暂行规定》明确了建筑施工企业主要负责人、项目负责人和专职安全生产管理人员必须进行考核任职制，即企业主要负责人、项目负责人和专职安全生产管理人员应具备安全生产知识和安全生产管理能力，经考核合格方能任职。2010 年《特种作业人员安全技术培训考核管理规定》的实施，规定了施工单位特种作业人员的安全技术培训、考核、发证管理，及持证上岗等内容，《建设工程安全生产管理条例》进一步明确了对特种作业人员的管理规定。

④ 标准和规范　2000 年原建设部发布了《工程建设标准强制性条文》和《实施工程建设强制性标准监督规定》，它的实施为《建设工程安全生产管理条例》提供了技术法规支持，是参与建设活动各方执行工程建设强制性标准和政府实施监督的依据，同时也是保证建设工程安全的必需条件，是分析处理工程安全事故，判定责任方的重要依据。一切工程建设的勘察、设计、施工、安装、验收都应按现行标准进行，不符合现行强制性标准的勘察报告不得

报出,不符合强制性条文规定的设计不得审批,不符合强制性标准的材料、半成品、设备不得进场,不符合强制性标准的工程安全和质量问题,必须整改、处理。

2. 建设工程安全事故处理程序

安全管理人员应熟悉各级政府建设行政主管部门处理建设工程安全事故的基本程序,特别是应把握在建设工程安全事故处理过程中如何履行自己的职责。

重大安全事故由国务院按有关程序和规定处理,法律法规如《生产安全事故报告和调查处理条例》等。

国家建设行政主管部门归口管理全国工程建设重大安全事故;省、市、自治区、直辖市建设行政主管部门归口管理本行政辖区内的建设工程重大安全事故;市、县级建设行政主管部门归口管理一般建设工程安全事故。

建设工程安全事故调查组由事故发生地的市、县级以上建设行政主管部门或国务院有关主管部门等组织成立。特别重大安全事故调查组的组成由国务院批准;一、二级重大事故由省、市、自治区、直辖市建设行政主管部门提出调查组组成意见,报请人民政府批准;三、四级重大安全事故由市、县级建设行政主管部门提出调查组组成意见,报请相应级别的人民政府批准。事故发生单位属国务院部委的,由国务院有关主管部门或其授权部门会同当地建设行政主管部门提出调查组组成意见。

重大安全事故,由省、市、自治区、直辖市建设行政主管部门组织;一般安全事故,调查组由市、县级建设行政主管部门组织。

建筑工程安全事故发生后,一般按以下程序进行处理。

(1) 建筑工程安全事故(人身伤亡,重大机械事故或火灾火险等)发生后,施工单位必须立即停止施工,基层施工人员要保持冷静,并立即实行抢救伤员,排除险情,采取必要的措施,防止事故扩大,并做好标识,保护好现场。同时,要求发生安全事故的施工总承包单位迅速按安全事故类别和等级向相应的政府主管部门上报,并于24h内写出书面报告。现场发生火灾时,要立即组织职工进行抢救,并立即向消防部门报告,提供火情,提供电器、易燃易爆物情况及位置。

工程安全事故报告应包括以下主要内容。

① 事故发生的时间、详细地点、工程项目名称及所属企业名称。

② 事故的类型、事故严重程度。

③ 事故的简要经过、伤亡人数和直接经济损失的初步估计。

④ 事故发生原因的初步判断。

⑤ 抢救措施及事故控制情况。

⑥ 报告人情况和联系电话。

(2) 施工单位在事故调查组展开工作后,应积极协助,客观地提供相应证据,并对安全事故原因进行分析。

(3) 制定事故预防措施。

(4) 事故责任分析及结案处理。

按照国家《生产安全事故报告和调查处理条例》和当地政府的有关规定,依事故轻重大小分别由各级领导查清事故原因与责任,提出处理意见。

第二节　建筑工程安全事故案例分析

建筑施工伤亡事故的类型很多，但统计分析结果显示，建筑施工伤亡事故主要集中在高处坠落、触电、坍塌、物体打击和机具伤害等几个方面。本节就典型安全事故分析如下。

一、龙门架吊盘高空坠落事故分析

【案例】　A住房工程工地，发生一起重大伤亡事故，造成4人死亡，1人重伤，直接经济损失65万元。

1. 工程概况

A工程建筑面积为22000m²，建筑物呈一长方形，建筑物总长132m。于2000年9月28日开工，至2001年4月30日，施工已进行到主体9层。由建筑公司承建。

2. 事故经过

2001年4月30日早7时10分左右，该工地发生一起龙门架吊盘坠落，造成4人死亡，1人重伤的重大生产责任事故。

3. 事故原因

(1) 直接原因　龙门架吊盘装载物料未按规定拢扎，在上升时物料散乱卡阻吊盘上升，导致吊盘坠落。

(2) 间接原因　施工单位使用的龙门架未经国家规定的专门检测机构进行检验；安全设施不齐全；施工现场管理混乱，工地随意录用人员从事特种作业，卷扬机操作手没经过培训教育就上岗工作；并且在吊盘违章乘人的情况下，进行操作，仅工作4天就发生了事故。

4. 事故责任划分

(1) 工地卷扬机操作手，在吊盘有人的情况下，违章操作，对事故负有直接责任。

(2) 施工单位施工队长，违章带领作业人员乘坐吊盘，对事故负有直接责任。

(3) 项目经理，对工地安全管理混乱，对事故负有直接领导责任。

(4) 建筑公司经理，对工地安全管理混乱，对事故负有直接领导责任。

(5) 工地安全员，在验收龙门架中未认真履行职责，对龙门架存在的问题没有及时发现，对违章乘坐吊盘现象没有制止，对事故负有主要责任。

(6) 建筑公司安全科长，在龙门架验收时未认真履行检查职责，对工地安全监督管理不到位，对事故负有重要责任。

(7) 建筑公司设备科长，为工地提供不符合标准的龙门架，在龙门架验收时未认真履行检查职责，对事故负有重要责任。

二、新建厂房模板坍塌事故分析

【案例】　某通信公司新建厂房工程，在施工过程中发生模板坍塌事故，造成3人死亡、1人重伤。

1. 工程概况

发生事故的厂房东西长151.6m，南北宽18.75m，建筑面积33074.8m²；为钢筋混凝土框架结构；地下1层，地上3层，局部4层；层高6m，檐高23m。

2. 事故经过

工程于2007年12月18日开工，2008年5月7日已先后完成桩基施工、地下室、首层和二层主体结构。事发当日，在对第3层⑥～⑩轴段的柱和顶部梁、板进行混凝土浇筑作业时，已浇筑完的⑧～⑩轴段的3层顶部突然坍塌（坍塌面积约为700m²），在下面负责观察和加固模板的 4 名木工被埋压。

3. 事故原因

(1) 直接原因

① 施工单位在组织施工人员对第 3 层⑥～⑩轴段柱和梁、板进行混凝土浇筑作业过程时，擅自改变原有施工组织设计方案及施工技术交底中规定的先浇筑柱，再浇筑梁、板的作业顺序，而是同时实施柱和梁、板浇筑，使在⑧～⑩轴段区域的 6 根柱起不到应有的刚性支撑作用，导致坍塌。

② 施工单位未按照模板专项施工方案和脚手架施工方案进行搭设，架件搭设间距不统一，水平杆步距随意加大；未按规定设置纵、横向扫地杆；未按规定搭设剪刀撑、水平支撑和横向水平杆，致使整个支撑系统承载能力降低。

(2) 间接原因

① 施工单位编制的模板专项施工方案和脚手架施工方案对主要技术参数未提出具体规定和要求，对浇筑混凝土施工荷载没有规定；在搭设完模板支撑系统及模板安装完毕后，没有按照规范、方案要求进行验收，即开始混凝土浇筑作业；压缩工期后，未采取任何相应的安全技术保障措施；施工管理方面，在项目部人员配备不齐、技术人员变更、流动的情况下，以包代管，将工艺、技术、安全生产等工作全部交由分包单位实施。

② 监理单位未依法履行监理职责，未对工程依法实施安全监理。对施工单位擅自改变施工方案进行作业、模板支撑系统未经验收就进行混凝土浇筑等诸多隐患，没有采取有效措施予以制止，未按《建设工程监理规范》等有关规定下达《监理通知单》或《工程暂停令》。

③ 该开发商在与总包等单位签订压缩合同工期的协议后，未经原设计单位批准，擅自变更设计方案，且在协议中又约定了以提前后的竣工日期为节点，从而为施工单位盲目抢工期、冒险蛮干起到了助推作用。

4. 事故责任划分

根据事故调查和责任认定，对有关责任方作出以下处理：总包单位总经理、项目经理、劳务单位法人等 6 名责任人分别受到记过、撤职并停止执业 1 年、罚款等行政处罚；总包、劳务分包等单位受到停止参加投标活动 6 个月、吊销专业资质、罚款等行政处罚。

三、墙体坍塌事故分析

【案例】 2001 年 6 月 20 日上午 9 时 20 分左右，F 大厦改造工程施工现场，在拆除第十七层外悬挑墙板时发生局部垮塌，造成 5 人死亡，1 人重伤，4 人轻伤，直接经济损失48.35 万元的重大事故。

1. 工程概况

F 大厦，1992 年由 G 市劳动局投资兴建，主楼十八层，框架-剪力墙结构，裙楼三层，框架结构。几经易手，后因债权债务纠纷，于 2000 年 7 月法院裁定破产拍卖，11 月份某银行 J 分行以 4100 万元购得，并决定进行大楼装饰工程改造。工程涉及土建拆除，建设单位与 H 公司于 2001 年 3 月 22 日签订了土建工程施工合同，于 3 月 28 日进场做施工准备。H公司同时将工程的拆除部分和外设搭拆部分分包给 L 县第二建筑公司，签订了分包合同。

2. 事故经过

6 月 20 日早 6 时左右，三名石工上楼施工，凿穿第十七层屋面外墙④～⑩轴处的柱与外檐悬挑墙板的混凝土并割断连接钢筋。大约 9 时 20 分悬挑墙板失稳向外倾倒，冲垮外围护脚手架，坠落高度 46m，砸向正下方的裙屋面支模作业的人员，造成木工 5 人当场死亡，1 人重伤，另 4 人轻伤。

3. 事故原因

　　经事故调查组初步分析，这是一起严重违章作业、没有实施有效监管的重大责任事故。造成事故的原因如下所述。

　　（1）直接原因　L县第二建筑公司××分公司在拆除④～⑩轴部分外悬挑墙板时，项目管理人员忽视了现场监督管理，拆除人员盲目抢进度，未按先上后下、先外后内，分区拆除的拆除方案进行拆除，忽视了结构受力体系对局部外悬挑墙板的重要作用。在凿除上半部分后，严重违章，凿除中部⑤～⑨轴的5根受力柱及其悬挑梁，致使外悬挑墙板失去了有效的支撑，形成了严重的安全隐患。事发当日现场拆除人员又于6时左右违章凿除④～⑩轴处与柱连接的外悬挑墙板混凝土，并割断其连接钢筋，9时20分左右，外悬挑墙板向外倾倒造成事故。

　　（2）间接原因

　　① H公司将拆除任务分包给L县第二建筑公司，虽制定了拆除方案，但对是否严格按照方案施工，监督检查不力，未能有效制止违章作业，以包代管；为满足工期需要，抢进度，违章安排立体交叉施工，是造成事故的重要原因之一。

　　② 工程建设监理公司，对土建工程没有实施有效监理，未能预见和及时发现并制止违章拆除作业行为，是造成事故的重要原因之二。

　　③ 银行J分行办理了装饰工程施工许可证，但涉及土建工程时，未及时依法办理土建工程项目报表，未进行土建工程施工招投标，未办理施工安全监督和工程质量监督手续，即在未取得土建施工许可的情况下就擅自进行拆除施工，致使工程缺乏有效的行业监督管理，是造成事故的重要原因之三。

　　4.事故责任划分

　　（1）L县第二建筑公司按分包合同约定，承担F大厦第十七层结构的拆除任务。在拆除④～⑩轴的外悬挑部分时，没有坚持按照《结构拆除方案》规定的先上后下、先外后内，分区"用凿子小块小块地凿打"，"不能分割成大块进行整体切除"的方案进行拆除，而是为抢工期、抢进度，在凿除了上部后，违章实施了首先凿拆除⑤～⑨轴5根柱，然后凿打拆除悬挑墙板，并野蛮地割断④、⑩轴柱与悬挑梁的连接钢筋，发生外悬挑结构坍塌，造成下方在裙楼面作业人员5死5伤，是这起事故的直接责任单位，对这起事故负有主要责任。

　　（2）H公司是F大厦土建工程的承建单位，与建设方签订了合同。承接了拆除工程任务后分包给L县第二建筑公司，虽制定了拆除方案，但对分包单位是否始终严格按照方案作业，缺乏监督管理，对L县第二建筑公司的作业人员冒险违章拆除④～⑩轴的外悬挑墙板时，未能及时发现和制止；为满足建设方的工期要求，抢进度，违章安排人员在拆除作业面下方交叉施工，使裙楼面作业人员遭受物体打击发生伤亡事故，对这起事故负有重要责任。

　　（3）工程建设监理公司对拆除施工现场未进行"旁站式"监理全过程，未能及时发现和制止违章作业行为，工作失职，对这起事故负有重要责任。

　　（4）银行J分行在办理了该项目的装饰工程施工许可证但尚未依法办理土建工程项目报表和取得土建施工许可的情况下，就擅自进行拆除施工，规避了有效的行业治安监督管理，对这起事故负有一定的责任。

　　（5）事故发生前，市建筑市场管理相关职能部门曾先后四次派人到施工现场进行执法检查，发现了该项目建设各方正在依法办理土建工程质量监督、施工许可等手续，虽严肃指出在相关手续未办理完毕之前不得施工，但未能及时采取有效的监管措施，依法纠正其擅自进行土建施工的行为，负有依法纠正不力的责任。

　　事故定性为严重违章作业，没有实施有效监管的重大责任事故。

四、住宅楼施工高处坠落事故分析

【案例】 某住宅楼工程在施工过程中，发生一起高处坠落事故，造成 3 人死亡、1 人重伤。

1. 工程概况

该工程建筑面积 $7797m^2$，框剪结构，地上 18 层（标准层 2.9m），地下 1 层，建筑高度 52.2m。

2. 事故经过

2008 年 11 月 30 日，工程正在进行 16 层主体结构施工，当日 8 时左右，4 名施工人员在 16 层电梯井内脚手架上拆除电梯井内侧模板时，脚手架突然整体坠落，施工人员随之坠入井底。

3. 事故原因

（1）直接原因 电梯井内脚手架采用钢管扣件搭设，为悬空的架体，上铺木板，施工中没有按照支撑架体钢管穿过剪力墙等技术要求搭设。未对搭设的电梯井脚手架进行验收；电梯井内没有按照有关标准搭设安全网，操作人员在脚手架上进行拆除模板作业时产生不均匀的荷载，导致脚手架失稳、变形而坠落。

（2）间接原因

① 施工单位对工程项目疏于管理，现场混乱，有关人员未认真履行安全职责，安全检查中没有发现并采取有效措施消除存在的事故隐患；没有对电梯井内拆除模板的操作人员进行安全培训和技术交底；在没有安全保障的条件下安排操作人员从事作业。

② 监理公司承揽工程后未进行有效的管理，指派无国家监理执业资格的人员担任项目总监理工程师的工作；现场监理人员无证监理，对模板施工方案、安全技术交底、电梯井内脚手架验收等管理不力，对电梯井内脚手架搭设、安全网防护不符合规范要求等事故隐患，及施工中冒险蛮干现象未采取措施予以制止。

4. 事故责任划分

根据事故调查和责任认定，对有关责任方作出以下处理：项目经理、副经理 2 名责任人移交司法机关依法追究刑事责任；项目经理、监理单位经理、项目总监等 5 名责任人分别受到暂停执业资格、警告、记过等行政处罚；施工、监理等单位分别受到停止参加投标活动 6 个月的行政处罚。

五、中毒事故分析

【案例】 2001 年 8 月 2 日 22 时左右，A 建筑工程有限责任公司在 B 楼施工中，劳务工在住处违章操作引起火灾，造成 5 人死亡，1 人轻伤。

1. 工程概况

B 楼，建筑面积 $12468.51m^2$，混合结构，地下一层，地上五层（局部为六层），地下室净空高 2.2m，第一层层高 3.3m，其余层高均为 3.1m，楼长度 98.2m，最宽处 45.1m，檐高 19.8m，建筑物平面布置呈"T"形，三处设有楼梯。A 公司承建，于 2001 年 3 月 10 日开工，合同规定 2001 年 8 月 20 日竣工验收。

2. 事故经过

2001 年 8 月 2 日晚，工人徐××派劳务工岳××、陈××调配聚氨酯底层涂料，岳××将塑料壶里的 90 号汽油往盛有聚氨酯防水涂料的铁桶里倾倒，陈××用一根长 1m 的木棍在铁桶里搅拌，约搅拌 5min 后，铁桶里的搅拌物突然起火，陈××把起火的铁桶提到地下室的过道里，梁××把被引燃的汽油壶扔到起火房间门外，这时外间的易燃物品也被引燃，火已蹿出门外，人已无法进出，另一劳务工侯××将起火的铁桶又拎到地下室走道西

南角，便跑到楼上工地办公室取灭火器，然后通知报警，并和跑出火区的陈××返回地下室用灭火器扑救，灭火器喷完后，因有毒烟雾过大，就返回院子里。因燃烧过程中产生有毒气体，致使徐××等五人中毒身亡。

3. 事故原因

根据事故调查组对事故的定性分析认定，这起事故是一起重大责任事故。事故原因如下所述。

（1）直接原因　A公司装修队作业班在调配聚氨酯底层涂料的过程中，违反本项目施工组织设计方案、施工技术交底和施工安全技术交底，违章作业，在空间狭小、通风不良、有明火源的场所擅自使用汽油代替二甲苯作稀释剂，调配防水涂料，发生爆燃，引起火灾，产生有毒气体，是造成此次事故的直接原因。

（2）间接原因

① 施工作业班没有严格执行工程的施工组织设计方案、施工技术交底和安全技术交底中关于聚氨酯防水涂料配合比以及安全操作要求，工厂没有按规定对工人进行班前安全教育和易燃防水材料性能的技术交底，违章指挥作业人员冒险作业。

② A楼项目部没有严格执行安全生产责任制等有关规章制度，没有对作业班组实行有效监督检查，没有及时消除事故隐患。

③ A公司没有认真执行国家及企业有关法律、法规和规章制度以及安全生产责任制，对项目部监督管理不到位，分公司虽然按照制度规定每月进行两次安全检查，但检查力度不够，没有及时发现和消除事故隐患，制止违章作业。

六、塔吊倒塌事故分析

【案例】　2001年12月24日，A大厦建筑工地塔式起重机突然整体砸向与该工地相邻的B小学南教学楼，造成5人死亡，19人受伤的重大事故。

1. 工程概况

该工地建筑面积1.11万平方米，框架十三层，总投资1100万元。建设单位为C房地产开发有限责任公司（具有三级开发资质），D建筑公司（具有二级资质）负责施工。A大厦工程在未取得《规划许可证》、未进行工程招投标、未委托政府质量监督的情况下，于2001年6月擅自开工建设。开工后，市建委曾多次书面和口头通知停工，但未能彻底制止。

2. 事故经过

2001年12月24日下午，该工地塔机正在实施正常作业，使用吊斗吊运土方，塔机吊斗卸土后轻载回臂时塔机基础节钢构件断裂，致使塔身突然向平衡臂方向倾倒，起重机配重砸在与该工地相邻的B小学南教学楼上，将三层教学楼击穿，造成4名学生和吊车司机死亡，19名学生受伤的重大伤亡事故，事故发生时，无风、无雨、无地震及其他外力作用。

3. 事故原因

（1）直接原因

① 该塔机型号为QT2-40C，是某省建筑机械厂制造，有生产许可证和检验合格证。D公司1998年购进，先后搬家三次，除第一次安装使用了原厂基础节外，先后两次均使用施工单位自制的基础节。调查表明，施工单位自制的基础节无论结构形式还是钢材的用料都与原设计相差较大，严重违反了《塔式起重机技术条件》（GB/T 9462—1999）中4.3.5条"承受交变载荷和主要承受压弯载荷的结构，不许结料"的规定及4.3.10条"材料代用必须保证不降低原设计计算强度、刚度、稳定性、疲劳性、不影响原设计规定的性能和功能要求"的规定，为事故发生埋下了隐患。

② 该塔机在使用过程中严重违反了《建筑机械使用安全技术规程》（JGJ 33—2001）中

4.1.12条"严禁使用起重机进行斜拉、斜吊和起吊地下埋设或凝固在地面上的重物以及其他不明重量的物体"的规定，曾使用塔机吊拔降水井套管，并将吊环拉断，使塔机承受极大破坏力，塔身产生极大振幅，使本来就达不到设计要求的基础节角钢造成损伤，再加上长期起吊荷载承受反复拉压作用，在损伤处引起应力集中，进一步加重损伤，最后导致塔机倾倒。经过事故调查中取样的科学检测证明，事故发生前塔机基础节弦杆已断裂截面占91.6%，只有8.4%的截面为此次倾倒时拉断的，事实证明，违章作业是这起事故的直接原因。

（2）间接原因 塔吊安装是该工程项目部委托给王××等6人临时组合的、不具备塔机拆装资格的塔机拆装队伍，王××通过个人关系取得省建×公司的"塔式起重机拆装许可证"正本复印件，承接了该安装任务，安装方案经省建×公司批准。由于该塔机安装的非法委托和违章安装，未能发现和清除事故隐患。

4. 事故责任划分及处理情况

（1）D公司在该工程施工中，违反《中华人民共和国建筑法》第五章规定和《塔式起重机技术条件》、《建筑机械使用安全技术规程》的相关规定，自制塔机基础节，非法安装塔机并按规定组织自检，严重违章作业，安全管理混乱，应负事故的主要责任。决定降低企业资质一级，依法追究法人代表和分管领导的责任；吊销该工程项目经理资质，建议依法追究其刑事责任。建议撤销该工地安全员的职务，调回原工人岗位。

（2）C房地产开发有限责任公司未依法组织工程招标，私自确定施工队伍，未取得规划许可证和施工许可证，擅自开工建设，严重违反了《中华人民共和国建筑法》第六十四条规定，省建设厅决定降低资质一级，并决定依法对该公司给予经济处罚，对公司法人代表给予行政处罚，该工程停工整顿，重新办理有关手续，重新组织工程施工招标，取得施工许可证、完善工程施工安全条件后，再进行施工。

（3）解散王××等6人非法安装队伍，没收违法所得，解除当事人劳动合同。建议将王××移交司法机关依法处理。

七、房屋拆除倒塌事故分析

【案例】 A市集贸市场旁的中国农村信用社B分社拆除现场，一段尚未拆除的残墙突然向外侧倒塌，造成毗邻的××集贸市场外围通道上摆摊设点及过往的群众13人死亡，7人重伤，直接经济损失170万元。

1. 工程概况

A市为改善C大学城的交通状况，决定对D路进行拓改整治，并将其列为重点工程。

D路拓改整治工程项目，全长5.037km，规划路幅宽30m，工程包括路幅改造、下水道改建、绿化、路灯等相关配套工程建设，工程概算投资2.8233亿元，其中拆迁资金约需1.7559亿元，共需拆迁房屋面积14.9339万平方米；建设资金1.0674亿元。项目计划在2002年国庆节竣工通车。市委办、市政府办，明确××路拓改整治工程为市属重点项目。房屋拆迁人为A市城市建设投资开发有限责任公司，拆迁实施单位为E房地产开发经营公司。房屋拆除原则上实行单位房屋自行拆除，居民、村民私房由街道组织干部和劳务工集中拆除。

发生残墙倒塌事故的房屋为B分社农村信用社综合楼，由B分社于1998年投资8.5万元兴建。该房屋为四层混合结构，高15.8m，建筑面积463m²。

2. 事故经过

B分社与街道分部根据区指挥部的要求签订了"自管房产拆迁补偿安置合同"，其中规定乙方（B分社）必须于2002年3月5日前自行搬迁完毕，腾空旧房交建设单位（区指挥部）拆除。后应 B 分社要求，延期到 4 月 30 日。5 月 1 日××分社大楼腾空开始拆除。

4 月份，区村民无证人员联系承包 B 分社大楼的拆除工程，进行拆房。

拆除过程中，首先将西头第一～四层的顶板放下来，然后将墙和横梁拆除，最后，只剩下东头靠近市场的一间多房子的第一～四层及东边的围墙没有拆。将剩下的房屋的屋顶和第三、四层靠西、南、北的墙体拆除，一直拆至第三层平板楼的位置。在离东墙 1m 处的南、北墙上从第三层楼面往下各开了 1 条 2 尺宽的缝，3 天后，又把西、南、北三面墙放倒，只剩下开缝后留下的连着东面墙体的约 1m 宽两层楼高的南、北面墙角、四层楼高的东面墙体和围墙。最后在现场进行削砖、砸钢筋，因下雨进工棚躲雨，突然墙体坍塌，造成毗邻的××集贸市场外围通道上摆摊设点及过往的群众 13 人死亡，7 人重伤，直接经济损失 170 万元。

3. 事故原因

经事故调查组调查分析认定：这是一起非法发（承、转）包、违章施工、管理严重失职、监督失控的重大责任事故。造成事故的原因如下所述。

有关部门违反规定，放弃拆除安全管理，不履行职责，同意和放任非法发包、承包、转包，管理失控，以致造成违章施工，形成隐患，附近的市场管理部门发现隐患后，不采取措施，也不报告，是事故的根本原因。

根据墙体坍塌原因的技术鉴定报告，拆房施工方法不合理，是墙体坍塌的先决条件；墙体过于细长，稳定性不满足规范要求是墙体坍塌的主要原因；气候条件恶劣是墙体坍塌的直接原因。

4. 事故责任划分

（1）村民非法承包、违反规程规定，野蛮施工，对事故负直接责任。

（2）街道分部和区指挥部未履行管理职责，放弃对拆除施工的管理，听任信用社越权非法发包、无证人员非法强包拆除。个别基层人员发现大楼拆除过程中已形成重大隐患也不上报、不采取措施，区、街两级指挥部是事故的主要责任单位。

（3）信用社越权将大楼拆除工程发包给不具备资质的个人拆除，又未派人到现场进行专门管理，是事故的重要责任单位。

（4）市指挥部对 D 路的拆迁、拆除工作负有布置、检查、指挥、监督、验收之责，但市指挥部未认真落实好安全生产责任制，没有明确领导分管，也没有安排专人管理安全生产工作，对整个拓宽改造工程拆除缺乏安全指导、监管乏力，对事故负有一定责任。

（5）市建委对本市存在的不具备资质队伍进行拆除施工和拆旧过程中存在的重大安全隐患监管不力，对事故负有一定责任。

建议由司法机关、行政主管部门依法追究事故责任人刑事责任或给予行政处分。

八、脚手架坍塌事故分析

【案例】　试验楼施工现场发生一起脚手架坍塌事故，网架厂 8 名工人在脚手架平台面上东北角拆卸成捆钢杆时，产生动荷，东北角一侧脚手架弯曲变形产生倒塌，8 人坠落，造成 7 人死亡，1 人重伤，直接经济损失 80 万元。

1. 工程概况

该工程建筑面积为 3142m²，平面尺寸为 47.20m×54m，高度（网架下弦标高）为 26m，屋面为网架彩钢板，檐口高度为 29.3m；屋盖采用螺栓球接点网架，网架投影面积 2548.8m²，网架结构型式为正方四角锥。网架结构高度为 2.5～4.4m，网架尺寸为 4m× 4m 和 4m×3.75m。该工程建设单位为 A 大学，施工单位为 D 建筑安装公司，网架工程分包单位为 B 建筑构件总厂，监理单位为 C 监理公司。该工程规划、报建、招投标、质量监督、监理和施工许可手续齐全，其网架部分施工由建设单位直接发包给网架厂设计、制作和安装，即由建设单位直接与网架厂签订合同，并没有办理质量监督手续。

2. 事故原因

经调查认定，这是一起违章指挥、违章作业造成人员伤亡的重大责任事故，造成该事故的原因如下所述。

(1) 直接原因 有以下两点。

① 违章指挥吊装作业。B建筑构件厂为了赶进度，在脚手架存在严重安全问题的情况下，违章指挥吊装作业，将约 40t 的网架杆件集中堆放在约 30m² 的平台上，造成脚手架因局部负荷超载失稳而坍塌。

② 脚手架存在严重缺陷。D建筑安装公司搭设的脚手架没有施工设计图纸，未按规定搭设，严重违反了国家强制性标准和有关规程的规定。该脚手架没有剪刀撑，没有与周围建筑物可靠拉接，存在严重安全隐患，在尚未完工未经检查验收的情况下就开始启用。

(2) 间接原因 C监理公司未能严格遵守监理规范的要求，未对B建筑构件总厂提供的施工组织设计认真审查研究；未按监理规范的规定，对脚手架搭设施工进行旁站、巡视、平行监理；在脚手架存在严重安全隐患并且未验收的情况下，对两次违章使用未予制止，致使最后一次使用发生了事故，没有尽到监理单位应尽的责任，是造成这次事故的重要原因。

3. 事故责任划分

(1) B建筑构件总厂违反《省建筑市场管理条例》的规定，未到省建设行政主管部门注册登记，违法从事建筑承包活动。该厂为了赶网架施工进度，将约 40t 的网架杆件吊运集中堆放在有严重安全问题的脚手架平台上，导致脚手架因负荷严重超载而坍塌，是造成事故发生的直接原因，在这起事故中负有主要责任。

(2) D建筑安装公司在脚手架搭设作业中，未严格执行有关规定，在脚手架未完工的情况下就同意并协助B建筑构件总厂吊运网架杆件，是造成这起事故的重要原因，对这起事故负有重要责任。

(3) C监理公司负责该工程项目质量、安全的全程监理。但该监理公司未能严格遵守监理规范的要求，没有严格审核B建筑构件总厂提出的脚手架施工组织设计和D建筑安装公司施工组织方案；在脚手架搭设过程中，未对其进行监督检查，在脚手架尚未完成、未办理验收移交的情况下，对网架杆件历时数天的两次吊装作业，未提出制止指令，失去监理应尽的职责，对这起事故负有次要责任。

(4) 建设单位没有认真履行网架施工合同约定的责任，在网架工程招标活动中，违反《中华人民共和国招标投标法》的有关程序规定，对违章吊运网架杆件未予制止，对这起事故也负有一定责任。

4. 事故处理情况

(1) 依据《中华人民共和国建筑法》，D建筑安装公司给予降低资质等级的处罚，资质等级由一级降为二级。

(2) 对B建筑构件总厂给予降低资质等级的处罚，资质等级由一级降为二级。

(3) 对C监理公司处以 1 万元罚款，并建议建设部降低其资质等级。

(4) 由司法机关、行政主管部门依法追究事故责任人刑事责任或给予行政处分。

九、物体打击事故分析

【案例】 某施工现场，工人在楼上搬动钢管，钢管下坠到地面，一端触地，另一端将地面上一名回填土工人太阳穴击中，当场死亡。

原因分析如下所述。

（1）**直接原因** 交叉施工无安全防护措施。

（2）**间接原因** 拆除的钢管未采取措施，平放或固定，安全水平网不足 5 米，对拆除加厚的空隙带，没有及时加宽加密。

（3）**主要原因** 施工队长当日被通知因楼上支架多处拆除，地面回填土不安全，暂停回填土方后，没有通知回填班组。

小　　结

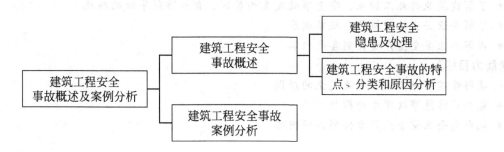

📖 自测练习

1. 简述施工安全隐患原因分析方法的基本步骤。
2. 简述建筑工程安全事故的特点及分类。
3. 工程安全事故报告应包括哪些内容？

第十章　施工企业安全管理

【知识目标】
- 了解建筑业的施工特点、安全事故发生的原因、企业防范事故的措施
- 了解企业安全组织机构与规章制度
- 理解企业安全生产责任制各项内容

【能力目标】
- 能解释建筑施工安全事故发生的原因
- 能应用防范事故发生的措施
- 能熟悉企业安全生产责任制各项内容

　　安全生产是建筑施工企业在生产经营活动中的一项必不可少的重要工作内容。安全工作的优劣，一定程度上决定企业的发展命运。良好的安全管理，可以给企业带来社会信誉和经济效益，同时也使国家和集体财产免遭损失，职工生命安全也能得到切实保障。

　　虽然一直在强调建筑施工安全生产，但是建筑工程的安全事故还是经常发生。如脚手架倒塌、塔机失稳事故；高空坠落及触电事故等。这些事故的发生，都明显存在违反操作规程、安全责任落实不到位等现象。其实，上述的现象也只是一个表象。其根本在于安全工作不是靠单一的部门和个人管理的工作，它应该是一项社会化工程，是一项系统化的工程。只有企业领导和全体员工高度重视，认真贯彻执行《中华人民共和国安全生产法》和行业安全生产管理有关规定，加强安全知识和业务技术的学习，实事求是地按照客观规律扎实地工作，才能避免和减少安全事故的发生。因此，建立健全完善的规章制度和安全组织机构，不断提高企业全体员工的安全意识，尤为重要。

第一节　事故与安全管理

一、建筑业的施工特点

建筑业属于事故发生率较高的行业，其施工特点如下所述。

（1）高处作业多。按照国家标准《高处作业分级》（GB/T 3608—2008）规定划分，建筑施工中有 90% 以上是高处作业。

（2）露天作业多。建筑物的露天作业约占整个工作量的 70%，受到春、夏、秋、冬不同气候以及阳光、风、雨、冰、雪、雷电等自然条件的影响和危害。

（3）手工劳动及繁重体力劳动多。建筑业大多数工种至今仍是手工操作，容易使人疲劳、分散注意力、误操作多易导致事故的发生。

（4）立体交叉作业多。建筑产品结构复杂，工期较紧，必须多单位、多工种相互配合。立体交叉施工，如果管理不好、衔接不当、防护不严，就有可能造成相互伤害。

（5）临时员工多。以上这些特点决定了建筑工程的施工过程是个危险大、突发性强、容易发生伤亡事故的生产过程。因此，必须加强施工过程的安全管理与安全技术措施。

2005 年，全国共发生建筑施工安全事故 1010 起，死亡 1195 人，其中重大安全事故居高不下。随着安全生产工作的不断推进，建筑施工安全事故虽有了大幅度的下降，但安全生产形势依然比较严峻。根据国家住建部的统计数据，2014 年，全国共发生房屋市政工程生产安全事故 522 起，死亡 648 人。

二、建筑施工安全事故发生的原因

这些事故的发生，不但给企业造成严重的经济损失，影响企业声誉，制约企业的生存和发展，同时还会给家庭带来不幸，甚至会影响社会的稳定。分析事故发生的原因，主要有以下几个方面。

（1）有的建设单位不执行有关法律、法规，不按建设程序办事。将工程肢解发包，签订虚假合同，要求垫资施工，拖欠工程款，造成安全生产费用投入不足，严重削弱了施工现场安全生产防护能力，致使安全防护很难及时到位，再加上强行压缩合同工期导致的交叉施工和疲劳作业，最终酿成事故。

（2）一些监理单位没有严格按照《建设工程安全生产管理条例》的规定，认真履行安全监理职责。还停留在过去"三控二管一协调"的老的工作内容和要求上，只重视质量，不重视安全，对有关安全生产的法律法规、技术规范和标准还不清楚、不熟悉、没有完全掌握，不能有效地开展安全监理工作，法律法规规定的监理职责和安全监管作用得不到发挥，形同虚设。

（3）一些施工企业安全生产基础工作薄弱，安全生产责任制不健全或落实目标管理不到位。没有相应的施工安全技术保障措施，缺乏安全技术交底，有的企业甚至把施工任务通过转包、违法分包或以挂靠的形式承包给一些根本不具备施工条件或缺乏相应资质的队伍和作业人员，给安全生产带来极大隐患。

（4）有的地方建设工程安全生产监督机构人员缺编，没有经费来源，没有处罚依据，安监站的安全监督作用未得到充分发挥。

（5）从业人员整体安全素质不高。大部分一线作业人员特别是农民工安全意识不强，缺乏基本的安全知识，自我保护能力差，这个问题非常突出。

（6）由于建筑市场竞争十分激烈，建设单位往往拒付施工企业安全措施费用。在工程造价中不计提安全施工设施费用，施工单位为了揽到工程而委曲求全，一旦中标，用于安全生产的必要设备、器材、工具等无力购置，于是能省则省，导致施工现场十分混乱，大大增加了安全事故发生的可能性。

（7）各类开发区、工业园区、招商引资项目、个体投资项目及旧村改造工程违法违规现象较严重。部分工程无规划定点，无用地许可证，无施工许可证，无招投标手续，无质量安全监督手续，未进行施工图纸审查便进行施工，从源头上给建设工程带来了事故隐患。

（8）目前大多数施工企业还不能有效利用先进的管理技术和信息技术来提高管理水平。应利用信息管理手段建立诚信体系和不良记录，把企业市场行为、安全业绩和存在问题全部纳入，与市场准入、资质资格、评优评先、行政处罚直接挂钩。

三、防范事故发生的措施

根据事故发生的原因，主要可从以下各个方面采取措施加以防范。

（1）搭建施工现场安全生产的管理平台，建立建设单位、监理单位、施工单位三位一体的安全生产保证体系。

（2）实行建设工程安全监理制度，对监理单位及监理人员的安全监理业绩实行考评，作为年检或注册的依据，规定监理单位必须按规定配备专职安全监管人员。

（3）夯实企业基础工作，强化企业主体责任。按照《中华人民共和国安全生产法》等法律、法规的规定，建筑企业必须建立安全生产责任制，签订安全生产责任书，明确各自的责任。建议包括以下内容：

① 总、分包单位之间、企业与项目部之间均应签订安全生产目标责任书。工程各项经济承包合同中必须有明确的安全生产指标，安全生产目标责任书中必须有明确的安全生产指标，有针对性的安全保证措施，双方责任及奖惩方法。

② 施工现场职工人数超过 50 人的必须设置专职安全员。建筑面积 1 万平方米以上的必须设置 2～3 名专职安全员；5 万平方米以上的大型工地要按专业设置专职安全员，组成安全管理组，负责管理安全生产工作。

③ 应建立企业和项目部各级、各部门和各类人员安全生产责任考核制度。企业一级部门、人员和项目经理的安全生产责任制由企业安全管理部门每半年考核一次，项目部其他管理人员和各班组长的安全生产责任制，由项目部每季度考核一次。

（4）建筑企业在工程开工前应制定总的安全管理目标，包括伤亡事故指标，安全达标和文明施工目标以及采取的安全措施。项目部与施工管理人员和班组必须签订安全目标责任书，并将安全管理目标按照各自职责逐级分解。项目部制定安全目标责任考核规定，责任到人、定期考核。

（5）施工组织设计中应包含施工安全技术措施，针对每项工程在施工过程中可能发生的事故隐患和可能发生安全问题的环节进行预测，在技术上和管理上采取措施，消除或控制施工过程中的不安全因素，防范发生事故。施工安全技术措施主要包括以下内容：

① 进入施工现场的安全规定；

② 地面及深坑作业的防护；

③ 高处及立体交叉作业的防护；

④ 施工用电安全；

⑤ 机械设备的安全使用；

⑥ 对采用的新工艺、新材料、新技术和新结构，制定有针对性、行之有效的专门安全技术措施；

⑦ 预防自然灾害措施；

⑧ 防火防爆措施。

（6）施工企业建立安全技术交底制度，内容应包括工作场所的安全防护设施、安全操作规程、安全注意事项等，既要做到有针对性，又要简单明了。

（7）建筑企业和项目部必须建立定期安全检查制度，明确检查方式、时间、内容和整改、处罚措施等内容，特别要明确工程安全防范的重点部位和危险岗位的检查方式和方法。

（8）建议各级主管部门进一步高度重视建设安全生产工作，协调有关部门，解决安全生产管理机构的"机构、人员、职能、经费"问题。

（9）加大建设工程施工机械管理力度，把好入场关。特别是对塔机等起重机械作为特种设备采取备案、准入制度，强化市场管理和现场管理，淘汰不符合要求的起重机械，对起重机械的产权单位、租赁单位实行登记、验收、检测制度，使起重机械的管理逐步规范化。

（10）企业要建立施工现场工伤事故定期报告制度和记录，并建立事故档案。每月要填写伤亡事故报表，发生伤亡事故必须按规定进行报告，并认真按"四不放过"（事故原因调查不清不放过，事故责任不明不放过，事故责任者和群众未受到教育不放过，防范措施不落实不放过）的原则进行调查处理，将安全工作的违章情况、评估评价与招投标挂钩；对于"三类人员"不到位、无安全生产许可证的施工企业，不予办理招投标手续；发生安全事故的企业，在参加工程投标时按相应规定扣减商务标书分；发生重大伤亡事故的企业，酌情给予暂停投标或降低资质等级处分。

（11）施工企业应建立施工现场安全培训教育制度和档案，明确教育岗位、教育人员、教育内容，安全教育内容必须具体而有针对性，主要包括以下内容。

① 新进厂工人必须进行公司、项目部、班组的"三级"安全教育，且须经考核合格后才能进入操作岗位。

② 企业待岗、转岗、换岗的职工，在重新上岗前必须接受一次安全培训，时间不少于20学时，其中变换工种者应进行新工种的安全教育。

③ 企业职工每年度接受安全培训，法定代表人、项目经理培训时间不得少于30学时，专职安全管理人员不少于40学时，特种作业人员不少于20学时，可由企业注册地或工程所在地建设行政主管部门组织培训；其他管理人员不得少于20学时，一、二级企业可自行组织培训，三、四级企业应委托培训。

④ 专职安全员必须持证上岗，企业进行年度培训考核，不合格者不得上岗。

（12）建立长效机制，严格依法管理，将各类开发区、工业园、旧村改造工程安全管理依法纳入管理的轨道；强化基本建设程序及手续的严肃性，各级各部门要严格把关，不允许无手续的工程开工；强化村镇建设单位的管理，进一步规范业主行为，取缔私自招投标、非法招用无资质施工队伍的状况，不允许施工队伍从事手续不齐全的建筑工程施工。

第二节　企业安全组织机构与规章制度

一、生产经营单位安全组织机构与规章制度

生产经营单位必须遵守《中华人民共和国安全生产法》和其他有关安全生产的法律、法规，加强安全生产管理，建立、健全安全生产责任制和安全生产规章制度，改善安全生产条件，推进安全生产标准化建设，提高安全生产水平，确保安全生产。生产经营单位的主要负责人对本单位的安全生产工作全面负责。

生产经营单位的主要负责人对本单位安全生产工作负有下列职责：

（1）建立、健全本单位安全生产责任制；

（2）组织制定本单位安全生产规章制度和操作规程；

（3）组织制定并实施本单位安全生产教育和培训计划；

（4）保证本单位安全生产投入的有效实施；

（5）督促、检查本单位的安全生产工作，及时消除生产安全事故隐患；

（6）组织制定并实施本单位的生产安全事故应急救援预案；

（7）及时、如实报告生产安全事故。

生产经营单位必须执行依法制定的保障安全生产的国家标准或者行业标准。生产经营单位的安全生产责任制应当明确各岗位的责任人员、责任范围和考核标准等内容。生产经营单位应当建立相应的机制，加强对安全生产责任制落实情况的监督考核，保证安全生产责任制

的落实。

生产经营单位的安全生产管理机构以及安全生产管理人员履行下列职责：

（1）组织或者参与拟订本单位安全生产规章制度、操作规程和生产安全事故应急救援预案；

（2）组织或者参与本单位安全生产教育和培训，如实记录安全生产教育和培训情况；

（3）督促落实本单位重大危险源的安全管理措施；

（4）组织或者参与本单位应急救援演练；

（5）检查本单位的安全生产状况，及时排查生产安全事故隐患，提出改进安全生产管理的建议；

（6）制止和纠正违章指挥、强令冒险作业、违反操作规程的行为；

（7）督促落实本单位安全生产整改措施。

二、企业经常性的安全教育与培训

职工的安全教育在施工企业中应该是一堂必修课，而且应该具有计划性、长期性和系统性。安全教育由企业的人力资源部门纳入职工统一教育、培训计划，由安全职能部门归口管理和组织实施，目的在于通过教育和培训提高职工的安全意识，强化安全生产知识，有效地防止不安全行为，减少人为失误。安全教育培训要适时、适地、内容合理、方式多样，形成制度，做到严肃、严格、严密、严谨，讲求实效。

1. 进单位教育

对于新进单位的职工和调换工种的职工应进行安全教育和技术培训，经考核合格方准上岗。一般企业对于新进单位的职工实行三级安全教育，这也是新职工接受的首次安全生产方面的教育。企业对新职工进行初步安全教育的内容包括：劳动保护意识和任务的教育；安全生产方针、政策、法规、标准、规范、规程和安全知识的教育；企业安全规章制度的教育。各部门对新分配来的职工进行安全教育的内容包括：施工项目安全生产技术操作一般规定；施工现场安全生产管理制度；安全生产法律和文明施工要求；工程的基本情况，现场环境、施工特点、可能存在的不安全因素。班组对新分配来的职工进行工作前的安全教育，内容包括：从事施工必要的安全知识、机具设备及安全防护设施的性能和作用教育；本工种安全操作规程；班组安全生产、文明施工基本要求和劳动纪律；本工种容易发生事故环节、部位及劳动防护用品的使用要求。

2. 特种及特定的安全教育

特种作业人员，除按一般安全教育外，还要按照《关于特种作业人员安全技术考核管理规划》的有关规定，按国家、行业、地方和企业规定进行特种专业培训、资格考核，取得特种作业人员操作证后方可上岗。再针对季节性变化、工作对象改变、工种变换、新工艺、新材料、新设备的使用以及发现事故隐患或事故后，应进行特定的适时的安全教育。

3. 经常性安全教育

企业在做好新职工进单位教育、特种作业人员安全教育和各级领导干部、安全管理干部的安全生产教育培训的同时，还必须把经常性的安全教育贯穿于安全管理的全过程，并根据接受教育的对象和不同特点，采取多层次、多渠道、多方法进行安全生产教育。经常性安全教育反映安全教育的计划性、系统性和长期性，有利于加强企业领导干部的安全理念，有利于提高全体职工的安全意识。更加具体地反映出安全生产不是一招一式、一朝一夕的事情，而是一项系统性、长期性、社会化公益性工程。施工现场的班前安全活动会就是经常性教育的一个缩影，长期有效的班前活动更面向生产一线、贴近职工生活，具体地指出了职工在生产经营活动中应该怎样做，注意哪些不安全因素，怎样消除安全隐患，从而保证安全生产，提高施工效率。

4. 安全培训

培训是安全工作的一项重要内容，培训分为理论知识培训和实际操作培训，随着社会经济的发展和管理工作的不断完善，新材料、新工艺、新设备、新规定、新法规也不断地在施工活动中得到推广和应用。因此就要组织职工进行必要的理论知识培训和实际操作培训，通过培训让其了解掌握新知识的内涵，更好地运用到工作中去，通过培训让职工熟悉掌握新工艺、新设备的基本施工程序和基本操作要点。同样对一些新转岗的职工和脱岗时间长的职工也应该进行实际操作培训工作，以便在正式上岗之前熟悉掌握本岗位的安全知识和操作注意事项。

第三节　安全生产责任制

一、安全目标管理

安全目标管理为了贯彻落实"安全第一、预防为主"的方针和加强施工现场安全标准化的管理，落实安全生产责任制。企业必须建立起一支高素质和稳定的安全技术干部队伍，确保施工安全的顺利进行。

1. 控制目标

（1）死亡、重伤、人为机械事故为零；

（2）年均伤亡率低于某值；

（3）无食物中毒；

（4）创文明安全工地，各项达标在某值以上。

2. 计划目标

（1）×月×日～×月×日开展三级入场教育。

（2）×月×日～×月×日开展施工现场100％戴安全帽，100％系安全带双百活动。

（3）×月×日～×月×日开展"全国安全生产周"活动及上级部门开展的安全生产月活动，接受有关部门组织的文明安全工地验收及安全生产红旗工地检查，推动施工现场小责任区整洁，大现场文明标准化管理。

（4）×月×日～×月×日开展架子搭设标准化、预防高处坠落专项教育和施工用电预防触电伤亡专项教育活动及文明施工教育。

（5）×月～×月开展小责任区整洁，大现场文明标准化检查活动，迎接下半年文明安全工地复查及验收。

（6）×月×日～×月×日开展百日安全生产无事故活动，重点开展对"三宝、四口、五临边"雨期施工及冬期施工教育管理活动。

（7）×月×日～×月×日进行安全生产总结，表彰当年安全生产文明施工管理先进集体与个人。

3. 机构人员

（1）建立安全生产领导小组：以项目经理为组长，书记、执法经理为副组长，分包队长、工长、技术人员、安全人员等为成员，组成的现场管理领导小组。

（2）执法监督部下设安全组：设组长一人（安全人员按以下要求设置）负责对项目安全生产的管理和检查。

（3）施工现场根据工程大小配备 2～5 人组成安全整改队，负责施工现场安全问题的整改。

（4）分包管理：分包单位 100～300 人必须有专职安全员一名；300～500 人必须有专职安全员两名，每天到执法监督部由执法部长统一进行业务指导和管理。

（5）班组长、分包专业队长是兼职安全员，负责本作业班组工人的健康和安全，负责消除本作业区的安全隐患，对施工现场实行责任目标管理。

二、安全生产责任制

为认真贯彻"安全第一、预防为主"的安全生产方针，明确建筑施工安全生产责任人、技术负责人等有关管理人员及各职能部门安全生产的责任，保障生产者在施工作业中的安全和健康，特制定安全生产责任制。

安全生产责任制由公司安全科负责监督执行，各级、各部门、各项目经理部组织实施。各级管理人员安全生产责任如下所述。

1. 公司经理责任

（1）认真贯彻执行国家和各省、市有关安全生产的方针政策和法规、规范，掌握本企业安全生产动态，定期研究安全工作，对本企业安全生产负全面领导责任。

（2）领导编制和实施本企业中、长期整体规划及年度、特殊时期安全工作实施计划。建立健全本企业的各项安全生产管理制度及奖罚办法。

（3）建立健全安全生产的保证体系，保证安全技术措施经费的落实。

（4）领导并支持安全管理部门或人员的监督检查工作。

（5）在事故调查组的指导下，领导、组织本企业有关部门或人员，做好重大伤亡事故调查处理的具体工作和监督防范措施的制定和落实，预防事故重复发生。

2. 公司生产经营责任

（1）对本企业安全生产工作负直接领导责任，协助分公司经理认真贯彻执行安全生产方针、政策、法规，落实本企业各项安全生产管理制度。

（2）组织实施本企业中、长期、年度、特殊时期安全工作规划、目标及实施计划，组织落实安全生产责任制及施工组织设计。

（3）参与编制和审核施工组织设计、特殊复杂工程项目或专业工程项目施工方案。审批本企业工程生产建设项目中的安全技术管理措施，制定施工生产中安全技术措施经费的使用计划。

（4）领导组织本企业的安全生产宣传教育工作，确定安全生产考核指标，领导、组织外包工队长的培训、考核与审查工作。

（5）领导组织本企业定期和不定期的安全生产检查，及时解决施工中的不安全生产问题。

3. 公司技术经理责任

（1）贯彻执行国家和上级的安全生产方针、政策，协助公司经理做好安全方面的技术领导工作，在本企业施工安全生产中负技术领导责任。

（2）领导制定年度和季节性施工计划时，要确定指导性的安全技术方案。

（3）组织编制和审批施工组织设计、特殊复杂工程项目或专业性工程项目施工方案时，应严格审查是否具备安全技术措施及其可行性，并提出决定性意见。

（4）领导安全技术公关活动，确定劳动保护研究项目，并组织鉴定验收。

（5）对本企业使用的新材料、新技术、新工艺从技术上负责，组织审查其使用和实施过程中的安全性，组织编制或审定相应的操作规程，重大项目应组织安全技术交底工作。

（6）参加伤亡事故的调查，从技术上分析事故原因，制定防范措施。

（7）贯彻实施"一图九表"现场管理法及业内资料管理标准。参与文明施工安全检查，监督现场文明安全管理。

4. 安全部门责任

（1）积极贯彻和宣传上级的各项安全规章制度，并监督检查公司范围内责任制的执行情况。

（2）制订定期安全工作计划和制定方针目标，并负责贯彻实施。

（3）协助领导组织安全活动和检查。制定或修改安全生产管理制度，负责审查企业内部的安全操作规程，并对执行情况进行监督检查。

（4）对广大职工进行安全教育，参加特种作业人员的培训、考核，签发合格证。

（5）开展危险预知教育活动，逐级建立定期的安全生产检查活动。监督检查公司每月一次、项目经理部每周一次、班组每日一次。

（6）参加施工组织设计、会审；参加架子搭设方案、安全技术措施、文明施工措施、施工方案会审；参加生产会，掌握信息，预测事故发生的可能性；参加新建、改建、扩建工程项目的设计、审查和竣工验收。

（7）参加暂设电气工程的设计和安装验收，提出具体意见，应监督执行。参加自制的中小型机具设备及各种设施和设备维修后在投入使用前的验收，合格后批准使用。

（8）参加一般及大、中、异型特殊脚手架的安装验收，及时发现问题，监督有关部门或人员解决落实。

（9）深入基层研究不安全动态，提出改正意见，制止违章，有权停止作业和罚款。

（10）协助领导监督安全保证体系的正常运转，对削弱安全管理工作的单位，要及时汇报领导，督促解决。

（11）鉴定专控劳动保护用品，并监督其使用。

（12）凡进入现场的单位或个人，安全人员有权监督其符合现场及上级的安全管理规定，发现问题立即改正。

（13）督促班组长按规定及时领取和发放劳动保护用品，并指导工人正确使用。

（14）参加因工伤亡事故的调查，进行伤亡事故统计、分析，并按规定及时上报，对伤亡事故和重大未遂事故的责任者提出处理意见、采纳安全生产的合理化建议，保证企业"一图九表"法、业内资料管理标准和安全生产保障体系正常运转。

（15）在事故调查组的指导下，组织伤亡事故的调查、分析及处理中的具体工作。

5. 技术部门责任

（1）认真学习、贯彻执行国家和上级有关安全技术及安全操作规程规定，保障施工生产中的安全技术措施的制定与实施。

（2）在编制施工组织设计和专业性方案的过程中，要在每个环节中贯穿安全技术措施，对确定后的方案，若有变更，应及时组织修订。

（3）检查施工组织设计和施工方案中安全措施的实施情况，对施工中涉及安全方面的技术性问题，提出解决办法。

（4）对新技术、新材料、新工艺、必须制定相应的安全技术措施和安全操作规程。

（5）对改善劳动条件、减轻笨重体力劳动、消除噪声等方面的治理进行研究解决。

（6）参加伤亡事故和重大已、未遂事故中技术性问题的调查，分析事故原因，从技术上提出防范措施。

6. 组织部门（劳资、人事、教育）责任

（1）劳资、劳物部门责任

① 对职工（含分包单位员工）进行定期的教育考核，将安全技术知识列为工人培训、考工、评级内容之一，对招收新工人（含分包单位员工）要组织入厂教育和资格审查，保证提供的人员具有一定的安全生产素质。

② 严格执行国家和省、市特种作业人员上岗作业的有关规定，适时组织特种作业人员的培训工作，并向安全部门或主管领导通报情况。

③ 认真落实国家和省、市有关劳动保护的法规，严格执行有关人员的劳动保护待遇，并监督实施情况。

④ 参加因工伤亡事故的调查，从用工方面分析事故原因，提出防范措施，并认真执行对事故责任者的处理意见。

（2）人事部门责任

① 根据国家和省、市有关安全生产的方针、政策及企业实际，配齐具有一定文化程度、技术和实施经验的安全干部，保证安全干部的素质。

② 组织对新调入、转业的施工、技术及管理人员的安全培训、教育工作。

③ 按照国家和省、市有关规定，负责审查安全管理人员资格，有权向主管领导建议调整和补充安全监督管理人员。

④ 参加因工伤亡事故的调查，认真执行对事故责任者的处理决定。

（3）教育部门责任

① 组织与施工生产有关的学习班时，要安排安全生产教育课程。

② 各专业主办的各类学习班，要设置劳动保护课程（课时应不少于总课时的1%～2%）。

③ 将安全教育纳入职工培训教育计划，负责组织职工的安全技术培训和教育。

7. 生产计划部门

（1）在编制年、季、月生产计划时，必须树立"安全第一"的思想，组织均衡生产，保障安全工作与生产任务协调一致。对改善劳动条件、预防伤亡事故的项目必须视同生产任务，纳入生产计划优先安排。

（2）在检查生产计划实施情况的同时，要检查安全措施项目的执行情况，对施工中重要安全防护设施、设备的实施工作（如支拆脚手架、安全网等）要纳入计划，列为正式工序，给予时间保证。

（3）坚持按合理施工顺序组织生产，要充分考虑到职工的劳逸结合，认真按施工组织设计组织施工。

（4）在生产任务与安全保障发生矛盾时，必须优先解决安全工作的实施。

8. 项目经理责任

（1）对承包项目工程生产经营过程中的安全生产负全面领导责任。

（2）贯彻落实安全生产方针、政策、法规和各项规章制度，结合项目工程特点及施工全过程的情况，制定本项目部各项目安全生产管理办法，或提出要求并监督其实施。

（3）在组织项目工程承包，聘用业务人员时，必须本着安全工作只能加强的原则，根据工程特点确定安全工作的管理体制和人员，并明确各业务承包人的安全责任和考核指标，支持、指导安全管理人员的工作。

（4）健全和完善用工管理手续，录用外包工队必须及时向有关部门申报，严格用工制度与管理，适时组织上岗安全教育，要对外包工队的健康与安全负责，加强劳动保护工作。

（5）组织落实施工组织设计中安全技术措施，组织并监督项目工程施工中安全技术交底制度和设备、设施验收制度的实施。

（6）领导、组织施工现场定期的安全生产检查，发现施工生产中不安全问题，组织制定措施，及时解决。对上级提出的安全生产与管理方面的问题，要定时、定人、定措施予以解决。

（7）发生事故，要做好现场保护与抢救工作，及时上报；组织、配合事故的调查，认真落实制定的防范措施，吸取事故教训。

（8）对外包工队加强文明安全管理，并对其进行评定。

9. 项目技术负责人责任

（1）对项目工程生产经营中的安全生产负技术责任。

（2）贯彻、落实安全生产方针、政策，严格执行安全技术规范、规程、标准。结合项目工程特点，主持项目工程的安全技术交底和开工前的全面安全技术交底。

（3）参加或组织编制施工组织设计，编制、审查施工方案时，要制定、审查安全技术措施，保证其具有可行性与针对性，并随时检查、监督、落实。

（4）主持制定技术措施计划和季节性施工方案的同时，制定相应的安全技术措施应监督执行。及时解决执行中出现的问题。

（5）项目工程应用新材料、新技术、新工艺，要及时上报，经批准后方可实施，同时要组织上岗人员的安全技术培训、教育。认真执行相应的安全技术措施与安全操作工艺、要求，预防施工中因化学物品引起的火灾、中毒或其新工艺实施中可能造成的事故。

（6）主持安全防护设施和设备的验收。发现设备、设施的不正确情况应及时采取措施。严格控制不合标准要求的防护设备、设施投入使用。

（7）参加定期的安全生产检查，对施工中存在的不安全因素，从技术方面提出整改意见和办法予以消除。

（8）贯彻实施"一图九表"法及业内资料管理标准。确保各项安全技术措施有针对性。

（9）参加、配合因工伤亡及重大未遂事故的调查，从技术上分析事故原因，提出防范措施、意见。

（10）加强外包平米包干的结构安全评定及文明施工的检查评定。

10. 项目工长、施工员责任

（1）认真执行上级有关安全生产规定，对所管辖班组（特别是外包工队）的安全生产负直接领导责任。

（2）认真执行安全技术措施及安全操作规程，针对生产任务特点，向班组（包括外包工队）进行书面安全技术交底，履行签认手续，并对规程、措施、交底要求执行情况经常检查，随时纠正作业违章行为。

（3）经常检查所管辖班组（包括外包工队）作业环境及各种设备、设施的安全状况，发现问题及时纠正解决。对重点、特殊部位施工，必须检查作业人员及安全设备、设施技术状况是否符合安全要求，严格执行安全技术交底，落实安全技术措施，并监督其执行，做到不违章指挥。

（4）每周或不定期组织一次所管辖班组（包括外包工队）学习安全操作规程，开展安全教育活动，接受安全部门或人员的安全监督检查，及时解决提出的不安全问题。

（5）对分管工程项目应用的符合审批手续的新材料、新工艺、新技术要组织作业工人进行安全技术培训；若在施工中发现问题，立即停止使用，并上报有关部门或领导。

（6）发现因工伤亡或未遂事故要保护好现场，立即上报。

11. 项目班组长责任

（1）认真执行安全生产规章制度及安全操作规程，合理安排班组人员工作，对本班组人员在生产中的安全和健康负责。

（2）经常组织班组人员学习安全操作规程，监督班组人员正确使用个人劳保用品，不断提高自我保护能力。

（3）认真落实安全技术交底，做好班前讲话，不违章指挥、冒险蛮干，进现场戴好安全帽，高空作业系好安全带。

（4）经常检查班组作业现场安全生产状况，发现问题及时解决并上报有关领导。

（5）认真做好新工人的岗位教育。

（6）发生因工伤亡及未遂事故，保护好现场，立即上报有关领导。

12. 项目工人责任

（1）认真学习，严格执行安全技术操作规程，模范遵守安全生产规章制度。

（2）积极参加安全活动，认真执行安全交底，不违章作业，服从安全人员的指导。

（3）发扬团结友爱精神，在安全生产方面做到互相帮助、互相监督，对新工人要积极传授安全生产知识，维护一切安全设施和防护用具，做到正确使用，不准拆改。

（4）对不安全作业要积极提出意见，并有权拒绝违章指令。

（5）发生伤亡和未遂事故，保护现场并立即上报。

（6）进入施工现场要戴好安全帽，高空作业系好安全带。

（7）有权拒绝违章指挥或检查。

13. 分包单位负责人责任

（1）认真执行安全生产的各项法规、规定、规章制度及安全操作规程，合理安排班组人员工作，对本单位人员在生产中的安全和健康负责。

（2）按制度严格履行各项劳务用工手续，做好本单位人员的岗位安全培训，经常组织学习安全操作规程，监督本单位人员遵守劳动、安全纪律，做到不违章指挥，制止违章作业。

（3）必须保持本单位人员的相对稳定，人员变更须事先向有关部门申报，批准后新来人员应按规定办理各种手续，并经入场和上岗安全教育后方准上岗。

（4）根据上级的交底向本单位各工种进行详细的书面安全交底，针对当天任务、作业环境等情况，做好班前安全讲话，监督其执行情况，发现问题，及时纠正、解决。

（5）参加每月四次的项目文明安全检查，检查本单位人员作业现场安全生产状况，发现问题及时纠正，重大隐患应立即上报有关领导。

（6）发生因工伤亡及未遂事故，保护好现场，做好伤者抢救工作，并立即上报有关领导。

（7）服从总包管理，接受总包检查。

（8）特殊工种必须经培训合格，持证上岗。

三、安全技术措施的编制要求与实施

1. 施工组织设计中必须具有的安全技术措施

（1）施工组织设计的安全技术措施必须渗透到工程各阶段、分项工程、单项方案和各工艺中。

（2）采用新工艺、新技术、新设备、新施工方法及本工种的工序转移都要制定相应的安全措施，并提出安全技术操作要求。

（3）对于爆破、吊装、暂设电气、深基础、大中机械安装和拆除等特殊工程要编制单项施工安全技术措施。

（4）编制脚手架搭设方案。绘制平面图、立面图、剖面图和编写搭设说明，提出安全技术措施，50m 以上外架有计算书并向有关人员交底。

（5）施工组织设计要在消灭危险作业、改善劳动条件、减轻笨重劳动、消除噪声、治理尘毒和提高文明施工水平方面提出治理措施。

（6）对易燃、易爆、有毒物品的存放位置，要在设计中明确，并提出使用要求。

（7）大孔径人工扩底桩基础工程必须根据地质水文资料、设计要求、作业环境拟订方案并报公司，经总工程师审批后方可开工。要防止土方塌方。

（8）脚手架、吊篮、吊架、桥梁的强度设计及上下道路、安全网、密封网的架设，要求架设层次、段落达到验收要求。

（9）外用电梯的设置及井架、门式架等垂直运输设备拉结要求及防护技术措施，"四口"、"五临边"的防护和交叉施工作业场的隔离防护措施。

（10）易燃、易爆、有毒作业场所，必须采取防火、防爆、防毒措施。

（11）季节性的措施。如雨期施工防雨、防洪，冬期施工防冻、防滑、防火、防中毒等。施工工程与周围通行道路及民房防护隔离棚的措施。

（12）施工组织设计审批后，任何涉及安全的设施和措施不得擅自更改，如需要更改必须报原审批单位重新审批。

2. 安全技术措施的落实措施

（1）工程开工前，总工程师或技术负责人要将工程概况、施工方法和安全技术措施，向参加施工的工地负责人、工长和职工进行安全技术交底。每个单项工程开始前，应进行重复交代单项工程的安全技术措施。有关安全技术措施中的具体内容和施工要求，应向工地负责人、工长进行详细交底和讨论，以取得执行者的理解，为安全技术措施的落实打下基础。

（2）安全技术措施中的各种安全设施、防护设置应列入任务单，落实责任到班组或个人，并实行验收制度。

（3）安全技术措施的交底是重要的，而安全技术措施的检查落实则更为重要。项目技术经理、执法经理、施工负责人（工程部长、技术部长、工长等）、编制者和安全技术人员，要经常深入工地检查安全技术措施的实施情况，及时纠正违反安全技术措施规定的行为，并且要注意发现和补充安全技术措施的不足，使其更加完善、有效。各级安全部门要以施工安全技术措施为依据，以安全法规和各项安全规章制度为准则，每天对各工地实施情况进行检查，并监督各项安全措施的落实。

（4）对安全技术措施的执行情况，除认真监察检查外，还应建立必要的与经济挂钩的奖罚制度。

四、安全技术交底

（1）施工工长对分项工程要进行有针对性的安全技术交底，交底资料一式三份，双方签字各留一份，另一份作资料保存。

（2）安全技术交底必须定期或不定期的分工种、分项目、分施工部位进行。

（3）各班组每天要根据工长签发的安全交底，工序程序技术要求，进行有针对性的班前讲话，讲话应有记录。

（4）为了帮助工长及时对作业班组进行安全技术交底，专为施工负责人（工长）编制了一套常规安全技术交底资料供施工中参考。在使用中要根据施工环境、条件做一些调整或增加。

五、安全教育

1. 安全教育制度

（1）违章教育。

（2）换岗教育。

（3）特殊工种培训教育。

（4）对新机具、新设备和新工艺应由有关技术部门制订规程并对操作人员进行专门训练。

（5）对变换工种及换岗、新调入、临时参加生产人员应视同新工人进行上岗安全教育。

（6）对从事有毒、有害作业的人员由卫生和有关部门在工作前进行尘毒危害和防治知识教育后方可上岗。

（7）综合教育。

2. 安全生产教育

（1）项目班子必须先接受教育。

（2）思想和方针政策教育。

（3）劳动和纪律教育。

（4）安全知识方面的教育。

3. 安全教育形式

安全教育培训可以采取各种有效方式开展活动，如建立安全教育室，举办安全知识讲座、报告会、培训班，进行图片和典型事故图片展览，放映有关安全教育的电视片，举办以安全生产为内容的书画摄影展览，举办安全知识竞赛，出板报、墙报，编印简报等。

4. 法制教育

定期和不定期对全体职工进行遵纪守法的教育，杜绝违章指挥、违章作业的现象发生。

5. 安全技能教育

安全技能教育就是结合本工种特点，实现安全操作、安全防护所必须具备的基本技术知识的教育。每个职工都要熟悉本工种、岗位专业技术知识。

6. 特殊作业人员的培训教育

（1）《特种作业人员安全技术培训考核管理规定》（2010年5月24日国家安全生产监督管理总局令第30号）自2010年7月1日起施行。该规定对生产经营单位特种作业人员的安全技术培训、考核、发证、复审及其监督管理等做了明确规定。

（2）从事特殊作业的人员，必须经国家规定的有关部门进行安全教育和安全技术培训，并经考核合格取得正式操作证者，方准独立作业。

7. 三级教育

（1）公司或分公司安全科组织进行的安全生产教育。

（2）项目部进行的安全教育。

（3）班组进行的安全生产教育。

8. 经常性教育

安全教育培训工作，必须做到经常化、制度化。把经常性的普及教育贯穿于管理全过程，并根据接受教育对象的不同特点，采取多层次、多渠道和多种形式的教育方法，以起到良好的效果。

六、安全生产检查

安全生产检查是我国工人阶级在实践中创造出来的。它是在劳动保护工作中的具体运用，是推动开展劳动保护工作的有效措施。它包括企业本身对生产卫生工作进行的经常性检查，也包括由地方劳动部门、行业主管部门联合组织的定期检查。还可以对安全卫生进行普遍检查，也可以对某项问题，如防暑降温、电气安全等进行专业重点或季节性检查。

（1）迎接上级安全检查的各项准备。

（2）安全生产检查的具体方式

① 安全执法检查；

② 企业定期安全大检查；

③ 专业性安全大检查；

④ 季节性安全大检查；

⑤ 验收性安全大检查；

⑥ 班前班后安全检查；

⑦ 经常性安全检查；

⑧ 职工代表安全检查；

⑨ 工地巡回安全检查；

⑩ 工地"达标"安全检查。

（3）安全检查记录

① 班组安全检查记录；

② 专职安全员检查记录；

③ 项目安全值班记录。

（4）安全生产检查中应注意的问题

① 检查要有领导、有计划、有重点地进行，除工地上安全员进行经常性的安全检查外，其他的各种安全检查都必须有领导有计划地进行，特别是组织的大检查，更为必要；

② 建立安全检查的组织机构；

③ 要制定安全检查计划；

④ 检查中重点要突出。

（5）安全检查的评定。

（6）检查结果的处理。

安全检查是发现危险因素的手段，安全整改是为了采取措施消除危险因素，把事故和职业通病消灭在事故发生之前，以保证安全生产。因此，不论何种类型的安全检查，都要防止搞形式、走过场，更要反对那种"老问题、老检查、老不解决"的官僚主义作风。要讲究实效，每次安全检查都要本着对安全生产、对广大职工的安全健康高度负责的精神，认真贯彻"边检查、边整改"的原则，积极广泛地发动群众搞好整改。对检查出来的问题，必须做到条条有着落；件件有交代。保证施工过程的安全。

七、施工现场安全色标管理制度

1. 安全色

（1）红色　表示禁止、停止、消防和危险的意思。

（2）蓝色　表示指令，必须遵守的规定。

（3）黄色　表示通行、安全和提供信息的意思。

2. 安全标志

（1）禁止标志　是不准或制止人们的某种行为（图形为黑色，禁止符号与文字底色为红色）。

（2）警告标志 是使人们注意可能发生的危险（图形警告符号及字体为黑色，图形底色为黄色）。

（3）指令标志 是告诉人们必须遵守的意思（图形为白色，指令标志底色均为蓝色）。

（4）提示标志 是向人们提示目标的方向，用于消防提示（消防提示标志的底色为红色，文字、图形为白色）。

小 结

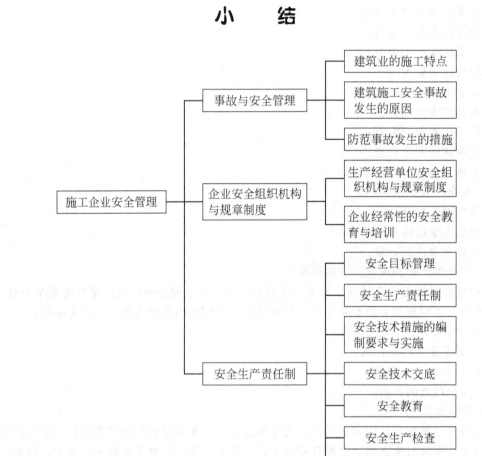

自测练习

1. 建筑业的施工特点是什么？
2. 简述防范事故发生的措施。

第十一章　施工现场安全管理

【知识目标】
- 了解施工现场的平面布置
- 理解临时设施布置、施工供电、消防的布置
- 掌握主要分项工程的安全技术
- 了解警示标牌的布置

【能力目标】
- 能应用施工现场布置的有关知识进行现场布置
- 能应用各分项工程的安全技术在施工现场进行安全管理

安全生产贯穿于从开工到竣工的施工生产全过程，因此，安全工作存在于每个分部分项工程、每道工序之中。安全生产管理不仅要监督检查安全计划和制度的贯彻实施，还应该了解建筑施工中主要安全技术和安全控制的基本知识。

第一节　施工现场的平面布置与划分

施工现场是建筑企业进行建筑生产的基地。杂乱的施工条件、快速的人机流、开敞的施工环境、"扰民"和"民扰"并存，这一切使得生产过程的不安全因素极多。因此，施工现场的安全管理也是建筑安全生产中最为重要的环节。为此，《中华人民共和国建筑法》规定："建筑施工企业在编制施工组织设计时，应当根据建筑工程的特点制定相应的安全技术措施；对专业较强的工程项目，应当编制专项安全施工组织设计，并采取安全技术措施。建筑施工企业应当在施工现场采取维护安全、防范危险、预防火灾等措施；有条件的，应当对施工现场实行封闭管理。"

施工现场平面布置应有利于生产，方便职工生活，符合防洪、防火等安全要求，具备文明生产、安全生产施工技术。施工现场的平面布置图是施工组织设计的重要组成部分，必须科学合理地规划，绘制出施工现场平面布置图，在施工实施阶段按照施工总平面图要求，设置道路、组织排水、搭建临时设施、堆放物料和设置机械设备等。

一、施工总平面图编制的依据

（1）工程所在地区的原始材料，包括建设、勘察、设计单位提供的资料。

（2）原有和拟建建筑工程的位置和尺寸。

（3）施工方案、施工进度和资源需要计划。

（4）全部施工设施建造方案。

（5）建设单位可提供房屋和其他设施。

二、施工平面布置原则

（1）满足施工要求，场内道路畅通，运输方便，各种材料能按计划分期分批进场，充分利用场地。

（2）材料尽量靠近使用地点，减少二次搬运。

（3）现场布置紧凑，减少施工用地。

（4）在保证施工顺利进行的条件下，尽可能减少临时设施搭设，尽可能利用施工现场附近的原有建筑物作为施工临时设施。

（5）临时设施的布置，应便于工人生产和生活，办公用房靠近施工现场，福利设施应在生活区范围之内。

（6）平面图布置应符合安全、消防、环境保护的要求。

三、施工总平面图表示的内容

（1）拟建建筑的位置，平面轮廓。

（2）施工用机械设备的位置。

（3）塔式起重机轨道、运输路线及回转半径。

（4）施工运输道路、临时供水、排水管线、消防设施。

（5）临时供电线路及变配电设施位置。

（6）施工临时设施位置。

（7）物料堆放位置与绿化区域位置。

（8）围墙与人口位置。

四、施工现场功能区域划分要求

施工现场按照功能可划分为施工作业区、辅助作业区、材料堆放区和办公生活区。施工现场的办公生活区应当与作业区分开设置，并保证安全距离。办公生活区应当设置于在建建筑物坠落半径之外，与作业区之间设置保护措施，进行明显的划分隔断，以免人员误入危险区域；办公生活区如果设置在在建建筑物坠落半径之内时必须采取可靠的防砸措施。功能区的规划设置还应考虑交通、水电、消防和卫生、环境等因素。

这里的生活区是指建设工程作业人员集中居住、生活的场所，包括施工现场以内和施工现场以外独立设置的生活区。施工现场以外独立设置的生活区是指施工现场内无条件建立生活区，在施工现场以外搭设的用于作业人员居住生活的临时用房或者集中居住的生活基地。

第二节　场　　地

施工现场的场地应当整平，清除障碍物，无坑洼和凹凸不平，雨期不积水，暖季应适当绿化。施工现场应具有良好的排水系统，设置排水沟及沉淀池，现场废水不得直接排入市政污水管网和河流；现场存放的油料、化学溶剂等应设有专门的库房，地面应进行防渗漏处理。地面应当经常洒水，对粉尘进行覆盖遮挡。

第三节　运输道路

1. 施工现场道路的最小宽度

（1）汽车单行道不小于 3.5m（已考虑防火要求）。

（2）汽车双行道不小于 6.0m。

（3）平板拖车单行道不小于 4.0m。

（4）平板拖车双行道不小于 8.0m。

（5）手推车道路不小于 1.5m。

2. 施工现场道路最小转弯半径

（1）小客车、三轮汽车不小于 6.0m。

（2）一般二轴载重汽车单车道不小于 9.0m，双车道不小于 7.0m；有一辆拖车时不小于 12.0m，有二辆拖车不小于 15.0m。

（3）三轴载重汽车和重型载重汽车不小于 12.0m；有一辆拖车不小于 15.0m，有两辆拖车不小于 18.0m。

（4）起重型载重汽车不小于 15.0m；有一辆拖车不小于 18.0m，两辆拖车不小于 21.0。

3. 其他要求

（1）架空线及管道下面的道路，其通行空间宽度比道路宽度大 0.5m，空间高度应大于 4.5m。

（2）路面应平整、压实，并高出自然地面 0.1～0.2m，雨量较大，一般沟深和底宽应不小于 0.4m。

（3）道路应靠近建筑物、木料场等易发生火灾的地方，以便车辆能直接开到消防栓处。消防车道宽度不小于 3.5m。

（4）道路应尽量布置成环形，否则应设置倒车场地。

第四节 封闭管理

施工现场的作业条件差，不安全因素多，在作业过程中既容易伤害作业人员，也容易伤害现场以外的人员。因此，施工现场必须实施封闭式管理，将施工现场与外界隔离，防止"扰民"和"民扰"问题，同时保护环境、美化市容。

一、围挡

（1）施工现场围挡应沿工地四周连续设置，不得留有缺口，并根据地质、气候、围挡材料进行设计与计算，确保围挡的稳定性、安全性。

（2）围挡的用材应坚固、稳定、整洁、美观，宜选用砌体、金属材料板等硬质材料，不宜使用彩布条、竹笆或安全网等。

（3）施工现场的围挡一般应高于 1.8m。

（4）禁止在围挡内侧堆放泥土、砂石等散状材料以及架管、模板等，严禁将围挡作挡土墙使用。

（5）雨后、大风后以及春融季节应当检查围挡的稳定性，发现问题及时处理。

二、大门

（1）施工现场应当有固定的出入口，出入口处应设置大门。

（2）施工现场的大门应牢固美观，大门上应标有企业名称或企业标识。

（3）出入口处应当设置专职门卫、保卫人员，制定门卫管理制度及交接班记录制度。

（4）施工现场的施工人员应当佩戴工作卡。

第五节 临时设施

施工现场的临时设施较多，这里主要指施工期间临时搭建、租赁的各种房屋临时设施。

临时设施必须合理选址、正确用材，确保使用功能和安全、卫生、环保、消防要求。

一、临时设施的种类

（1）办公设施 包括办公室、会议室、保卫传达室。

（2）生活设施 包括宿舍、食堂、厕所、淋浴室、阅览娱乐室、卫生保健室。

（3）生产设施 包括材料仓库、防护棚、加工棚（站、厂，如混凝土搅拌站、砂浆搅拌站、木材加工厂、钢筋加工厂、金属加工厂和机械维修厂）、操作棚。

（4）辅助设施 包括道路、现场排水设施、围墙、大门、供水处、吸烟处。

二、临时设施的设计

施工现场搭建的生活设施、办公设施、两层以上、大跨度及其他临时房屋建筑物应当进行结构计算，绘制简单施工图纸，并经企业技术负责人审批方可搭建。临时建筑物设计应符合《建筑结构可靠度设计统一标准》（GB 50068—2001）、《建筑结构荷载规范》（GB 50009—2012）的规定。临时建筑物使用年限定为 5 年。

三、临时设施的选址

办公生活临时设施的选址首先应考虑与作业区相隔离，保持安全距离，其次位置的周边环境必须具有安全性，例如不得设置在高压线下，也不得设置在沟边、崖边、河流处、强风口处、高墙下以及滑坡、泥石流等灾害地质带上和山洪可能冲击到的区域。

安全距离是指在施工坠落半径和高压线防电距离之外，建筑物高度 2～5m，坠落半径为 2m；高度 30m，坠落半径为 5m（如因条件限制，办公和生活区设置在坠落半径区域内，必须有保护措施）。1kV 以下裸露输电线，安全距离为 4m；330～550kV，安全距离为 15m（最外线的投影距离）。

四、临时设施的布置原则

（1）合理布局，协调紧凑，充分利用地形，节约用地。

（2）尽量利用建设单位在施工现场或附近能提供的现有房屋和设施。

（3）临时房屋应本着厉行节约，减少浪费的精神，充分利用当地的材料，尽量采用活动式或容易拆装的房屋。

（4）临时房屋布置应方便生产和生活。

（5）临时房屋的布置应符合安全、消防和环境卫生的要求。

五、临时设施的布置方式

（1）生活性临时房屋布置在工地现场以外，生产性临时设施按照生产的需要在工地选择适当的位置，行政管理的办公室等应靠近工地或是工地现场出入口。

（2）生活性临时房屋设在工地现场以内时，一般布置在现场的四周或集中于一侧。

（3）生产性临时房屋，如混凝土搅拌站、钢筋加工厂、木材加工厂等，应全面分析比较后确定位置。

六、临时房屋的结构类型

（1）活动式临时房屋 如钢骨架活动房屋、彩钢板房。

（2）固定式临时房屋 主要为砖木结构、砖石结构和砖混结构。

临时房屋应优先选用钢骨架彩钢板房，生活办公设施不宜选用菱苦土板房。

七、临时设施的搭设与使用管理

1. 办公室

施工现场应设置办公室，办公室内布局应合理，文件资料宜归类存放，并应保持室内清洁卫生。

2. 职工宿舍

（1）宿舍应当选择在通风、干燥的位置，防止雨水、污水流入。

（2）不得在尚未竣工建筑物内设置员工集体宿舍。

（3）宿舍必须设置可开启式窗户，设置外开门。

（4）宿舍内应保证有必要的生活空间，室内净高不得小于 2.4m，通道宽度不得小于 0.9m，每间宿舍居住人员不应超过 16 人。

（5）宿舍内的单人铺不得超过 2 层，严禁使用通铺，床铺应高于地面 0.3m，人均床铺面积不得小于 1.9m×0.9m，床铺间距不得小于 0.3m。

（6）宿舍内应设置生活用品专柜，有条件的宿舍宜设置生活用品储藏室；宿舍内严禁存放施工材料、施工机具和其他杂物。

（7）宿舍周围应当搞好环境卫生，应设置垃圾桶、鞋柜或鞋架，生活区内应为作业人员提供晾晒衣物的场地，房屋外应道路平整，晚间有充足的照明。

（8）寒冷地区冬期宿舍应有保暖措施、防煤气中毒措施，火炉应当统一设置、管理，炎热季节应有消暑和防蚊虫叮咬措施。

（9）应当制定宿舍管理使用责任制，轮流负责卫生和使用管理或安排专人管理。

3. 食堂

（1）食堂应当选择在通风、干燥的位置，防止雨水、污水流入，应当保持环境卫生，远离厕所、垃圾站、有毒有害场所等污染源的地方，装修材料必须符合环保、消防要求。

（2）食堂应设置独立的制作间、储藏间。

（3）食堂应配备必要的排风设施和冷藏设施，安装纱门纱窗，室内不得有蚊蝇，门下方应设不低于 0.2m 的防鼠挡板。

（4）食堂的燃气罐应单独设置存放间，存放间应通风良好并严禁存放其他物品。

（5）食堂制作间灶台及其周边应贴瓷砖，瓷砖的高度不宜小于 1.5m；地面应做硬化和防滑处理，按规定设置污水排放设施。

（6）食堂制作间的刀、盆、案板等炊具必须生熟分开，食品必须有遮盖，遮盖物品应有正反面标识，炊具宜存放在封闭的橱柜内。

（7）食堂内有存放各种佐料和副食的密闭器皿，并应有标识，粮食存放台距墙和地面应大于 0.2m。

（8）食堂外应设置密闭式泔水桶，并应及时清运，保持清洁。

（9）应当制定并在食堂张挂食堂卫生责任制，责任落实到个人，加强管理。

4. 厕所

（1）厕所大小应根据施工现场作业人员的数量设置。

（2）高层建筑施工超过八层以后，每隔四层宜设置临时厕所。

（3）施工现场应设置水冲式或移动式厕所，厕所地面应硬化，门窗齐全。蹲坑间宜设置隔板，隔板高度不宜低于 0.9m。

（4）厕所应设专人负责，定时进行清扫、冲刷、消毒，防止蚊蝇孳生，化粪池应及时清掏。

5. 防护棚

施工现场的防护棚较多，如加工站厂棚、机械操作棚、通道防护棚等。

大型站厂棚可用砖混、砖木结构，应当进行结构计算，保证结构安全。小型防护棚一般钢管扣件脚手架搭设，应当严格按照《建筑施工扣件式钢管脚手架安全技术规范》要求搭设。

防护棚顶应当满足承重、防雨要求，在施工坠落半径之内的，棚顶应当具有抗砸能力。可采用多层结构，最上层材料强度应能承受 10kPa 的均布静荷载，也可采用 50mm 厚木板架设或采用两层竹笆，上下竹笆层间距应不小于 600mm。

　　6. 搅拌站

　　(1) 搅拌站应有后上料场地，应当综合考虑砂石堆场、水泥库的设置位置，既要相互靠近，又要便于材料的运输和装卸。

　　(2) 搅拌站应当尽可能设置在垂直运输机械附近，在塔式起重机吊运半径内，尽可能减少混凝土、砂浆水平运输距离。采用塔式起重机吊运时，应当留有起吊空间，使吊斗能方便地从出料口直接挂钩起吊和放下；采用小车、翻斗车运输时，应当设置在大路旁，以方便运输。

　　(3) 搅拌站场地四周应当设置沉淀池、排水沟，其作用为

　　① 避免清洗机械时，造成场地积水；

　　② 沉淀后循环使用，节约用水；

　　③ 避免将未沉淀的污水直接排入城市排水设施和河流。

　　(4) 搅拌站应当搭设搅拌棚，挂设搅拌安全操作规程和相应的警示标志、混凝土配合比牌，采取防止扬尘措施，冬期施工还应考虑保温、供热等。

　　7. 仓库

　　(1) 仓库的面积应通过计算确定，根据各个施工阶段的需要的先后进行布置。

　　(2) 水泥仓库应当选择地势较高、排水方便、靠近搅拌机的地方。

　　(3) 易燃易爆品仓库的布置应当符合防火、防爆安全距离要求。

　　(4) 仓库内各种工具器件物品应分类集中放置，设置标牌，标明规格型号。

　　(5) 易燃、易爆和剧毒物品不得与其他物品混放，并建立严格的进出库制度，有专人管理。

第六节　塔式起重机的设置

　　一、位置的确定原则

　　塔式起重机的位置首先应满足安装的需要，同时，又要充分考虑混凝土搅拌站、料场位置，以及水、电管线的布置等。固定式塔式起重机设置的位置应根据机械性能、建筑物的平面形状、大小、施工段划分、建筑物四周的施工现场条件和吊装工艺等因素决定，一般宜靠近路边，减少水平运输量。轨道式塔式起重机的轨道布置方式，主要取决于建筑物的平面形状、尺寸和四周施工场地条件。轨道布置方式通常是沿建筑物一侧或内外两侧布置。

　　二、应注意的安全事项

　　(1) 轨道塔式起重机的塔轨中心距建筑外墙的距离应考虑到建筑物突出部分、脚手架、安全网、安全空间等因素，一般应不少于 3.5m。

　　(2) 拟建的建筑物临近街道，塔臂可能覆盖人行道，如果现场条件允许，塔轨应尽量布置在建筑物内侧。

　　(3) 塔式起重机临近的高压线，应搭设防护架，并且应限制旋转的角度，以防止塔式起重机作业时造成事故。

　　(4) 在一个现场内布置多台起重设备时，应能保证交叉作业的安全，上下左右旋转，应留有一定的空间以确保安全。

　　(5) 轨道式塔式起重机轨道基础与固定式塔式起重机机座基础必须坚实可靠，四周设置排水措施，防止积水。

　　(6) 塔式起重机布置时应考虑安装与拆除所需要的场地。

（7）施工现场应留出起重机进出场道路。

第七节 施工供电、消防设施的布置

一、供电设施的布置

（1）在建工程不得在高、低压线路下方施工；高、低压线路下方不得搭设作业棚、布置生活设施或堆放构件、架具、材料等。

（2）在建工程（含脚手架具）的外侧边缘与外电架空路线边线的最小安全操作距离如表10-1所示。

表 10-1 在建工程（含脚手架具）的外侧边缘与外电架空路线边线的最小安全操作距离

外电线路电压/kV	1 以下	1～10	35～110	154～220	330～500
最小安全操作距离/m	4	6	8	10	15

注：上、下脚手架的斜道严禁搭设在有外电线路的一侧。

（3）架空线路与路面的垂直距离如表10-2所示。

表 10-2 架空线路与路面的垂直距离

外电线路电压/kV	1 以下	1～10	35
最小垂直距离/m	6	7	7

（4）施工现场开挖非热管道沟槽的边缘与埋地电缆沟槽边缘的距离不得小于0.5m。

（5）变压器应布置在现场边缘高压线接入处，四周设有高度大于1.7m的铁丝网护栏，并设有明显的标志。不应把变压器布置在交通道口处。

（6）线路应架设在道路一侧，距建筑物应大于1.5m，垂直距离应在2m以上，木杆间距一般为25～40m，分支线及引入线均应由杆上横担处连接。

（7）线路应布置在起重机械的回转半径之外。否则必须搭设防护栏，其高度要超过线路2m，机械运转时还应采取相应的措施，以确保安全。

（8）供电线路跨过材料、构件堆场时，应有足够的安全架空距离。

二、消防设施的布置

（1）施工现场要有足够的消防水源，消防干管管径不小于100mm，高层建筑应安装高压水泵，水管随施工层延伸。

（2）消火栓应布置在明显并便于使用的位置，保证消火栓的充实水柱能到达工程任何部位。

（3）临时设施，应配置足够的灭火器，总面积超过1200m²应配置一个种类合适的灭火器；油库、危险品仓库应配备足够数量、种类的灭火器。仓库或堆料场内，应分组布置不同种类的灭火器，每组灭火器不应少于4个，每组灭火器之间的距离不大于30m。

（4）应注意消防水源设备的防冻工作。

第八节 主要分项工程施工安全技术

一、土方工程

建筑工程施工中土方工程量很大，特别是城市大型高层建筑深基础的施工。土方工程施工的对象和条件又比较复杂。如土质、地下水、气候、开挖深度、施工现场与设备等，对于不同的工程都不相同。施工安全在土方工程施工中是一个很突出的问题。历年来发生的工伤事故不少，而其中大部分是土方坍塌造成的。

1. 施工准备工作

（1）做好现场勘察，拆除地面及地下障碍物，摸清工程实地情况、开挖土层的地质、水文情况、运输道路、邻近建筑、地下埋设物、古墓、旧人防地道、电缆线路、上下水管道、煤气管道、地面障碍物、水电供应情况等，以便有针对性地采取安全措施，消除施工区域内的地面及地下障碍物。

（2）做好施工场地防洪排水工作，全面规划场地，平整各部分的标高，保证施工场地排水通畅不积水，场地周围设置必要的截水沟、排水沟。

（3）保护好测量基准桩，以保证土方开挖标高位置尺寸准确无误。

（4）准备好施工用电、用水、道路及其他设施。

（5）需要做挡土桩的深基坑，要先做挡土桩。

2. 土方开挖注意事项

（1）根据土方工程开挖深度和工程量的大小，选择机械和人工挖土或机械挖土方案。

（2）如开挖的基坑（槽）比邻近建筑物基础深时，开挖应保持一定的距离和坡度，以免在施工时影响邻近建筑物的稳定，如不能满足要求，应采取边坡支撑加固措施。并在施工中进行沉降和位移观测。

（3）弃土应及时运出，如需要临时堆土，或留作回填土，堆土坡脚至坑边距离应按挖坑深度、边坡坡度和土的类别确定，在边坡支护设计时应考虑土附加侧压力。

（4）为防止基坑底的土被扰动，基坑挖好后要尽量减少暴露时间，及时进行下一道工序的施工。如不能立即进行下一道工序。要预留 15～30cm 厚覆盖土层，等基础施工时再挖去。

基坑开挖要注意预防基坑被浸泡，引起坍塌和滑坡事故的发生。为此在制定土方施工方案时应注意采取排水措施。

3. 安全措施

（1）在施工组织设计中，要有单项土方工程施工方案，对施工准备、开挖方法、放坡、排水、边坡支护应根据有关规范要求进行设计，边坡支护要有设计计算书。

（2）人工挖基坑时，操作人员之间要保持安全距离，一般大于 2.5m；多台机械开挖，挖土机间距应大于 10m，挖土要自上而下，逐层进行，严禁开挖坡脚的危险作业。

（3）挖土方前对周围环境要认真检查，不能在危险岩石或建筑物下面进行作业。

（4）基坑开挖应严格按要求放坡或设置支撑，操作时应随时注意边坡的稳定情况，特别是雨后更应加强检查，发现问题及时加固处理。

（5）机械挖土、多台阶同时开挖土方时，应验算边坡的稳定。根据规定和验算确定挖土距离边坡的安全距离。

（6）深基坑四周设防护栏杆并悬挂危险标志，施工人员上下要有专用爬梯；或开斜坡道，采取防滑措施，禁止踩踏支撑上下。

（7）基坑（槽）挖土深度超过 3m 以上，使用吊装设备吊土时，起吊后，坑内操作人员应立即离开吊点的垂直下方，起吊设备距坑边一般不得少于 1.5m，坑内人员应戴安全帽。

（8）运土道路的坡度、转弯半径要符合有关安全规定。用手推车推土、卸土时，不得放手让车自动翻转。

（9）爆破土方要遵守爆破作业安全有关规定。

二、桩基工程

（1）机具进场要注意危桥、陡坡、陷地和防止碰撞电杆、房屋等，以免造成事故。

（2）施工前应全面检查机械，发现问题要及时解决，严禁带病作业。

（3）在打桩过程中遇有地坪隆起或下陷时，应随时对机架及路轨调整垫平。

（4）机械司机，在施工操作时要思想集中，服从指挥信号，不得随便离开岗位，并经常注意机械运转情况，发现异常情况要及时纠正。

（5）打桩时桩头垫料严禁用手拨正，不要在桩锤未打到桩顶即起锤或过早刹车，以免损坏桩机设备。

（6）钻孔灌注桩在已钻成的孔尚未浇筑混凝土前，必须用盖板封严；钢管桩打桩后必须及时加盖临时桩帽；预制混凝土桩送桩入土后的桩孔必须及时用沙子或其他材料填灌，以免发生人身事故。

（7）冲抓锥或冲孔锤操作时不准任何人进入落锤区施工范围内，以防砸伤。

（8）成孔钻机操作时，注意钻机安定平稳，以防止钻架突然倾倒或钻具突然下落而发生事故。

（9）当发生6级以上大风时，必须停止打桩作业，并将桩锤下降到最低位置。

三、脚手架

脚手架是建筑施工中必不可少的临时设施。例如砖墙的砌筑、墙面的抹灰、装饰和粉刷、结构构件的安装，都需要在其近旁搭设脚手架，以便在其上进行施工操作、堆放施工用料和必要的短距离水平运输。脚手架虽然是随着工程进度而搭设，工程完毕后拆除，但它对建筑施工速度、工作效率、工程质量以及工人的人身安全有着直接的影响。如果脚手架搭设不及时，势必会拖延工程进度；脚手架搭设不符合施工需要，工人操作就不方便，质量得不到保证，工效也不高；脚手架搭设不牢固，不稳定，就容易造成施工中的伤亡事故。因此，脚手架的选型、构造、搭设质量等决不可疏忽大意轻率处理。

1. 脚手架施工荷载值

（1）承重架（包括砌筑、浇筑混凝土和安装用架）　脚手架安全技术规范规定为300kg/m²，为与国际荷载单位相统一和符合我国荷载规范的要求，于是就定为3000N/m²或3.0kN/m²，为了明确这3.0kN/m²荷载值的含义，相应指明脚手架上的堆砖荷载不能超过单行侧摆三层。

（2）装修架　脚手架上的施工荷载规定为2000N/m²或2.0kN/m²。

2. 多立杆式脚手架

（1）基础构造　竹、木脚手架一般将立杆直接埋于地基本土中，钢管脚手架则不将立杆直接埋于土中，而是将地表面整平夯实，垫以厚度不小于50mm的垫木或垫板，然后于垫木（或垫板）上架设钢管底座再立立杆。但不论直接埋入土中，还是加垫木，都应根据地基上的容许承载能力而对脚手架基础进行具体设计。地基土的容许承载力，当为坚硬土时，用100~120kN/m²；普通老土（包括三年以上的填土）采用80~100kN/m²；夯实的回填土则采用50~80kN/m²。

钢管脚手架基础，根据搭设高度的不同，其具体做法也有所不同。

① 一般做法　高度在30m以下的脚手架，垫木宜采用长2.0~2.5m、宽200mm、厚50~60mm的木板，并垂直于墙面放置。若用4.0m左右长的垫板，则可平行墙面放置。

② 特殊做法　高度超过30m时，若脚手架地基为回填土，除分层夯实达到所要求的密实度外，应采用枕木支垫，或在地基上加铺20mm厚的道渣，再在其上铺设混凝土预制板，然后沿纵向仰铺12~16号槽钢，再将脚手架立杆座放于槽钢上。脚手架高度大于50m时，

应在地面下 1m 深处改用灰土地基,然后再铺枕木。当内立杆处在墙基回填土之上时,除墙基边回填土应分层夯实达到所要求的密实度外,还应在地面上沿垂直于墙面的方向浇注 0.5m 厚的混凝土基础,达到所规定的强度后,再在灰土上面或混凝土上面铺设枕木,架设立杆。

(2) 主要杆件

① 立杆 (也称立柱、站杆、冲天杆、竖杆等) 与地面垂直,是脚手架主要受力构件。它的作用是将脚手架上所堆放的物料和操作人员的全部重量,通过底座 (或垫板) 传到地基上。

② 大横杆 (也称顺水杆、纵向水平杆、牵杆等) 与墙面平行,作用是与立杆连成整体,将脚手板上的堆放物料和操作人员的重量传到立杆上。

③ 小横杆 (横担、横向水平杆等) 与墙面垂直,作用是直接承受脚手板上的重量,并将其传到大横杆上。

④ 斜横是紧贴脚手架外排立杆,与立杆斜交与地面约成 45°～60°角,上下连续设置,形成 "之" 字形,主要在脚手架拐角处设置,作用是防止架子沿纵长方向倾斜。

⑤ 剪刀撑 (十字撑、十字盖) 是在脚手架外侧交叉成十字形的双支斜杆,双杆互相交叉,并都与地面成 45°～60°夹角。作用是把脚手架连成整体,增加脚手架的整体稳定。

⑥ 抛撑 (支撑、压栏子) 是设置在脚手架周围的支撑架子的斜杆,一般与地面成 60°夹角,作用是增强脚手架横向稳定,防止脚手架向外倾斜或倾倒。

连墙杆是沿立杆的竖向不大于 4m、水平方向不大于 7m 设置的能承受拉力和压力而与主体结构相连的水平杆件,其作用主要是承受脚手架的全部风荷载和脚手架里外排立杆不均匀下沉时所产生的荷载。

3. 脚手架安全措施

(1) 设置操作人员上下使用的安全扶梯、爬梯或斜道。

(2) 搭设完毕后应进行检查验收,经检查合格后才准使用。特别是高层脚手架和特种工程脚手架,更应进行严格检查后才能使用。

(3) 严格控制各式脚手架的施工使用荷载,特别是对于桥式、吊、挂、挑等脚手架更应严格控制施工使用荷载。

(4) 在脚手架上同时进行多层作业的情况下,各作业层之间应设置可靠的防护棚挡 (在作业层下挂棚布、竹笆或小孔绳网等),以防止上层坠物伤及下层作业人员,任何人不准私自拆改架子。

(5) 遇有立杆沉陷或悬空,节点松动、架子歪斜、杆件变形,脚手板上结冰等问题,在未解决以前应停止使用脚手架。

(6) 遇有六级以上大风、大雾、大雨和大雪天气应暂停脚手架作业。雨雪后进行操作,要有防滑措施,且复工前必须检查无问题后方可继续作业。

四、砌筑工程

(1) 在砌筑操作前,必须检查施工现场各项准备工作是否符合安全要求,如道路是否畅通,机具是否完好牢固,安全设施和防护用品是否齐全,经检查符合要求后才可施工。

(2) 施工人员进入现场必须戴好安全帽。砌砖石基础时,应检查和注意基坑土质的变化情况。堆放砖石材料应离现场坑边 1m 以上。砌墙高度超过地坪 1.2m 以上时,应搭设脚手架。架上堆放材料不得超过规定荷载值,堆砖高度不得超过三层侧砖,同一块脚手板上的操作人员不应超过两人。按规定搭设安全网。

(3) 不准站在墙顶上做划线、刮缝及清扫墙面或检查大角垂直等工作。不准用不稳固的工具或物体在脚手板上垫高操作。

（4）砍砖时应面向墙面，工作完毕应将脚手板和砖墙上的碎砖、灰浆清扫干净，防止掉落伤人。正在砌筑的墙上不准走人。不准站在墙上做划线、刮缝、吊线等工作。山墙砌完后，应立即安装桁条或临时支撑，防止倒塌。

（5）雨天或每日下班时，应做好防雨准备，以防雨水冲走砂浆，致使砌体倒塌。

（6）冬期施工时，脚手板上如有冰霜、积雪、应先清除后才能上架子进行操作。

（7）砌石墙时不准在墙顶或架上修石材，以免振动墙体影响质量或石片掉下伤人。不准徒手移动墙上的石块，以免压破或擦伤手指。不准勉强在超过胸部的墙上进行砌筑，以免将墙体碰撞倒塌或上石时失手掉下造成安全事故。石块不得往下掷。运石上下时，脚手板要钉装牢固，并钉防滑条及扶手栏杆。

（8）对有部分破裂和脱落危险的，严禁起吊；起吊砌块时，严禁将砌块停留在操作人员的上空或在空中整修；砌块吊装时，不得在下一层楼面上进行其他任何工作；卸下砌块时应避免冲击，砌块堆放应尽量靠近楼板两端，不得超过楼板的承重能力；砌块吊装就位时，应待砌块放稳后，方可松开夹具。

五、模板安装拆除

1. 模板施工前的安全技术准备工作

模板施工前，要认真审查施工组织设计中关于模板的设计资料，要审查下列项目。

① 模板结构设计计算书的荷载值取值，是否符合工程实际，计算方法是否正确，审核手续是否齐全；

② 模板设计主要应包括支撑系统自身及支撑模板的楼、地面承受能力的强度等；

③ 模板设计图包括结构构件大样及支撑体系、连接件等的设计是否安全合理，图纸是否齐全；

④ 模板设计中安全措施是否周全。

当模板构件进场后，要认真检查构件和材料是否符合设计要求，例如钢模板构件是否有严重锈蚀或变形，构件的焊缝或连接螺栓是否符合要求。木料的材质以及木构件拼接节头是否牢固等。自己加工的模板构件，特别是承重钢构件其检查验收手续是否齐全。同时要排除模板工程施工中现场的不安全因素，要保证运输道路畅通，做到现场防护设施齐全。地面上的支模场地必须平整夯实。要做好夜间施工照明的准备工作，电动工具的电源线、绝缘、漏电保护装置要齐全，并做好模板垂直运输的安全施工准备工作。现场施工负责人在模板施工前要认真向有关人员作安全技术交底，特别是新的模板工艺，必须通过试验，并培训操作人员。

2. 保证模板工程施工安全的基本要求

模板工程作业高度在 2m 和 2m 以上时，要根据高处作业安全技术规范的要求，进行操作和防护，要有可靠安全的操作架子，4m 以上或二层及二层以上周围应设安全网、防护栏杆，临街及交通要道地区施工应设警示牌，避免伤及行人。操作人员上下通行，必须通过马道，乘人施工电梯或上人扶梯等，不许攀登模板或脚手架上下，不许在墙顶、独立梁及其他狭窄而无防护栏的模板面上行走。高处作业架子上、平台上一般不宜堆放模板料，必须短时间堆放时，一定要码平稳，不能堆得过高，必须控制在架子或平台的允许荷载范围内。高处支模工人所用工具不用时要放在工具袋内，不能随意将工具、模板零件放在脚手架上，以免坠落伤人。

冬期施工，操作地点和人行通道的冰雪要在作业前先清除掉，避免人员滑倒摔伤。五级以上大风天气时，不宜进行大块模板拼装和吊装作业。

注意防火，木料及易燃保温材料要远离火源堆放。采用电热养护的模板要有可靠的绝缘、漏电和接地保护装置，按电气安全操作规范要求做。

雨期施工，高耸结构的模板作业，要安装避雷设施，其接地电阻不得大于 4Ω。沿海地区要考虑抗风和加固措施。在架空输电线路下面进行模板施工，如果不能停电作业，应采取隔离防护措施。

运模板时，起重机的任何部位和被吊的物件边缘，与 10kV 以下架空线路边缘的最小水平距离不得小于 2m。如果达不到这个要求，必须采取防护措施，增设屏障、遮栏、围护或保护网，并悬挂醒目的警告标志牌。在架设防护设施时，应有电气工程技术人员或专职安全人员负责监护。如果防护设施无法实现时，必须由有关部门协商，采取停电、迁移外电线路等措施，否则不得施工。

夜间施工，必须有足够的照明，照明电源电压不得超过 36V，在潮湿地点或易触及带电体场所，照明电源电压不得超过 24V。各种电源线，不直接固定在钢模板上。

模板支撑不能固定在脚手架或门窗上，避免发生倒塌或模板移位。液压滑动模板及其他特殊模板应按相应的专门安全技术规程进行施工准备和作业。

六、钢筋加工

1. 钢筋加工安装安全要求

（1）钢筋加工机械安装必须坚实稳固，保持水平位置。固定式机械应有可靠的基础，移动式机械作业时应楔紧行走轮。

（2）钢筋加工机械应保证安全装置齐全有效。

（3）外作业应设置机棚，机旁应有堆放原料、半成品的场地。

（4）钢筋加工场地应由专人看管，非钢筋加工制作人员不得擅自进入加工场地。

（5）作业后，应堆放好成品、清理切断电源、锁好电闸。

（6）对钢筋进行冷拉，卷扬机前应设置防护挡板，或将卷扬机与冷拉方向成 90°，且应用封闭式的导向滑轮。冷拉场地禁止人员通行或停留，以防被伤。

（7）起吊钢筋骨架时，下方禁止站人，待骨架降落至距安装标高 1m 以内方准靠近，就位支撑好后，方可摘钩。

（8）在高空、深坑绑扎钢筋和安装骨架，应搭设脚手架和马道。绑扎 3m 以上的柱钢筋应搭设操作平台，已绑扎的柱骨架应采用临时支撑拉牢，以防倾倒。绑扎圈梁、挑檐、外墙、边柱钢筋时，应搭设外脚手架或悬挑架，并按规定挂好安全网。

2. 钢筋焊接安全生产规定

（1）焊机必须接地，以保证操作人员安全，对于焊接导线及焊钳接导处，都应有可靠的绝缘。

（2）大量焊接时，焊接变压器不得超负荷，变压器升温不得超过 60℃。

（3）点焊、对焊时，必须开放冷却水，焊机出水温度不得超过 40℃，排水量应符合要求。天冷时应放尽焊机内存水，以免冻塞。

（4）对焊机闪光区域，须设铁皮隔挡。焊接时禁止其他人员停留在闪光区域范围内，以防火花烫伤。焊机工作范围内严禁堆放易燃物品，以免引起火灾。

（5）室内电弧焊时，应有排气装置。焊工操作地点相互之间应设挡板，以防弧光刺伤眼睛。

七、混凝土现场作业

1. 混凝土搅拌

（1）搅拌机必须安置在坚实的地方用支架或支脚筒架稳，不准用轮胎代替支撑。

（2）搅拌机开机前应检查离合器、制动器、齿轮、钢丝绳等是否良好，滚筒内不得有异物。

（3）进料斗升起时严禁人员在料斗下面通过或停留，机械运转过程中，严禁将工具伸入拌和筒内，工作完毕后料斗用挂钩挂牢。

（4）拌和机发生故障需现场检修时应切断电源，进入滚筒清理时，外面应派人监护。

2. 混凝土运输

（1）使用手推车运混凝土时，其运输通道应合理布置，使浇灌地点形成回路，避免车辆拥挤阻塞造成事故，运输通道应搭设平坦牢固，遇钢筋过密时可用马凳支撑支设，马凳间距一般不超过 2m。

（2）车向料斗倒料时，不得用力过猛和撒把，并应设有挡车措施。

（3）用井架、龙门架运输时，车把不得超出吊盘之外，车轮前后要挡牢，稳起稳落。

（4）用输送泵泵送混凝土时，管道接头、安全阀必须完好，管架必须牢固，输送前必须试送，检修时必须卸压。

（5）用塔吊运送混凝土时，小车必须焊有牢固的吊环，吊点不得少于 4 个并保持车身平衡；使用专用吊斗时吊环应牢固可靠，吊索钢筋绳应符合起重机械安全规程要求。

3. 混凝土浇筑

（1）浇筑混凝土使用的溜槽及串桶节间必须连接牢靠，操作部位应有护身栏杆，不准直接站在溜槽帮上操作。

（2）浇筑高度 3m 以上的框架梁混凝土应设操作台，不得站在模板或支撑上操作。

（3）浇筑拱形结构，应自两边拱脚对称同时进行；浇筑圈梁、雨篷、阳台应设防护措施；浇筑料仓下口应先封闭，并铺设临时脚手架，以防人员坠下。

（4）混凝土振捣器应设单一开关，并装设漏电保护器，插座插头应完好无损，电源线不得破皮漏电；操作者应穿胶鞋，湿手不得触摸开关。

（5）预应力灌浆应严格按照规定压力进行，输浆管道应畅通，阀门接头要严密牢固。

八、装饰装修工程

1. 抹灰、饰面作业

（1）操作前应先检查脚手架是否稳固，操作中也应随时检查。

（2）严禁搭飞跳板和探头板。

（3）室内抹灰使用的木凳、金属支架应搭设平稳牢固，脚手板跨度不得大于 2m，架上堆放材料不得过于集中，在同一跨度内不得超过两人。

（4）不准在门窗、暖气片、洗脸池上搭设脚手板。阳台部位粉刷，外侧必须挂安全网。严禁踏踩脚手架的护身栏和阳台栏板进行操作。

（5）机械喷涂应戴防护用品，压力表安全阀应灵敏可靠，输浆管各部接口应拧紧卡牢。管路摆放顺直，避免折弯。

（6）输浆泵应按照规定压力进行，超压或管道堵塞应卸压检修。

（7）作业人员应戴安全帽。

（8）调制和使用稀盐酸溶液时，应戴风镜和胶皮手套。调拌氯化钙砂浆时，应戴口罩和胶皮手套。

（9）贴面使用预制件、大理石、瓷砖等，应堆放整齐平稳，边用边运。安装要稳拿稳放，待灌浆凝固稳定后，方可拆除临时设施。

（10）使用磨石机，应戴绝缘手套穿胶靴，电源线不得破皮漏电，金刚砂块安装牢固，经试运转正常，方可操作。

（11）夜间操作应有足够的照明。

2. 玻璃安装

（1）切割玻璃，应在指定场所进行。切下的边角余料应集中堆放，及时处理，不得随地乱丢。搬运玻璃应戴手套。

（2）在高处安装玻璃，必须系安全带、穿软底鞋，应将玻璃放置平稳，垂直下方禁止通行。安装屋顶采光玻璃，应铺设脚手板。

（3）玻璃未钉牢固前，不得中途停工，以防掉落伤人。

（4）安装玻璃不得将梯子靠在门窗扇上或玻璃上。

（5）使用的工具、钉子应装在工具袋内，不准口含铁钉。

（6）门窗扇玻璃安装完后，应随即将风钩或插销挂上，以免因刮风而打碎玻璃伤人。

3. 涂料工程

（1）各类涂料和其他易燃、有毒材料，应存放在专用库房内，不得与其他材料混放。挥发性油料应装入密闭容器内，妥善保管。

（2）库房应通风良好，不准住人，并设置消防器材和"严禁烟火"标识。库房与其他建筑物应保持一定的安全距离。

（3）用喷砂除锈，喷嘴接头要牢固，不准对人。喷嘴堵塞，应停机消除压力后，方可进行修理或更换。

（4）使用煤油、汽油、松香水、丙酮等调配油料，应戴好防护用品，严禁吸烟。熬胶、熬油必须远离建筑物，在空旷地方进行，严防发生火灾。

（5）沾染油漆的棉纱、破布、油纸等废物，应收集存放在有盖的金属容器内，并及时处理。

（6）在室内或容器内喷涂时，应戴防护镜。喷涂含有挥发性溶液和快干油漆时，严禁吸烟，作业周围不准有火种，并戴防毒口罩和保持良好的通风。

（7）采用静电喷漆，为避免静电聚集，喷漆室（棚）应有接地保护装置。

（8）刷涂外开窗扇，将安全带挂在牢固的地方。刷涂封檐板、水落管等应搭设脚手架或吊架。在大于25°的铁皮屋面上刷油，应设置活动板梯、防护栏和安全网。

（9）使用合页梯作业时，梯子坡度不宜过陡或过直，梯子下档用绳子拴好，梯子脚应绑扎防滑物。在合页梯上搭设架板作业时，两人不得挤在一处操作，应分段顺向进行，以防人员集中发生危险。使用单梯坡度宜为60°。

（10）使用喷灯，加油不得过满，打气不应过足，使用的时间不宜过长，点火时火嘴不准对人，加油应待喷灯冷却后进行，离开工作岗位时，必须将火熄灭。

（11）使用喷浆机，电动机接地必须可靠，电线绝缘良好。手上沾有浆水时，不准开关电闸，以防漏电触电。通气管或喷嘴发生故障时，应关闭阀门后再进行修理。喷嘴堵塞，疏通时不准对人。

九、高处作业

高处作业，是从相对高度的概念出发的。根据国家标准《高处作业分级》（GB 3608—2008）的规定，凡在有可能坠落的高处进行施工作业时，当坠落高度距离基准面在2m及2m以上时，该项作业即称为高处作业。所谓坠落高度基准面，即通过可能坠落范围内最低处的水平面，如地面、楼面、楼梯平台、相邻较低建筑物的屋面、基坑的底面、脚手架的通道板等，标示了在坠落中可能跌落到最低点。由于牵涉到人身安全，因此，作出这种严格的规定是非常必要的。与此相反，如果处于四周封闭状态，那么即使在高空，例如在高层建筑的居室内作业，也不能算为高处作业。按照上述的定义，建筑施工中有90%左右的作业，都称为高处作业。这些高处作业基本上分为三大类，即临边作业、洞口作业及独立悬空作业。进行各项高处作业，都必须做好各种必要的安全防护措施。

1. 临边作业

施工现场内任何场所，当工作面的边沿并无围护设施，使人与物有各种坠落可能的高处作业，属于临边作业。若围护设施如窗台、墙等，其高度低于 80cm 时，近旁的作业亦属临边作业。包括屋面边、楼板边、阳台边、基坑边等。

临边作业的安全防护，主要为设置防护栏杆，也有其他防护措施，大致可分以下三类。

（1）设置防护栏杆　地面基坑周边，无外脚手架的楼面与屋面周边，分层施工的楼梯口与楼段边，尚未安装栏杆或栏板的阳台、料台周边、挑平台周边、雨篷与挑檐边、井架、施工用电梯、外脚手架等通向建筑物的通道的两侧边，以及水箱与水塔周边等处，均应设置防护栏杆，顶层的楼梯口，应随工程结构的进度而安装正式栏杆。由于此时，结构施工接近完成，这样做可以节约工时和材料。

（2）架设安全网　高度超过 3.2m 的楼层周边，以及首层墙高度超过 3.2m 时的二层楼面周边，当无外脚手架时，必须在外围边沿，架设一道安全平网。

（3）装设安全门　各种垂直运输用的平台，楼层边沿接料口等处，都应装设安全门或活动栏杆。

2. 洞口作业

（1）建筑物或构筑物在施工过程中，常常会出现各种预留洞口、通道口、上料口、楼梯口、电梯井口，在其附近工作，称为洞口作业。

（2）通常将较小的洞口称为孔，较大的称为洞。并规定为：楼板、屋面、平台面等横向平面上，短边尺寸＜25cm 的，以及墙上等竖向平面上，高度＜75cm 的称孔。横向平面上，短边尺寸≥25cm，竖向平面上高度≥75cm、宽度≥45cm 的称洞。

（3）凡深度≥2m 的桩孔、人孔、沟槽及管道孔洞等边沿上的施工作业，亦归入洞口作业的范围。

（4）洞口作业的安全防护，根据不同类型，可按下列方式进行。

① 各种板和墙的孔口和洞口，必须视具体情况分别设置牢固的盖板、防护栏杆、安全网或其他防坠落的防护设施。

② 各种预留洞口、桩孔上口、杯形、条形基础上口、未回填的坑槽，以及人孔、天窗等处，均应设置稳固的盖板，防止人、物坠落。

③ 电梯井口必须设防护栏杆或固定栅门。电梯井内应每隔两层并最多隔 10m 设一道安全平网。

④ 未安装踏步的楼梯口应像预留洞口一样覆盖。安装踏步后，楼梯边应设防护栏杆，或者用正式工程的楼梯栏杆代替临时防护栏杆。

⑤ 各类通道口、上料口的上方，必须设置防护棚，其尺寸大小及强度要求可视具体情况而定，但必须达到使在下面通行或工作的人员，不受任何落物的伤害。

⑥ 施工现场大的坑槽、陡坡等处，除需设置防护设施与安全标志外，夜间还应设红灯示警。

3. 悬空作业

施工现场，在周边临空的状态下进行作业时，高度不小于 2m，属于悬空高处作业。悬空高处作业的法定的定义是：在无立足点或无牢靠立足点的条件下，进行的高处作业统称为悬空高处作业。因此，悬空作业尚无立足点，必须适当地建立牢靠的立足点，如搭设操作平台、脚手架或吊篮等，方可进行施工。

对悬空作业的另一要求为，凡作业所用索具、脚手架、吊篮、吊笼、平台、塔架等设备，均必须经过技术鉴定的合格产品或经过技术部门鉴定合格后，方可采用。

十、交叉作业

施工现场常会有上下立体交叉的作业。因此，凡在不同层次中，处于空间贯通状态下同时进行的作业，属于交叉作业。

进行交叉作业时，必须遵守下列安全规定。

（1）支模、砌墙、粉刷等各工序，在交叉作业中，不得在同一垂直方向上下同时操作。下层作业的位置，必须处于依上层高度确定的可能坠落半径之外。不符合此条件，中间应设置安全防护层。

（2）拆除脚手架与模板时，下方不得有其他操作人员。

（3）拆下的模板、脚手架等部件，临时堆放处离楼层边沿应不小于1m。堆放高度不得超过1m。楼梯边口、通道口、脚手架边沿等处，严禁堆放拆下物件。

（4）结构施工自二层起，凡人员进出的通道口（包括井架、施工用电梯的进出通道口），均应搭设安全防护棚。高层建筑施工中，对超过24m以上的防护棚的顶部，应设双层结构。

（5）由于上方施工可能坠落物体，以及处于起重机抱杆回转范围之内的通道，其受影响的范围内，必须搭设顶部能防止穿透的双层防护盖或防护棚。

上述的各项内容，就是建筑施工中主要的安全技术措施，在施工中如能一一落实，即可有效的预防高处坠落、物体打击、触电、机械伤害等多发事故。

为了防止事故，住房和城乡建设部根据多年来发生的各类伤亡事故案例，利用系统工程学的原理，分析了事故的原因及发生的概率，并明确了应采取的措施。为使用方便，将分部分项工程都编制成了检查表。这个检查表可以检查时使用，每个分项都有扣分的标准；也可作为对分项防护措施落实情况的要求。共有11张检查表，包括：安全管理、外脚手架、工具式脚手架、龙门架（井字架）、塔吊、"三宝"、"四口"、施工用电、施工机具、文明施工、基坑支护与模板工程、起重吊装等。

第九节　警示标牌布置与悬挂

施工现场应当根据工程特点及施工的不同阶段，有针对性的设置、悬挂安全标志。

一、安全标志的定义

安全警示标志是指提醒人们注意的各种标牌、文字符号以及灯光等。一般来说，安全警示标志包括安全色和安全标志。安全警示标志应当明显，便于作业人员识别。如果是灯光标志，要求明亮显眼；如果是文字图形标志，则要求明确易懂。

根据《安全色》（GB 2893—2008）规定，安全色是表达安全信息含义的颜色，安全色分为红、黄、蓝、绿四种颜色，分别表示禁止、警告、指令和提示。

根据《安全标志》（GB 2894—2008）规定，安全标志是用于表达特定信息的标志，由图形符号、安全色、几何图形（边框）或文字组成。安全标志分禁止标志、警告标志、指令标志和提示标志。安全警示标志的图形、尺寸、颜色、文字说明和制作材料等，均应符合国家标准规定。

二、设置悬挂安全标志的意义

施工现场中，施工机械和机具种类多、高空与交叉作业多、临时设施多、不安全因素多、作业环境复杂，是属于危险因素较多的作业场所，容易造成人身伤亡事故。在施工现场的危险部位和有关设备、设施上设置安全警示标志，这是为了提醒、警示进入施工现场的管理人员、作业人员和有关人员，要时刻认识到所处环境的危险性，随时保持警惕，避免事故发生。

三、安全标志平面布置图

施工单位应当根据工程项目的规范、施工现场的环境、工程结构形式以及设备和机具的位置等情况，确定危险部位，有针对性地设置安全标志。施工现场应绘制安全标志布置总平面图，根据施工不同阶段的施工特点，组织人员有针对性地进行设置、悬挂或增减。

安全标志设置位置的平面图，是重要的安全工作内业资料之一，当一张图不能表明时可以分层表明或分层绘制。安全标志设置位置的平面图应由绘制人员签名，项目负责人审批。

四、安全标志的设置与悬挂

根据国家有关规定，施工现场入口处、施工起重机械、临时用电设施、脚手架、出入通道口、楼梯口、电梯井口、空洞口、桥梁口、隧道口、基坑边沿、爆破物及有害危险气体和液体存放处等属于危险部位，应当设置明显的安全警示标志。安全警示标志的类型、数量应当根据危险部位的性质不同，设置不同的安全警示标志。如：在爆破物及有害危险气体和液体存放处设置禁止烟火、禁止吸烟等禁止标志；在施工机具旁设置当心触电、当心伤手等警告标志；在施工现场入口处设置必须戴安全帽等指令标志；在通道口处设置安全通道等指示标志；在施工现场的沟、坎、深基坑等处，夜间要设红灯示警。

安全标志设置后应当进行统计记录，并填写施工现场安全标志登记表。

小　　结

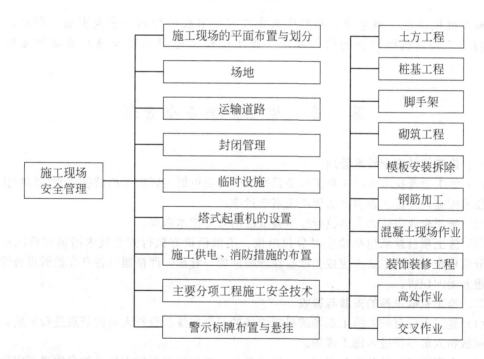

📖 自测练习

1. 施工现场道路的宽度和转弯半径有哪些规定？
2. 塔式起重机现场布置有哪些要求？
3. 土方开挖安全措施有哪些内容？
4. 脚手架安全施工措施有哪些内容？
5. 进行交叉作业应遵守哪些安全规定？

第十二章 施工机械、防火与临时用电安全管理

【知识目标】

- 了解施工机械安全管理，防火安全管理的一般规定，防火安全管理职责，特殊施工场地防火，季节防火要求
- 理解施工现场防火安全管理的要求，施工临时用电设施检查与验收
- 掌握主要施工机械安全防护，施工现场防火检查及灭火，施工临时用电安全措施

【能力目标】

- 能安全防护主要的施工机械
- 能熟悉施工现场防火检查和灭火措施
- 能应用施工临时用电安全措施

　　施工机械伤害、触电伤人和发生火灾在安全事故中均属于多发事故，因此，必须加强对施工现场机械设备的防护要求和施工临时用电设施以及易燃易爆物品的安全管理。

第一节　施工机械安全管理

一、施工机械安全技术管理

　　(1) 施工企业技术部门应在工程项目开工前编制包括主要施工机械设备安装防护技术的安全技术措施，并报工程项目监理单位审查批准。

　　(2) 施工企业应认真贯彻执行经审查批准的安全技术措施。

　　(3) 施工项目总承包单位应对分包单位、机械租赁方执行安全技术措施的情况进行监督。分包单位、机械租赁方应接受项目经理部的统一管理，严格履行各自在机械设备安全技术管理方面的职责。

二、施工机械设备的安装与验收

　　(1) 施工单位对进入施工现场的机械设备的安全装置和操作人员的资质进行审验，不合格的机械和人员不得进入施工现场。

　　(2) 大型机械塔吊等设备安装前，施工单位应根据设备租赁方提供的参数进行安装设计架设、经验收合格后的机械设备，可由资质等级合格的设备安装单位组织安装。

　　(3) 设备安装单位完成安装工程后，报请当地行政主管部门验收，验收合格后方可办理移交手续；严格执行先验收、后使用的规定。

　　(4) 中、小型机械由分包单位组织安装后，施工企业机械管理部门组织验收，验收合格后方可使用。

　　(5) 所有机械设备验收资料均由机械管理部门统一保存，并交安全管理部门一份

备案。

三、施工机械管理与定期检查

（1）施工企业应根据机械使用规模，设置机械设备管理部门。机械管理人员应具备一定的专业管理能力，并熟悉掌握机械安全使用的有关规定与标准。

（2）机械操作人员应经过专门的技术培训，并按规定取得安全操作证后，方可上岗作业；学员或未取得操作证的操作人员，必须在持操作证的人员监护下方准上岗。

（3）机械管理部门应根据有关安全规程、标准制定项目机械安全管理制度并组织实施。

（4）施工企业的机械管理部门应对现场机械设备组织定期检查，发现违章操作行为应立即纠正。对查出的隐患，要落实责任，限期整改。

（5）施工企业机械管理部门负责组织落实上级管理部门和政府执法检查时下达的隐患整改指令。

第二节　主要施工机械安全防护

施工机械种类繁多、性能各异，以下仅介绍几种主要施工机械的安全防护要求。

一、塔式起重机的安全防护

塔式起重机（简称塔吊），在建筑施工中已经得到广泛的应用，成为建筑安装施工中不可缺少的建筑机械。

由于塔吊的起重臂与塔身可相互垂直，故可将塔吊靠近施工的建筑物安装，其有效工作幅度优于履带、轮胎式起重机。特别是出现高层、超高层建筑后，塔吊的工作高度可达100～160m，更体现其优越性，再加上本身操作方便、变幅简单等特点，塔吊将仍然是今后建筑业垂直运输作业的主导施工机械。

（一）类型

塔吊的类型由于分类方法的不同，可按以下几种方法划分。

1. 按工作方法分

（1）固定式塔吊　塔身不移动，工作范围由塔臂的转动和小车变幅决定，多用于高层建筑、构筑物、高炉安装工程。

（2）运行式塔吊　它可由一个工作点移动到另一个工作点，如轨道式塔吊，可带负荷运行，在建筑群中使用可以不用拆卸，通过轨道直接开进新的工程地点施工。固定式或运行式塔吊，可按照工程特点和施工条件选用。

2. 按旋转方式分

（1）上旋式　塔身上旋转，在塔顶上安装可旋转的起重臂。因塔身不转动，所以塔臂旋转时塔身不受限制，因塔身不动，所以塔身与架体连接结构简单，但由于平衡重在塔吊上部，重心高不利于稳定，另外当建筑物高度超过平衡臂时，塔吊的旋转角受到了限制，给工作造成了一定困难。

（2）下旋式　塔身与起重臂共同旋转。这种塔吊的起重臂与塔顶固定，平衡重和旋转支撑装置布置在塔身下部。因平衡重及传动机构在起重机下部，所以重心低，稳定性好，又因起重臂与塔身一同转动，因此塔身受力变化小。司机室位置高，视线好，安装拆卸也较方便。但旋转支撑装置构造复杂，另外因塔身经常旋转，需要较大的空间。

3. 按变幅方法分

(1) 动臂变幅　这种起重机变换工作半径是依靠变化起重臂的角度来实现的。其优点是可以充分发挥起重高度，起重臂的结构简单；缺点是吊物不能靠近塔身，作业幅度受到限制，同时变幅时要求空载动作。

(2) 小车运行变幅　这种起重机的起重臂仰角固定，不能上升、下降，工作半径是依靠起重臂上的载重小车运行来完成的。其优点是载重小车可靠近塔身，作业幅度范围大，变幅迅速，而且可以带负荷变幅；其缺点是起重臂受力复杂。结构制造要求高，起重高度必须低于起重臂固定工作高度，不能调整仰角。

4. 按起重性能分

(1) 轻型塔吊　起重量在 0.5～3t，适用于五层以下砖混结构施工。

(2) 中型塔吊　起重量在 3～15t，使用于工业建筑综合吊装和高层建筑施工。

(3) 重型塔吊　适用于多层工业厂房以及锅炉设备安装。

(二) 基本参数

起重机的基本参数是生产、使用、选择起重机技术性能的依据。基本参数又有一个或两个为主的参数起主导作用。作为塔吊目前提出的基本参数有六项：即起重力矩、起重量、最大起重量、工作幅度，起升高度和轨距，其中起重力矩确定为主要参数。

1. 起重力矩

起重力矩是衡量塔吊起重能力的主要参数。选用塔吊，不仅考虑起重量，而且还应考虑工作幅度。

2. 起重量

起重量是以起重吊钩上所悬挂的索具与重物的重量之和计算。

关于起重量的考虑有两层含义：其一是最大工作幅度时的起重量；其二是最大额定起重量。在选择机型时，应按其说明书使用。因动臂式塔吊的工作幅度有限制范围，所以若以力矩值除以工作幅度，反算所得值并不准确。

3. 工作幅度

工作幅度也称回转半径，是起重吊钩中心到塔吊回转中心线之间的水平距离，它是以建筑物尺寸和施工工艺的要求而确定的。

4. 起升高度

起升高度是在最大工作幅度时，吊钩中心线至轨顶面（固定式至地面）的垂直距离，该值的确定是以建筑物尺寸和施工工艺的要求而确定的。

5. 轨距

轨距值的确定是由塔吊的整体稳定和经济效果而定。

(三) 工作机构和安装装置

1. 行走机构和行程限位

行走机构由四个行走台车组成。行走机构没有制动装置，避免刹车引起的振动和倾斜，司机停车采取由高速挡转换到低速挡，再到零位后滑行的方法。行程限位装置一般安装在主动台车内侧，装一个可以拨动扳把的行程开关，另在轨道的尽端（在塔吊运行限定的位置）安装一固定的极限位置挡板，当塔吊向前运行到达限定位置时，极限挡板即拨动行程开关的扳把，切断行走控制电源，当开关再闭合时，塔吊只能向相反方向行走。

2. 起重机构，超载保险装置，钢丝绳脱槽限位，高度限位装置

(1) 起重机构由卷扬机、钢丝绳、滑轮组成。塔吊起重卷扬机设在司机室下方，底座是

悬挂式，两个支点固定在横梁上。

超载保险装置安装在司机室内，下边与浮动卷扬机连杆相连。当吊起重物时，钢丝绳的张力拉着卷扬架上升，托起连杆压缩限位器的弹簧。当达到预先调定的限位时，推动杠杆撞板使限位器动作，切断至控制线路，使卷扬机停车。司机应在起重臂变幅后，及时按吨位标志调整限定起重量值。

钢丝绳脱槽限位安装在塔帽尖端，接近起重钢丝绳滑轮处装一个限位开关，滑轮处压板与钢丝绳之间保持一定间隙。当钢丝绳因故发生跳槽时，顶开拉杆压板，推动限位开关，切断主控制线路卷扬机停车。

高度限位装置安装在起重臂头部，由一杠杆架推动，当吊钩上升到极限时，托起杠杆架，压下限位开关，切断主控制线路，使卷扬机停车，再合闸时，只能使起重钩首先下降。

（2）力矩限制器是新近研制的一种电子保护装置。它根据塔吊不同高度的塔身，不同臂长、不同幅度而有不同起重量的特点，以自动显示力矩、回转半径及起重量以满足使用。

力矩限制器采用比较器电路，将允许起重电压与电子秤输出的实际起重电压相比较，当实际起重电压超出允许起重电压时，比较器翻转，吸合继电器报警，并切断塔吊相关电路，从而使塔吊停车。力矩限制器有指针式和数字式两种，数字式读数方便。

3. 转动机构

起重机旋转部分与固定部分的相对转动，是借助电动机驱动的单独机构来实现的。

电动机的轴上装有一个锁紧制动装置，主要用于有风的情况，工作时可将起重臂锁定在一定位置上，以保证构件准确就位。此装置是待旋转的电动机停止后才使用的，而不能作为刹车机构。

4. 变幅机构与幅度限位装置

变幅机构有两个用途：一是改变起重高度；二是改变吊物的回转半径。

此装置装在塔帽轴的外端架子上，由一活动半圆形盘、抱杆及两个限位开关组成。抱杆与起重臂同时转动，电刷根据不同角度分别接通指示灯触点，将角度位置通过指示灯光信号，传递到操作室指示盘上，根据指示灯信号，可知起重臂的仰角，由此可查出相应起重臂。当臂杆变化到两个极限位置时（上、下限时），则分别压下限位开关，切断主控制线路，变幅电动机停车。

二、龙门架、井字架垂直升降机的安全防护

龙门架、井字架升降机都是用作施工中的物料垂直运输机械。龙门架、井字架，是随架体的外形结构而得名。

龙门架由天梁及两立柱组成，形如门框，井架由四边的杆件组成，形如"井"字的截面架体，提升货物的吊篮在架体中间上下运行。

1. 构造

升降机架体的主要构件有立柱、天梁、上料吊篮，导轨及底盘。架体的固定方法可采用在架体上拴缆风绳，其另一端固定在地锚处；或沿架体每隔一定高度，设一道附墙杆件，与建筑物的结构部位连接牢固，从而保持架体的稳定。

（1）立柱　立柱制作材料可选用型钢或钢管，焊成格构式标准节，其断面可组合成三角形、方形，其具体尺寸经计算选定。井架的架体也可制作成杆件，在施工现场进行组装。高度较低的井架其架体也可参照钢管扣件脚手架的材料要求和搭设方法，在施工现场按规定进行选材搭设。

（2）天梁　天梁是安装在架体顶部的横梁，是主要受力部位，以承受吊篮自重及其物料重量，断面经计算选定，载荷 1t 时，天梁可选用 2 根 14 号的槽钢，背对背焊接，中间装有滑轮及固定钢丝绳尾端的销轴。

（3）吊篮（吊笼）　吊篮是装载物沿升降机导轨上下运行的部件，由型钢及连接板焊成吊篮框架，其底板铺 5cm 厚木板（当采用钢板时应焊防滑条），吊篮两侧应有高度不小于 1m 的安全挡板或挡网，上料口与卸料口应装防护门，防止上下运行中物料或小车落下，此防护门对卸料人员在高处作业时，又是一可靠的临边防护。高架升降机（高度 30m 以上）使用的吊篮应有防护顶板形成吊笼。

（4）导轨　导轨可选用工字钢或钢管。龙门架的导轨可做成单滑道或双滑道与架体焊在一起，双滑道可减少吊篮运行中的晃动；井字架的导轨也可设在架体内的四角，在吊篮的四角装置滚轮沿导轨行进，有较好的稳定作用。

（5）底盘　架体的最下部装有底盘，用于架体与基础连接。

（6）滑轮　装在天梁上的滑轮习惯称天轮，装在架体最底部的滑轮称地轮，钢丝绳通过天轮、地轮及吊篮上的滑轮穿绕后，一端固定在天梁的锁轴上，另一端与卷扬机卷筒锚固。

滑轮应按钢丝绳的直径选用，钢丝绳直径与滑轮直径的比值越大，钢丝绳产生的弯曲应力也就越小。当其比值符合有关规定时，对钢丝绳的受力，基本上可不考虑弯曲的影响。

（7）卷扬机　卷扬机宜选用正反转卷扬机，即吊篮的上下运行都依靠卷扬机的动力。当前，一些施工单位使用的卷扬机没有反转，吊篮上升时靠卷扬机动力，当吊篮下降时卷筒脱开离合器，靠吊篮自重和物料的重力作自由降落，虽然司机用手刹车控制，但往往由于速度快使架体晃动，加大了吊篮与导轨的间隙，不但容易发生吊篮脱轨，同时也加大了钢丝绳的磨损。高架升降机不能使用这种卷扬机。

（8）摇臂抱杆　摇臂为解决一些过长材料的运输，可在架体的一侧安装一根起重臂杆，用另一台卷扬机为动力，控制吊钩上下，臂杆的转向由人工拉缆风绳操作。臂杆可选用无缝钢管或用型钢焊成格构断面，增加摇臂抱杆后，应对架体进行核算和加强。

2. 安全防护装置

（1）安全停靠装置　必须在吊篮到位时，设置一种安全装置，使吊篮稳定停靠，在人员进入吊篮内作业时有安全感。目前各地区停靠装置形式不一，有自动型和手动型，即吊篮到位后，由弹簧控制或由人工搬动，使支撑杆伸到架体的承托架上，其荷载全部由停靠装置承担，此时钢丝绳不受力，只起保险作用。

（2）断绳保护装置　当钢丝绳突然断开时，此装置即弹出，两端将吊篮卡在架体上，使吊篮不坠落，保护吊篮内作业人员不受伤害。

（3）吊篮安全门　安全门在吊篮运行中起防护作用，最好制成自动开启型，即当吊篮落地时，安全门自动开启，吊篮上升时，安全门自行关闭，这样可避免因操作人员忘记关闭，安全门失效。

（4）楼层口停靠栏杆　升降机与各层进料口的结合处搭设了运料通道以运送材料，当吊篮上下运行时，各通道口处于危险的边缘，卸料人员在此等候运料应给予封闭，以防发生高处坠落事故。此护栏（或门）应呈封闭状，待吊篮运行到位停靠时，方可开启。

（5）上料口防护棚　升降机地面进料口是运料人员经常出入和停留的地方，易发生落物伤人。为此要在距离地面一定高度处搭设护棚，其材料需能承受一定的冲击荷载。尤其当建筑物较高时，其尺寸不能小于坠落半径的规定。

（6）超高限位装置　当司机因误操作或机械电气故障而引起的吊篮失控时，为防止吊篮上升与天梁碰撞事故的发生而安装超高限位装置，需按提升高度进行调试。

（7）下限位装置　主要用于高架升降机，为防止吊笼下行时不停机，压迫缓冲装置造成事故。安装时将下限位调试到碰撞缓冲器之前，可自动切断电源保证安全运行。

（8）超载限位器　为防止装料过多以及司机对各类散状重物难以估计重量造成的超载运行而设置的。当吊笼内载荷达到额定载荷的90％时发出信号，达到100％时切断起升电源。

（9）通信装置　高架升降机时或利用建筑物内通道升降运行的升降机，因司机视线障碍不能清楚地看到各楼层，需增加通信装置。司机与各层运料人员靠通信装置及信号装置进行联系来确定吊篮实际运行的情况。

第三节　施工临时防火安全管理

一、防火安全管理的一般规定

（1）施工现场防火工作，必须认真贯彻"以防为主，防消结合"的方针，立足于自防自救，坚持安全第一，实行"谁主管，谁负责"的原则，在防火业务上要接受当地行政主管部门和当地公安消防机构的监督和指导。

（2）施工单位应对职工进行经常性的防火宣传教育，普及消防知识，增强消防观念，自觉遵守各项防火规章制度。

（3）施工应根据工程的特点和要求，在制定施工方案或施工组织设计的时候制定消防防火方案，并按规定程序实行审批。

（4）施工现场必须设置防火警示标志，施工现场办公室内应挂有防火责任人、防火领导小组成员名单、防火制度。

（5）施工现场实行层级消防责任制，落实各级防火责任人，各负其责，项目经理是施工现场防火负责人，全面负责施工现场的防火工作，由公司发给任命书，施工现场必须成立防火领导小组，由防火负责人任组长，成员由项目相关职能部门人员组成，防火领导小组定期召开防火工作会议。

（6）施工单位必须建立和健全岗位防火责任制，明确各岗位的防火负责区和职责，使职工懂得本岗位火灾危险性，懂得防火措施，懂得灭火方法，会报警，会使用灭火器材，会处理事故苗头。

（7）按规定实施防火安全检查，对查出的火险隐患及时整改，本部门难以解决的要及时上报。

（8）施工现场必须根据防火的需要，配置相应种类、数量的消防器材、设备和设施。

二、防火安全管理职责

1. 项目消防安全领导小组职责

（1）在公司级防火责任人领导下，把工地的防火工作纳入生产管理中，做到生产计划、布置、检查、总评、评比"五同时"。

（2）负责工地的防火教育工作，普及消防知识，保证各项防火安全制度的贯彻执行。

（3）定期组织消防检查，发现隐患及时整改，对项目部解决不了的火险隐患，提出整改意见，报公司防火负责人。

（4）督促配置必要的消防器材，要保证随时完整好用，不准随便作他用。

（5）发生火灾事故，责任人提出处理意见，及时上报公司或公安消防机关。

（6）定期召开各班组防火责任人会议，分析防火工作，布置防火安全工作。

2. 义务消防队队员职责

（1）积极宣传消防工作的方针、意见和安全消防知识。

（2）模范地遵守和执行防火安全制度，认真做好工地的防火安全工作，发现问题及时整改或向上级汇报。

（3）要熟悉工地的要害部位，火灾危害性及水源、道路、消防器材设置等情况，并定期进行消防业务学习和技术培训。

（4）做好消防器材，消防设备的维修和保养工作，保证灭火器材的完好使用。

（5）严格动火审批制度，并实行谁审批谁负责原则，明确职责，认真履行。

（6）熟练掌握各种灭火器材的应用和适用范围，每年举行不少于两次的灭火学习。

（7）实行全天候值班巡逻制度，发现问题及时处理整改，定期向消防领导小组书面汇报现场消防安全工作情况。

（8）对违反消防安全管理条件的单位、个人遵照规定给予处罚。

3. 班组防火负责人职责

（1）贯彻落实消防领导小组及义务消防队布置的防火工作任务，检查和监督本班组人员执行安全制度情况。

（2）严格执行项目部制度的各项消防安全管理制度、动火制度及有关奖罚条例等。

（3）教会有关操作人员正确使用灭火器材，掌握适用范围。

（4）督促做好本班组的防火安全检查工作，做好工完场清，不留火险隐患，杜绝事故发生。

（5）负责本班组人员所操作的机械电器设备的防火安全装置，运转和安全使用管理工作。

（6）发现问题及时处理，发生事故立即补救，并及时向义务消防队和消防领导小组汇报。

第四节　施工现场防火安全管理的要求

一、火源管理

严格执行临时动火"三级"审批制度，领取动火作业许可证后，方能动火作业。动火作业必须做到"八不"、"四要"、"一清理"。

1. "三级"动火审批制度

（1）一级动火　即可能发生一般火灾事故的（没有明显危险因素的场所），由项目部的技术安全部门提出意见，经项目部的防火责任人审批。

（2）二级动火　即可能发生重大火灾事故的，由项目部的技术安全部门和保卫部门提出意见，项目部防火责任人加具意见，报公司技术安全科会同保卫科共同审核，报公司防火责任人审批，并报市消防部门备案。如有疑难问题，还须邀请劳动、公安、消防等有关部门的专业人员共同研究审批。

（3）三级动火 即可能发生特大火灾事故的，由公司技术安全科和保卫科提出意见，公司防火责任人审批，并报消防部门备案。如有疑难问题，还须邀请劳动、公安、消防等有关部门的专业人员共同研究审批。

2. 动火前"八不"

（1）防火、灭火措施不落实不动火。

（2）周围的易燃物未清除不动火。

（3）附近难以移动的易燃结构未采取安全防范措施不动火。

（4）盛装过油类等易燃液体的容器、管道，未经洗刷干净、排除残存的油质不动火。

（5）盛装过气体受热膨胀并有爆炸危险的容器和管道未清除不动火。

（6）储存有易燃、易爆物品的车间、仓库和场所，未经排除易燃、易爆危险的不动火。

（7）在高处进行焊接或切割作业时，下面的可燃物品未清理或未采取安全防护措施的不动火。

（8）没有配备相应的灭火器材不动火。

3. 动火中"四要"

（1）动火前要指定现场安全负责人。

（2）现场安全负责人和动火人员必须经常注意动火情况，发现不安全苗头时要立即停止动火。

（3）发生火灾、爆炸事故时，要及时补救。

（4）动火人员要严格执行安全操作规程。

4. 动火后"一清理"

动火人员和现场安全责任人在动火后，应彻底清理现场火种后，才能离开现场。

5. 其他注意事项

（1）高处焊、割作业时要有专人监焊，必须落实防止焊渣飞溅、切割物下跌的安全措施。

（2）动火作业前后要告知防火检查员或值班人员。

（3）装修工程施工期间，在施工范围内不准吸烟，严禁油漆及木制作作业与动火作业同时进行。

（4）乙炔气瓶应直立放置，使用时不得靠近热源，应距明火点不少于10m，与氧气瓶应保持不少于5m距离，不得露天存放、暴晒。

二、电气防火管理

（1）施工现场的一切电气线路、设备必须由持有上岗操作证的电工安装、维修、并严格执行我国《建设工程施工现场供电安全规范》（GB 50194—2014）和《施工现场临时用电安全技术规范》（JGJ 46—2005）规定。

（2）电线绝缘层老化、破损要及时更换。

（3）严禁在外脚手架上架设电线和使用碘钨灯，因施工需要在其他位置使用碘钨灯，架设要牢固，碘钨灯距易燃物不少于50cm，且不得直接照射易燃物。当间距不够时，应采取隔热措施，施工完毕要及时拆除。

（4）临时建筑设施的电气安装要求

① 电线必须与铁制烟囱保持不少于50cm的距离；

② 电气设备和电线不准超过安全负荷，接头处要牢固，绝缘性良好，室内、外电线架

设应有瓷管或瓷瓶与其他物体隔离，室内电线不得直接敷设在可燃物、金属物上，要套防火绝缘线管；

③ 照明灯具下方一般不准堆放物品，其垂直下方与堆放物品水平距离不得少于50cm；

④ 临时建筑设施内的照明必须做到一灯一制一保险，不准使用60W以上的照明灯具，宿舍内照明应按每10m² 有一盏不低于40W的照明灯具，并安装带保险的插座；

⑤ 每栋临时建筑以及临时建筑内每个单元的用电必须设有电源总开关和漏电保护开关，做到人离断电；

⑥ 凡是能够产生静电引起爆炸或火灾的设备容器，必须设置消除静电的装置。

三、电焊、气割的防火安全管理

(1) 从事电焊、气割操作人员，应经专门培训，掌握焊割的安全技术、操作规程，考试合格，取得操作合格证后方可持证上岗。学徒工不能单独操作，应在师傅的监护下进行作业。

(2) 严格执行用火审批程序和制度，操作前应办理动火申请手续，经单位领导同意及消防或安全技术部门检查批准，领取动火许可证后方可进行作业。

(3) 用火审批人员要认真负责，严格把关。审批前要深入动火地点查看，确认无火险隐患后再行审批。批准动火应采取定时（时间）、定位（层、段、档）、定人（操作人、看火人）、定措施（应采取的具体防火措施），部位变动或仍需继续操作，应事先更换动火证。动火证只限当日本人使用，并随身携带，以备消防保卫人员检查。

(4) 进行电焊、气割前，应由施工员或班组长向操作、看火人员进行消防安全技术措施交底，任何领导不能以任何借口让电、气焊工人进行冒险操作。

(5) 装过或有易燃、可燃液体、气体及化学危险物品的容器、管道和设备，在未彻底清洗干净前，不得进行焊割。

(6) 严禁在有可燃气体、粉尘或禁止用火的危险性场所焊割。在这些场所附近进行焊割时，应按有关规定，保持防火距离。

(7) 遇有5级以上大风气候时，应停止高空和露天焊割作业。

(8) 要合理安排工艺和编制施工进度，在有可燃材料保温的部位，不准进行焊割作业。必要时，应在工艺安排和施工方法上采取严格的防火措施。焊割不准在油漆、喷漆、脱漆、木工等易燃、易爆物品和可燃物上作业。

(9) 焊割结束或离开操作现场时，应切断电源、气源。赤热的焊嘴以及焊条头等，禁止放在易燃、易爆物品和可燃物上。

(10) 禁止使用不合格的焊割工具和设备，电焊的导线不能与装有气体的气接触，也不能与气焊的软管或气体的导管放在一起。焊把线和气焊的软管不得从生产、使用、储存易燃、易爆物品的场所或部位穿过。

(11) 焊割现场应配备灭火器材，危险性较大的应有专人现场监护。

(12) 监护人职责

① 清理焊割部位附近的易燃、可燃物品；对不能清除的易燃、可燃物品要用水浇湿或盖上石棉布等非易燃材料，以隔绝火星。

② 坚守岗位，要与电、气焊工密切配合，随时注视焊割周围的情况，一旦起火及时扑救。

③ 在高空焊割时，要用非燃材料做成接火盘和风挡，以接住和控制火花的溅落。

④ 在焊割过程时，随时进行检查，操作结束后，要对焊割地点进行仔细检查确认无危

险后方可离开。在隐蔽场所或部位（如闷顶、隔墙、电梯井、通风道、电缆沟和管道井等）焊、割操作完毕后，0.5～4h内要反复检查，以防引燃起火。

⑤ 备好适用的灭火器材和防火设备（石棉布、接火盘、风挡等），做好灭火准备。

⑥ 发现电、气焊操作人员违反电、气焊防火管理规定、操作规程或动火部位有火灾、爆炸危险时，有权责令停止操作，收回动火许可证及操作证，及时向领导汇报。

（13）电焊工的操作要求

① 电焊工在操作前，要严格检查所用工具（包括电焊机设备、线路敷设、电缆线的接点等），使用的工具均应符合标准，保持完好状态。

② 电焊机应有单独开关，装在防火、防雨的闸箱内，电焊机应设防雨棚（罩）。开关的保险丝容量应为该机的1.5倍。保险丝不准用铜丝或铁丝代替。

③ 焊割部位应与氧气瓶、乙炔瓶、乙炔发生器及各种易燃、可燃材料隔离，两瓶之间不得小于5m，与明火之间不得小于10m。

④ 电焊机应设专用接地线，直接放在焊件上，接地线不准在建筑物、机械设备、各种管道、避雷引下线和金属架上借路使用，防止接触火花，造成起火事故。

⑤ 电焊机一、二次线应用线鼻子压接牢固，同时应加装防护罩，防止松动、短路放弧、引燃可燃物。

⑥ 严格执行防火规定和操作规程，操作时采取相应的防火措施，与看火人员密切配合，防止火灾。

四、易燃易爆物品防火安全管理

（1）现场不应设立易燃易爆物品仓，如工程确需存放易燃易爆物品，应按照防火有关规定要求，经公司保卫处或消防部门审批同意后，方能存放，存放量不得超过3天的使用总量。

（2）易爆物品仓必须设专人看管，严格收发、回仓登记手续。

（3）易爆物品严禁露天存放。严禁将化学性质或防护、灭火方法相抵触的化学易燃易爆物品在同一仓内存放。氧气和乙炔气要分别独立存放。

（4）使用化学易燃易爆物品，应实行限额领料和领料记录。在使用化学易燃易爆物品场所，严禁动火作业；禁止在作业场所内分装、调料。

（5）易燃易爆物品仓的照明必须使用防爆灯具、线路、开关、设备。

（6）严禁携带手机、对讲机等进入易燃易爆物品仓。

五、木工操作间的防火安全管理

（1）操作间建筑应采用阻燃材料搭建。

（2）冬期宜采用暖气（水暖）供暖，如用火炉取暖时，应在四周采取挡火措施；不准燃烧劈柴、刨花代煤取暖。每个火炉都要有专人负责，下班时将余火熄灭。

（3）电气设备的安装要符合要求。抛光、电锯等部位的电气设备应采用密封式或防爆式。刨花、锯末较多部位的电动机，应安装防尘罩。

（4）操作间内严禁吸烟和用明火作业。

（5）操作间只能存放当班的用料，成品及半成品及时运走。木器工厂做到活完场地清，刨花、锯末下班时要打扫干净，堆放在指定的地点。

（6）严格遵守操作规程，对旧木料经检查，起出铁钉等后，方可上锯。

（7）配电盘、刀闸下方不能堆放成品、半成品及废料。

（8）工作完毕后应拉闸断电，并经检查确定无火险后方可离开。

六、临时设施防火管理

（1）临时建筑的围蔽和骨架必须使用不燃材料搭建（门、窗除外），厨房、茶水房、易燃易爆物品仓必须单独设置，用砖墙围蔽。施工现场材料仓宜搭建在门卫值班室旁。

（2）临时建筑必须整齐划一、牢固，且远离火灾危险性大的场所，每栋临时建筑占地面积不宜大于 200m²，室内地面要平整，其四周应当修建排水明渠。

（3）每栋临时建筑的居住人数不准超过 50 人，每 25 人要有一个可以直接出入的门口。临时建筑的高度不低于 3m，门窗要往外开。

（4）临时建筑一般不宜搭建两层，如确因施工用地所限，需搭建两层的宿舍其围蔽必须用砖砌，楼面应使用不燃材料铺设，二层住人应按照每 50 人有一座疏散楼梯，楼梯的宽度不少于 1.2m，坡度不大于 45 度，栏杆扶手的高度不应低于 1m。

（5）搭建两栋以上（含两栋）临时宿舍共用同一疏散通道，其通道净宽不少于 5m，临时建筑与厨房、变电房之间防火距离不少于 3m。

（6）贮存、使用易燃易爆物品的设施要独立搭建，并远离其他临时建筑。

（7）临时建筑不要修建在高压架空电线下面，并距离高压架空电线的水平距离不少于 6m。

搭建临时建筑必须先上报，经有关部门批准后建设。经批准搭建的临时建筑不得擅自更改位置、面积、结构和用途，如发生更改，必须重新报批。

七、防火资料档案管理

必须建立健全施工现场防火资料档案，并有专人管理，其内容包含如下。

① 工程建设项目和装修工程消防报批资料；

② 工程消防方案；

③ 搭建临时建筑和外脚手架的消防报批许可证；

④ 防火机构人员名单（包括义务消防队员、专兼职防火检查员名单）；

⑤ 对职工、外来工、义务消防队员的培训、教育计划及有关资料记录；

⑥ 每次防火会议和各级防火检查记录，隐患整改记录；

⑦ 各项防火制度；

⑧ 动火作业登记簿；

⑨ 消防器材种类、数量、保养、期限、维修记录。

第五节 特殊施工场地防火

一、地下工程施工防火

（1）施工现场的临时电源线不宜直接敷设在墙壁或土墙上，应用绝缘材料架空安装。配电箱应采取防火措施，潮湿地段或渗水部位照明应安装防潮灯具。

（2）施工现场应有不少于两个入口或坡道，长距离施工应适当增加出入口的数量。施工区面积不超过 50m²，施工人员不超过 20 人时，可设一个直通地上的安全出口。

（3）安全出入口、疏散走道和楼梯的宽度应按其通过人数每 100 人不小于 1m 的净宽计算。每个出入口的疏散人数不应超过 250 人。安全出入口、疏散走道、楼梯的最小净宽不小于 1m。

（4）疏散通道、楼梯及坡道内，不应设置突出物或堆放施工材料和机具。

（5）疏散通道、安全出入口、疏散楼梯、操作区域等部位，应设置火灾事故照明灯。

（6）疏散通道及其交叉口，拐弯处、安全出口处应设置疏散指示标识灯。疏散标识灯的间距不宜过大，距地面高度应为1～1.2m。

（7）火灾事故照明灯和疏散指示灯工作电源断电后，应能自动投合。

（8）地下工程施工区域应设置消防给水管道和消火栓，消防给水管道可以与施工用水管道合用。地下工程不能设置消防用水时，应配备足够数量的轻便消防器材。

（9）大面积油漆粉刷和喷漆应在地面施工，局部的粉刷可在地下工程内部进行，但一次粉刷的量不宜过多，同时在粉刷区域内禁止一切火源，加强通风。

（10）制订应急的疏散计划。

二、古建筑工程施工防火

（1）电源线、照明灯具不应直接敷设在古建筑的柱、梁上。照明灯具应安装在支架上或吊装，同时安装防护罩。

（2）古建筑工程的修缮若是在雨期施工，应考虑安装避雷设备对古建筑及架子进行保护。

（3）加强用火管理，对电、气焊实施动焊的审批管理制度。

（4）室内油漆画时，应逐项进行，每次安排油漆彩画量不宜过大，以不达到局部形成爆炸极限为前提。油漆彩画时禁止一切火源。夏季对剩下的油皮子及时处理，防止因高温造成自燃。施工中的油棉丝、手套、油皮子等不要乱扔，应集中进行处理。

（5）冬期进行油彩画时，不应使用炉火进行采暖，尽量使用暖气采暖。

（6）古建筑施工中，剩余的刨花、锯末、贴金纸等可燃材料，应随时进行清理，做到活完料清。

（7）易燃、可燃材料应选择在安全地点存放，不宜靠近树木等。

（8）施工现场应设置消防给水设施、水池或消防水桶。

第六节　施工现场防火检查及灭火

一、施工现场防火检查

1. 防火检查内容

（1）检查用火、用电和易燃易爆物品及其他重点部位生产、储存、运输过程中的防火安全情况和临建结构、平面布置、水源、道路是否符合防火要求。

（2）火险隐患整改情况。

（3）检查义务和专职消防队组织及活动情况。

（4）检查各级防火责任制、岗位责任制、八大工种责任书和各项防火安全制度执行情况。

（5）检查三级动火审批及动火证、操作证、消防设施、器材管理及使用情况。

（6）检查防火安全宣传教育，外包工管理等情况。

（7）检查十项标准是否落实，基础管理是否健全，防火档案资料是否齐全，发生事故是否按"三不放过"原则进行处理。

2. 火险隐患整改的要求

（1）领导重视。火险隐患能不能及时进行整改，关键在于领导。有些重大火险隐患，之所以成了"老检查、老问题、老不改"的"老大难"问题，是与有的领导不够重视防火安全分不开的。事实证明：光检查不整改，势必养患成灾，届时想改也来不及了。一旦发生了火灾事故，与整改隐患比较起来，在人力、物力、财力等各个方面所付出的代价不知道要高出多少倍。因此，迟改不如早改。

（2）边查边改。以检查出来的火险隐患，要求施工单位能立即纠正的，就立即纠正，不要拖延。

（3）对不能立即解决的火险隐患，检查人员逐件登记，定项、定人、定措施，限期整改，并建立立案、销案制度。

（4）对重大火险隐患，经施工单位自身的努力仍得不到解决的，公安消防监督机关应该督促他们及时向上级主管机关报告，求得解决，同时采取可靠的临时性措施。对能够整改而又不认真整改的部门、单位，公安消防监督机关要发出重大火险隐患通知书。

（5）对遗留下来的建筑规划无消防通道、水源等方面的问题，一时确实无法解决的，公安消防监督机关应提请有关部门纳入建设规划，逐步加以解决。在没有解决前，要采取临时性的补救措施，以保证安全。

二、施工现场灭火

灭火方法包括以下四种。

（1）窒息灭火方法　就用阻止空气流入燃烧区，或用不燃物质（气体）冲淡空气，使燃烧物质断绝氧气的助燃而使火熄灭。

采取窒息法扑救火灾时，应注意以下事项。

① 燃烧部位的空间必须较小，又容易堵塞封闭，且在燃烧区域内没有氧化剂物质存在。

② 采取水淹方法扑救火灾时，必须考虑到水对可燃物质作用后，不致产生不良的后果。

③ 采取窒息法灭火后，必须在确认火已熄灭时，方可打开孔洞进行检查，严防因过早打开封闭的房间或生产装置，而使新鲜空气流入燃烧区，引起新的燃烧，导致火势猛烈发展。

④ 在条件允许的情况下，为阻止火势迅速蔓延，争取灭火战斗的准备时间，可采取临时性的封闭窒息措施或先不开门窗，使燃烧速度控制在最低程度，在组织好扑救力量后再打开门窗，解除窒息封闭措施。

⑤ 采用惰性气体灭火时，必须要保证燃烧区域内的惰性气体的数量，使燃烧区域内氧气的含量控制在14％以下，以达到灭火的目的。

（2）冷却灭火法　就是将灭火剂直接喷洒在燃烧物体上，使可燃物质的温度降低到燃点以下，以终止燃烧。在火场上，除了用冷却法扑灭火灾外，在必要的情况下可用冷却剂冷却建筑构件、生产装置、设备容器等，防止建筑结构变形造成更大的损失。

（3）隔离灭火法　就是将燃烧物体与附近的可燃物质隔离或疏散开，使燃烧失去可燃物质而停止。

采取隔离灭火法的具体措施是将燃烧区附近的可燃、易燃和助燃物质，转移到安全地点。关闭阀门，阻止气体、液体流入燃烧区；设法阻拦流散的易燃、可燃液体或扩散的可燃气体，拆除与燃烧区相毗连的可燃建筑物，形成防止火势蔓延的间距。

（4）抑制灭火法　与前三种灭火方法不同。它是使灭火剂参与燃烧反应过程，使燃烧过程中产生的游离基消失，从而形成稳定分子或低活性的游离基，使燃烧反应停止。目前抑制法灭火常用的灭火剂有1211、1202、1301灭火剂。

三、消防设施布置要求

1. 消防给水的设置原则

（1）高度超过 24m 的工程。

（2）层数超过十层的工程。

（3）重要的及施工面积较大的工程。

2. 消防给水管网

（1）工程临时竖管不应少于两条，成环状布置，每根竖管的直径应根据要求的水柱股数，按最上层消火栓出水计算，但不小于 100mm。

（2）高度小于 50m，每层面积不超过 500m² 的普通塔式住宅及公共建筑，可设一条临时竖管。

3. 临时消火栓布置

（1）工程内临时消火栓应分设于各层明显且便于使用的地点，并保证消火栓的充实水柱能达到工程任何部位。栓口出水方向宜与墙壁成 90°角，离地面 1.2m。

（2）消火栓口径应为 65mm，配备的水带每节长度不宜超过 20m，水枪喷嘴口径不小于 19mm。每个消火栓处宜设启动消防水泵的按钮。

（3）临时消火栓的布置应保证充实水柱能到达工程内任何部位。

4. 施工现场灭火器的配备

（1）一般临时设施区，每 100m² 配备两个 10L 灭火器，大型临时设施总面积超过 1200m² 的，应备有专供消防用的太平桶、积水桶（池）、黄砂池等器材设施。

（2）木工间、油漆间、机具间等每 25m² 应配置一个合适的灭火器；油库、危险品仓库应配备足够数量、种类的灭火器。

（3）仓库或堆料场内，应根据灭火对象的特性，分组布置酸碱、泡沫、清水、二氧化碳等灭火器。每组灭火器不小于 4 个，每组灭火器之间的距离不大于 30m。

第七节　施工临时用电安全措施

为了与正式工程上的电气工程有所区别，将施工过程中所使用的施工用电称为"临时用电"。部颁标准《施工现场临时用电安全技术规范》（JGJ 46—2005）规定临时用电应遵守的主要原则如下所述。

（1）施工现场的用电设备在 5 台及 5 台以上或设备总容量在 50kW 以上者，应编制临时用电施工组织设计，它是临时用电方面的基础型技术安全资料。它包括的内容有以下方面。

① 现场勘探；

② 确定电源进线和变电所、配电室、总配电箱等的装设位置及线路走向；

③ 负荷计算；

④ 选择变压器容量、导线截面和电器的类型、规格；

⑤ 绘制电气平面图、立面图和接线系统图；

⑥ 制定安全用电技术措施和电气防火措施。

（2）在施工现场专用电源（电力变压器等）为中性点直接接地的电力线路中，必须采用 TN-S 接零保护系统。所谓 TN-S 系统就是电气设备金属外壳的保护零线要与工作零线分开，而单独敷设。也就是说在三相四线制的施工现场中，要使用五根线，第五根即为保护零线-

PE 线。

（3）施工现场的配电线路包括室外线路和室内线路，其敷设方式为：室外线路主要有绝缘导线架空敷设（架空线路）和绝缘电缆埋地敷设（埋地电缆线路）两种，也有电缆线路架空明敷设的；室内线路常有绝缘导线和电缆的明敷设和暗敷设两种。

架空线路的安全要求如下。

① 架空线必须采用绝缘导线；

② 架空线的档距不得大于 35m，线间距不得小于 30mm，最大弧垂处与地面的最小垂直距离为：施工场所 4m，机动车道 6m，铁路轨道 5～7m；

③ 用作架空线路的铝绞线截面不得小于 16mm²；铜线截面不得小于 10mm²；跨越公路、铁路、河流、电力线路档距内的铝绞线截面不得小于 35mm²；

④ 架空线路必须设在专用电杆上，严禁设在树木和脚手架上。

电缆线路的安全要求如下。

① 室外电缆的敷设分为埋地和架空两种，以埋地为宜，因为安全可靠，对人身危害大量减少；

② 埋设地点应保证电缆不受机械损伤或其他热辐射，并应避开建筑物和热能管道；

③ 电缆埋深不能小于 0.6m，并在电缆上下各均匀敷设不小于 50mm 厚的细砂，然后覆盖砖等硬质物体的保护层；

④ 橡皮电缆架空敷设时，应沿墙或电杆设置，严禁用金属裸线做绑线，电缆的最大弧垂距地面不得小于 2m。

（4）施工现场临时用电工程应采用放射型与树干型相结合的分级配电形式。第一级为配电室的配电屏（盘）或总配电箱，第二级为分配电箱，第三级为开关箱，开关箱以下就是用电设备，并且实行"一机一闸"制。

（5）施工现场的漏电保护系统至少应按两级设置，并应具备分级分段漏电保护功能。

为了充分体现漏电保护系统的分级分段保护功能，即开关箱以下用电设备的漏电由开关箱中的漏电保护器保护，开关箱以上，配电屏（盘）或总配电箱以下配电系统的漏电由配电屏（盘）或总配电箱中的漏电动作电流值和额定漏电的动作时间来控制，但为保护其漏电保护功能，其额定漏电动作电流与额定漏电动作时间之乘积应小于国际公认的安全界限值 30mA·s。

（6）照明装置。在施工现场的电器设备中，照明装置与人的接触最为经常和普遍。为了从技术上保证现场工作人员免受发生在照明装置上的触电伤害，照明装置必须采取如下措施。

① 照明开关箱（板）中的所有正常不带电的金属部件，都必须作保护接零；所有灯具的金属外壳，必须作保护接零。

② 照明开关箱（板）应装设漏电保护器。

③ 照明线路的相线必须经过开关，才能进入照明器，不得直接进入照明器。否则，只要照明线路不停电，即使照明器不亮，灯头也是带电的，这就增加了不安全因素。

④ 螺口灯头的中心触头必须与相线连接，其螺口部分必须与工作零线连接。否则，在更换和擦拭照明器时，容易意外地触及螺口相线部分，而发生触电。

⑤ 灯具的安装高度既要符合施工现场实际，又要符合安装要求。按照《施工现场临时

用电安全技术规范》（JGJ 46—2005）要求，室外灯具距地不得低于 3m；室内灯具距地不得低于 2.4m。其中室内灯具对地高度与国家标准有关，正式工程中，室内照明灯具对地高度 2.5m，不会给安全带来不利影响。

第八节 施工临时用电设施检查与验收

一、架空线路检查验收
（1）导线的型号和截面应符合设计图纸要求。
（2）导线接头应符合工艺标准的要求。
（3）电杆的材质和规格符合设计要求。
（4）进户线高度、导线弧垂距地面高度符合规范规定。

二、电缆线路检查验收
（1）电缆敷设方式符合有关规范规定及设计图纸要求。
（2）电线穿过建筑物、道路、易损部位应加导管保护。
（3）架空电缆绑扎、最大弧垂距地面高度，符合规范规定。
（4）电缆接头应符合规范规定。

三、室内配线检查验收
（1）导线型号及规格、距地面高度符合设计图纸要求。
（2）室内敷设导线应用瓷瓶、瓷夹。
（3）导线截面应满足规范、标准规定。

四、设备安装检查验收
（1）配电箱、开关箱位置应符合规范规定和设计要求。
（2）动力、照明系统应分开设置。
（3）箱内开关、电器应固定，并在箱内接线。
（4）保护零线与工作零线的端子应分开设置。
（5）检查漏电保护器是否有效。

五、接地接零检查验收
（1）保护接地、重复接地、防雷接地的装置应符合规范要求。
（2）各种接地电阻的电阻值符合设计要求。
（3）机械设备的接地螺栓应紧固。
（4）高大井架、防雷接地的引下线与接地装置的做法应符合规范规定。

六、电器防护检查验收
（1）高低压线下方应无障碍。
（2）架子与架空线路的距离、塔吊旋转部位或被吊物边缘与架空线路距离应符合规范规定。

七、照明装置检查验收
（1）照明箱内应有漏电保护器，且工作有效。
（2）零线截面及室内导线型号、截面应符合设计要求。
（3）室内外灯具距地高度应符合规范规定。
（4）螺口灯接线、开关断线是否是相线。
（5）开关灯具的位置应符合规范规定和设计要求。

小　　结

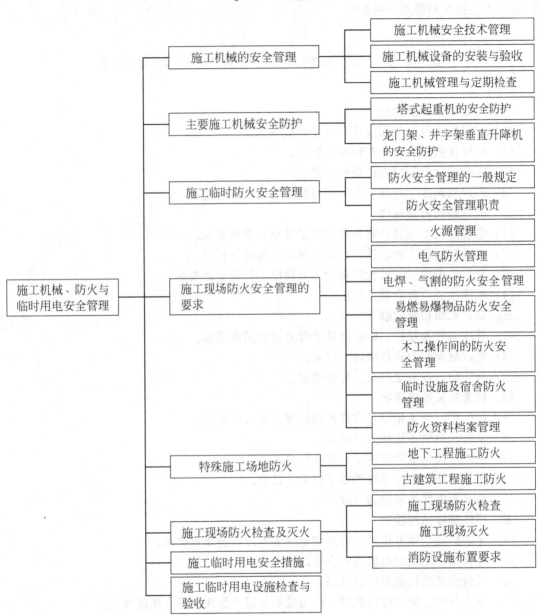

施工机械、防火与临时用电安全管理
- 施工机械的安全管理
  - 施工机械安全技术管理
  - 施工机械设备的安装与验收
  - 施工机械管理与定期检查
- 主要施工机械安全防护
  - 塔式起重机的安全防护
  - 龙门架、井字架垂直升降机的安全防护
- 施工临时防火安全管理
  - 防火安全管理的一般规定
  - 防火安全管理职责
- 施工现场防火安全管理的要求
  - 火源管理
  - 电气防火管理
  - 电焊、气割的防火安全管理
  - 易燃易爆物品防火安全管理
  - 木工操作间的防火安全管理
  - 临时设施及宿舍防火管理
  - 防火资料档案管理
- 特殊施工场地防火
  - 地下工程施工防火
  - 古建筑工程施工防火
- 施工现场防火检查及灭火
  - 施工现场防火检查
  - 施工现场灭火
  - 消防设施布置要求
- 施工临时用电安全措施
- 施工临时用电设施检查与验收

自测练习

1. 施工机械安装技术管理有哪些内容?
2. 如何对施工机械进行安全管理和检查?
3. 现场临时用电施工组织设计应包括哪些内容?
4. 简述防火安全的一般规定及项目防火领导小组的责任。

附　　录

附录一　中华人民共和国建筑法

（2011 年 4 月 22 日中华人民共和国主席令第 46 号）

第一章　总　　则

第一条　为了加强对建筑活动的监督管理，维护建筑市场秩序，保证建筑工程的质量和安全，促进建筑业健康发展，制定本法。

第二条　在中华人民共和国境内从事建筑活动，实施对建筑活动的监督管理，应当遵守本法。

本法所称建筑活动，是指各类房屋建筑及其附属设施的建造和与其配套的线路、管道、设备的安装活动。

第三条　建筑活动应当确保建筑工程质量和安全，符合国家的建筑工程安全标准。

第四条　国家扶持建筑业的发展，支持建筑科学技术研究，提高房屋建筑设计水平，鼓励节约能源和保护环境，提倡采用先进技术、先进设备、先进工艺、新型建筑材料和现代管理方式。

第五条　从事建筑活动应当遵守法律、法规，不得损害社会公共利益和他人的合法权益。

任何单位和个人都不得妨碍和阻挠依法进行的建筑活动。

第六条　国务院建设行政主管部门对全国的建筑活动实施统一监督管理。

第二章　建筑许可

第一节　建筑工程施工许可

第七条　建筑工程开工前，建设单位应当按照国家有关规定向工程所在地县级以上人民政府建设行政主管部门申请领取施工许可证；但是，国务院建设行政主管部门确定的限额以下的小型工程除外。

按照国务院规定的权限和程序批准开工报告的建筑工程，不再领取施工许可证。

第八条　申请领取施工许可证，应当具备下列条件：

（一）已经办理该建筑工程用地批准手续；

（二）在城市规划区的建筑工程，已经取得规划许可证；

（三）需要拆迁的，其拆迁进度符合施工要求；

（四）已经确定建筑施工企业；

（五）有满足施工需要的施工图纸及技术资料；

（六）有保证工程质量和安全的具体措施；

（七）建设资金已经落实；

（八）法律、行政法规规定的其他条件。

建设行政主管部门应当自收到申请之日起十五日内，对符合条件的申请颁发施工许可证。

第九条　建设单位应当自领取施工许可证之日起三个月内开工。因故不能按期开工的，应当向发证机关申请延期；延期以两次为限，每次不超过三个月。既不开工又不申请延期或者超过延期时限的，施工许可证自行废止。

第十条　在建的建筑工程因故中止施工的，建设单位应当自中止施工之日起一个月内，向发证机关报告，并按照规定做好建筑工程的维护管理工作。

建筑工程恢复施工时，应当向发证机关报告；中止施工满一年的工程恢复施工前，建设单位应当报发证机关核验施工许可证。

第十一条　按照国务院有关规定批准开工报告的建筑工程，因故不能按期开工或者中止施工的，应当及时向批准机关报告情况。因故不能按期开工超过六个月的，应当重新办理开工报告的批准手续。

第二节　从业资格

第十二条　从事建筑活动的建筑施工企业、勘察单位、设计单位和工程监理单位，应当具备下列条件：

（一）有符合国家规定的注册资本；

（二）有与其从事的建筑活动相适应的具有法定执业资格的专业技术人员；

（三）有从事相关建筑活动所应有的技术装备；

（四）法律、行政法规规定的其他条件。

第十三条　从事建筑活动的建筑施工企业、勘察单位、设计单位和工程监理单位，按照其拥有的注册资本、专业技术人员、技术装备和已完成的建筑工程业绩等资质条件，划分为不同的资质等级，经资质审查合格，取得相应等级的资质证书后，方可在其资质等级许可的范围内从事建筑活动。

第十四条　从事建筑活动的专业技术人员，应当依法取得相应的执业资格证书，并在执业资格证书许可的范围内从事建筑活动。

第三章　建筑工程发包与承包

第一节　一般规定

第十五条　建筑工程的发包单位与承包单位应当依法订立书面合同，明确双方的权利和义务。

发包单位和承包单位应当全面履行合同约定的义务。不按照合同约定履行义务的，依法承担违约责任。

第十六条　建筑工程发包与承包的招标投标活动，应当遵循公开、公正、平等竞争的原则，择优选择承包单位。

建筑工程的招标投标，本法没有规定的，适用有关招标投标法律的规定。

第十七条　发包单位及其工作人员在建筑工程发包中不得收受贿赂、回扣或者索取其他好处。

承包单位及其工作人员不得利用向发包单位及其工作人员行贿、提供回扣或者给予其他好处等不正当手段承揽工程。

第十八条　建筑工程造价应当按照国家有关规定，由发包单位与承包单位在合同中约定。公开招标发包的，其造价的约定，须遵守招标投标法律的规定。

发包单位应当按照合同的约定，及时拨付工程款项。

第二节　发　　包

第十九条　建筑工程依法实行招标发包，对不适于招标发包的可以直接发包。

第二十条　建筑工程实行公开招标的，发包单位应当依照法定程序和方式，发布招标公告，提供载有招标工程的主要技术要求、主要的合同条款、评标的标准和方法以及开标、评标、定标的程序等内容的招标文件。

开标应当在招标文件规定的时间、地点公开进行。开标后应当按照招标文件规定的评标标准和程序对标书进行评价、比较，在具备相应资质条件的投标者中，择优选定中标者。

第二十一条　建筑工程招标的开标、评标、定标由建设单位依法组织实施，并接受有关行政主管部门的监督。

第二十二条　建筑工程实行招标发包的，发包单位应当将建筑工程发包给依法中标的承包单位。建筑工程实行直接发包的，发包单位应当将建筑工程发包给具有相应资质条件的承包单位。

第二十三条　政府及其所属部门不得滥用行政权力，限定发包单位将招标发包的建筑工程发包给指定的承包单位。

第二十四条　提倡对建筑工程实行总承包，禁止将建筑工程肢解发包。

建筑工程的发包单位可以将建筑工程的勘察、设计、施工、设备采购一并发包给一个工程总承包单位，也可以将建筑工程勘察、设计、施工、设备采购的一项或者多项发包给一个工程总承包单位；但是，不得将应当由一个承包单位完成的建筑工程肢解成若干部分发包给几个承包单位。

第二十五条 按照合同约定，建筑材料、建筑构配件和设备由工程承包单位采购的，发包单位不得指定承包单位购入用于工程的建筑材料、建筑构配件和设备或者指定生产厂、供应商。

第三节 承包

第二十六条 承包建筑工程的单位应当持有依法取得的资质证书，并在其资质等级许可的业务范围内承揽工程。

禁止建筑施工企业超越本企业资质等级许可的业务范围或者以任何形式用其他建筑施工企业的名义承揽工程。禁止建筑施工企业以任何形式允许其他单位或者个人使用本企业的资质证书、营业执照，以本企业的名义承揽工程。

第二十七条 大型建筑工程或者结构复杂的建筑工程，可以由两个以上的承包单位联合共同承包。共同承包的各方对承包合同的履行承担连带责任。

两个以上不同资质等级的单位实行联合共同承包的，应当按照资质等级低的单位的业务许可范围承揽工程。

第二十八条 禁止承包单位将其承包的全部建筑工程转包给他人，禁止承包单位将其承包的全部建筑工程肢解以后以分包的名义分别转包给他人。

第二十九条 建筑工程总承包单位可以将承包工程中的部分工程发包给具有相应资质条件的分包单位；但是，除总承包合同中约定的分包外，必须经建设单位认可。施工总承包的，建筑工程主体结构的施工必须由总承包单位自行完成。

建筑工程总承包单位按照总承包合同的约定对建设单位负责；分包单位按照分包合同的约定对总承包单位负责。总承包单位和分包单位就分包工程对建设单位承担连带责任。

禁止总承包单位将工程分包给不具备相应资质条件的单位。禁止分包单位将其承包的工程再分包。

第四章 建筑工程监理

第三十条 国家推行建筑工程监理制度。

国务院可以规定实行强制监理的建筑工程的范围。

第三十一条 实行监理的建筑工程，由建设单位委托具有相应资质条件的工程监理单位监理。建设单位与其委托的工程监理单位应当订立书面委托监理合同。

第三十二条 建筑工程监理应当依照法律、行政法规及有关的技术标准、设计文件和建筑工程承包合同，对承包单位在施工质量、建设工期和建设资金使用等方面，代表建设单位实施监督。

工程监理人员认为工程施工不符合工程设计要求、施工技术标准和合同约定的，有权要求建筑施工企业改正。

工程监理人员发现工程设计不符合建筑工程质量标准或者合同约定的质量要求的，应当报告建设单位要求设计单位改正。

第三十三条 实施建筑工程监理前，建设单位应当将委托的工程监理单位、监理的内容及监理权限，书面通知被监理的建筑施工企业。

第三十四条 工程监理单位应当在其资质等级许可的监理范围内，承担工程监理业务。

工程监理单位应当根据建设单位的委托，客观、公正地执行监理任务。

工程监理单位与被监理工程的承包单位以及建筑材料、建筑构配件和设备供应单位不得有隶属关系或者其他利害关系。

工程监理单位不得转让工程监理业务。

第三十五条 工程监理单位不按照委托监理合同的约定履行监理义务，对应当监督检查的项目不检查或者不按照规定检查，给建设单位造成损失的，应当承担相应的赔偿责任。

工程监理单位与承包单位串通，为承包单位谋取非法利益，给建设单位造成损失的，应当与承包单位承担连带赔偿责任。

第五章　建筑安全生产管理

第三十六条　建筑工程安全生产管理必须坚持安全第一、预防为主的方针，建立健全安全生产的责任制度和群防群治制度。

第三十七条　建筑工程设计应当符合按照国家规定制定的建筑安全规程和技术规范，保证工程的安全性能。

第三十八条　建筑施工企业在编制施工组织设计时，应当根据建筑工程的特点制定相应的安全技术措施；对专业性较强的工程项目，应当编制专项安全施工组织设计，并采取安全技术措施。

第三十九条　建筑施工企业应当在施工现场采取维护安全、防范危险、预防火灾等措施；有条件的，应当对施工现场实行封闭管理。

施工现场对毗邻的建筑物、构筑物和特殊作业环境可能造成损害的，建筑施工企业应当采取安全防护措施。

第四十条　建设单位应当向建筑施工企业提供与施工现场相关的地下管线资料，建筑施工企业应当采取措施加以保护。

第四十一条　建筑施工企业应当遵守有关环境保护和安全生产的法律、法规的规定，采取控制和处理施工现场的各种粉尘、废气、废水、固体废物以及噪声、振动对环境的污染和危害的措施。

第四十二条　有下列情形之一的，建设单位应当按照国家有关规定办理申请批准手续：

（一）需要临时占用规划批准范围以外场地的；

（二）可能损坏道路、管线、电力、邮电通讯等公共设施的；

（三）需要临时停水、停电、中断道路交通的；

（四）需要进行爆破作业的；

（五）法律、法规规定需要办理报批手续的其他情形。

第四十三条　建设行政主管部门负责建筑安全生产的管理，并依法接受劳动行政主管部门对建筑安全生产的指导和监督。

第四十四条　建筑施工企业必须依法加强对建筑安全生产的管理，执行安全生产责任制度，采取有效措施，防止伤亡和其他安全生产事故的发生。

建筑施工企业的法定代表人对本企业的安全生产负责。

第四十五条　施工现场安全由建筑施工企业负责。实行施工总承包的，由总承包单位负责。分包单位向总承包单位负责，服从总承包单位对施工现场的安全生产管理。

第四十六条　建筑施工企业应当建立健全劳动安全生产教育培训制度，加强对职工安全生产的教育培训；未经安全生产教育培训的人员，不得上岗作业。

第四十七条　建筑施工企业和作业人员在施工过程中，应当遵守有关安全生产的法律、法规和建筑行业安全规章、规程，不得违章指挥或者违章作业。作业人员有权对影响人身健康的作业程序和作业条件提出改进意见，有权获得安全生产所需的防护用品。作业人员对危及生命安全和人身健康的行为有权提出批评、检举和控告。

第四十八条　建筑施工企业应当依法为职工参加工伤保险缴纳工伤保险费。鼓励企业为从事危险作业的职工办理意外伤害保险，支付保险费。

第四十九条　涉及建筑主体和承重结构变动的装修工程，建设单位应当在施工前委托原设计单位或者具有相应资质条件的设计单位提出设计方案；没有设计方案的，不得施工。

第五十条　房屋拆除应当由具备保证安全条件的建筑施工单位承担，由建筑施工单位负责人对安全负责。

第五十一条　施工中发生事故时，建筑施工企业应当采取紧急措施减少人员伤亡和事故损失，并按照国家有关规定及时向有关部门报告。

第六章　建筑工程质量管理

第五十二条　建筑工程勘察、设计、施工的质量必须符合国家有关建筑工程安全标准的要求，具体管理办法由国务院规定。

有关建筑工程安全的国家标准不能适应确保建筑安全的要求时，应当及时修订。

第五十三条 国家对从事建筑活动的单位推行质量体系认证制度。从事建筑活动的单位根据自愿原则可以向国务院产品质量监督管理部门或者国务院产品质量监督管理部门授权的部门认可的认证机构申请质量体系认证。经认证合格的，由认证机构颁发质量体系认证证书。

第五十四条 建设单位不得以任何理由，要求建筑设计单位或者建筑施工企业在工程设计或者施工作业中，违反法律、行政法规和建筑工程质量、安全标准，降低工程质量。

建筑设计单位和建筑施工企业对建设单位违反前款规定提出的降低工程质量的要求，应当予以拒绝。

第五十五条 建筑工程实行总承包的，工程质量由工程总承包单位负责，总承包单位将建筑工程分包给其他单位的，应当对分包工程的质量与分包单位承担连带责任。分包单位应当接受总承包单位的质量管理。

第五十六条 建筑工程的勘察、设计单位必须对其勘察、设计的质量负责。勘察、设计文件应当符合有关法律、行政法规的规定和建筑工程质量、安全标准、建筑工程勘察、设计技术规范以及合同的约定。设计文件选用的建筑材料、建筑构配件和设备，应当注明其规格、型号、性能等技术指标，其质量要求必须符合国家规定的标准。

第五十七条 建筑设计单位对设计文件选用的建筑材料、建筑构配件和设备，不得指定生产厂、供应商。

第五十八条 建筑施工企业对工程的施工质量负责。

建筑施工企业必须按照工程设计图纸和施工技术标准施工，不得偷工减料。工程设计的修改由原设计单位负责，建筑施工企业不得擅自修改工程设计。

第五十九条 建筑施工企业必须按照工程设计要求、施工技术标准和合同的约定，对建筑材料、建筑构配件和设备进行检验，不合格的不得使用。

第六十条 建筑物在合理使用寿命内，必须确保地基基础工程和主体结构的质量。

建筑工程竣工时，屋顶、墙面不得留有渗漏、开裂等质量缺陷；对已发现的质量缺陷，建筑施工企业应当修复。

第六十一条 交付竣工验收的建筑工程，必须符合规定的建筑工程质量标准，有完整的工程技术经济资料和经签署的工程保修书，并具备国家规定的其他竣工条件。

建筑工程竣工经验收合格后，方可交付使用；未经验收或者验收不合格的，不得交付使用。

第六十二条 建筑工程实行质量保修制度。

建筑工程的保修范围应当包括地基基础工程、主体结构工程、屋面防水工程和其他土建工程，以及电气管线、上下水管线的安装工程，供热、供冷系统工程等项目；保修的期限应当按照保证建筑物合理寿命年限内正常使用，维护使用者合法权益的原则确定。具体的保修范围和最低保修期限由国务院规定。

第六十三条 任何单位和个人对建筑工程的质量事故、质量缺陷都有权向建设行政主管部门或者其他有关部门进行检举、控告、投诉。

第七章 法律责任

第六十四条 违反本法规定，未取得施工许可证或者开工报告未经批准擅自施工的，责令改正，对不符合开工条件的责令停止施工，可以处以罚款。

第六十五条 发包单位将工程发包给不具有相应资质条件的承包单位的，或者违反本法规定将建筑工程肢解发包的，责令改正，处以罚款。

超越本单位资质等级承揽工程的，责令停止违法行为，处以罚款，可以责令停业整顿，降低资质等级；情节严重的，吊销资质证书；有违法所得的，予以没收。

未取得资质证书承揽工程的，予以取缔，并处罚款；有违法所得的，予以没收。

以欺骗手段取得资质证书的，吊销资质证书，处以罚款；构成犯罪的，依法追究刑事责任。

第六十六条 建筑施工企业转让、出借资质证书或者以其他方式允许他人以本企业的名义承揽工程的，责令改正，没收违法所得，并处罚款，可以责令停业整顿，降低资质等级；情节严重的，吊销资质证书。对因该项承揽工程不符合规定的质量标准造成的损失，建筑施工企业与使用本企业名义的单位或者个人承担连带赔偿责任。

第六十七条　承包单位将承包的工程转包的，或者违反本法规定进行分包的，责令改正，没收违法所得，并处罚款，可以责令停业整顿，降低资质等级；情节严重的，吊销资质证书。

承包单位有前款规定的违法行为的，对因转包工程或者违法分包的工程不符合规定的质量标准造成的损失，与接受转包或者分包的单位承担连带赔偿责任。

第六十八条　在工程发包与承包中索贿、受贿、行贿，构成犯罪的，依法追究刑事责任；不构成犯罪的，分别处以罚款，没收贿赂的财物，对直接负责的主管人员和其他直接责任人员给予处分。

对在工程承包中行贿的承包单位，除依照前款规定处罚外，可以责令停业整顿，降低资质等级或者吊销资质证书。

第六十九条　工程监理单位与建设单位或者建筑施工企业串通，弄虚作假、降低工程质量的，责令改正，处以罚款，降低资质等级或者吊销资质证书；有违法所得的，予以没收；造成损失的，承担连带赔偿责任；构成犯罪的，依法追究刑事责任。

工程监理单位转让监理业务的，责令改正，没收违法所得，可以责令停业整顿，降低资质等级；情节严重的，吊销资质证书。

第七十条　违反本法规定，涉及建筑主体或者承重结构变动的装修工程擅自施工的，责令改正，处以罚款；造成损失的，承担赔偿责任；构成犯罪的，依法追究刑事责任。

第七十一条　建筑施工企业违反本法规定，对建筑安全事故隐患不采取措施予以消除的，责令改正，可以处以罚款；情节严重的，责令停业整顿，降低资质等级或者吊销资质证书；构成犯罪的，依法追究刑事责任。

建筑施工企业的管理人员违章指挥、强令职工冒险作业，因而发生重大伤亡事故或者造成其他严重后果的，依法追究刑事责任。

第七十二条　建设单位违反本法规定，要求建筑设计单位或者建筑施工企业违反建筑工程质量、安全标准，降低工程质量的，责令改正，可以处以罚款；构成犯罪的，依法追究刑事责任。

第七十三条　建筑设计单位不按照建筑工程质量、安全标准进行设计的，责令改正，处以罚款；造成工程质量事故的，责令停业整顿，降低资质等级或者吊销资质证书，没收违法所得，并处罚款；造成损失的，承担赔偿责任；构成犯罪的，依法追究刑事责任。

第七十四条　建筑施工企业在施工中偷工减料的，使用不合格的建筑材料、建筑构配件和设备的，或者有其他不按照工程设计图纸或者施工技术标准施工的行为的，责令改正，处以罚款；情节严重的，责令停业整顿，降低资质等级或者吊销资质证书；造成建筑工程质量不符合规定的质量标准的，负责返工、修理，并赔偿因此造成的损失；构成犯罪的，依法追究刑事责任。

第七十五条　建筑施工企业违反本法规定，不履行保修义务或者拖延履行保修义务的，责令改正，可以处以罚款，并对在保修期内因屋顶、墙面渗漏、开裂等质量缺陷造成的损失，承担赔偿责任。

第七十六条　本法规定的责令停业整顿、降低资质等级和吊销资质证书的行政处罚，由颁发资质证书的机关决定；其他行政处罚，由建设行政主管部门或者有关部门依照法律和国务院规定的职权范围决定。

依照本法规定被吊销资质证书的，由工商行政管理部门吊销其营业执照。

第七十七条　违反本法规定，对不具备相应资质等级条件的单位颁发该等级资质证书的，由其上级机关责令收回所发的资质证书，对直接负责的主管人员和其他直接责任人员给予行政处分；构成犯罪的，依法追究刑事责任。

第七十八条　政府及其所属部门的工作人员违反本法规定，限定发包单位将招标发包的工程发包给指定的承包单位的，由上级机关责令改正；构成犯罪的，依法追究刑事责任。

第七十九条　负责颁发建筑工程施工许可证的部门及其工作人员对不符合施工条件的建筑工程颁发施工许可证的，负责工程质量监督检查或者竣工验收的部门及其工作人员对不合格的建筑工程出具质量合格文件或者按合格工程验收的，由上级机关责令改正，对责任人员给予行政处分；构成犯罪的，依法追究刑事责任；造成损失的，由该部门承担相应的赔偿责任。

第八十条　在建筑物的合理使用寿命内，因建筑工程质量不合格受到损害的，有权向责任者要求赔偿。

第八章 附　则

第八十一条　本法关于施工许可、建筑施工企业资质审查和建筑工程发包、承包、禁止转包，以及建筑工程监理、建筑工程安全和质量管理的规定，适用于其他专业建筑工程的建筑活动，具体办法由国务院规定。

第八十二条　建设行政主管部门和其他有关部门在对建筑活动实施监督管理中，除按照国务院有关规定收取费用外，不得收取其他费用。

第八十三条　省、自治区、直辖市人民政府确定的小型房屋建筑工程的建筑活动，参照本法执行。

依法核定作为文物保护的纪念建筑物和古建筑等的修缮，依照文物保护的有关法律规定执行。

抢险救灾及其他临时性房屋建筑和农民自建低层住宅的建筑活动，不适用本法。

第八十四条　军用房屋建筑工程建筑活动的具体管理办法，由国务院、中央军事委员会依据本法制定。

第八十五条　本法自 2011 年 7 月 1 日起施行。

附录二　中华人民共和国安全生产法

（2014 年 8 月 31 日中华人民共和国主席令第 13 号）

第一章 总　则

第一条　为了加强安全生产监督管理，防止和减少生产安全事故，保障人民群众生命和财产安全，促进经济发展，制定本法。

第二条　在中华人民共和国领域内从事生产经营活动的单位（以下统称生产经营单位）的安全生产，适用本法；有关法律、行政法规对消防安全和道路交通安全、铁路交通安全、水上交通安全、民用航空安全以及核与辐射安全、特种设备安全另有规定的，适用其规定。

第三条　安全生产工作应当以人为本，坚持安全发展，坚持安全第一、预防为主、综合治理的方针，强化和落实生产经营单位的主体责任，建立生产经营单位负责、职工参与、政府监管、行业自律和社会监督的机制。

第四条　生产经营单位必须遵守本法和其他有关安全生产的法律、法规，加强安全生产管理，建立、健全安全生产责任制和安全生产规章制度，改善安全生产条件，推进安全生产标准化建设，提高安全生产水平，确保安全生产。

第五条　生产经营单位的主要负责人对本单位的安全生产工作全面负责。

第六条　生产经营单位的从业人员有依法获得安全生产保障的权利，并应当依法履行安全生产方面的义务。

第七条　工会依法对安全生产工作进行监督。

生产经营单位的工会依法组织职工参加本单位安全生产工作的民主管理和民主监督，维护职工在安全生产方面的合法权益。生产经营单位制定或者修改有关安全生产的规章制度，应当听取工会的意见。

第八条　国务院和县级以上地方各级人民政府应当根据国民经济和社会发展规划制定安全生产规划，并组织实施。安全生产规划应当与城乡规划相衔接。

国务院和县级以上地方各级人民政府应当加强对安全生产工作的领导，支持、督促各有关部门依法履行安全生产监督管理职责，建立健全安全生产工作协调机制，及时协调、解决安全生产监督管理中存在的重大问题。

乡、镇人民政府以及街道办事处、开发区管理机构等地方人民政府的派出机关应当按照职责，加强对本行政区域内生产经营单位安全生产状况的监督检查，协助上级人民政府有关部门依法履行安全生产监督管理职责。

第九条　国务院安全生产监督管理部门依照本法，对全国安全生产工作实施综合监督管理；县级以上地方各级人民政府安全生产监督管理部门依照本法，对本行政区域内安全生产工作实施综合监督管理。

国务院有关部门依照本法和其他有关法律、行政法规的规定，在各自的职责范围内对有关行业、领域的安全生产工作实施监督管理；县级以上地方各级人民政府有关部门依照本法和其他有关法律、法规的规定，在各自的职责范围内对有关行业、领域的安全生产工作实施监督管理。

安全生产监督管理部门和对有关行业、领域的安全生产工作实施监督管理的部门，统称负有安全生产监督管理职责的部门。

第十条　国务院有关部门应当按照保障安全生产的要求，依法及时制定有关的国家标准或者行业标准，并根据科技进步和经济发展适时修订。

生产经营单位必须执行依法制定的保障安全生产的国家标准或者行业标准。

第十一条　各级人民政府及其有关部门应当采取多种形式，加强对有关安全生产的法律、法规和安全生产知识的宣传，提高职工的安全生产意识。

第十二条　有关协会组织依照法律、行政法规和章程，为生产经营单位提供安全生产方面的信息、培训等服务，发挥自律作用，促进生产经营单位加强安全生产管理。

第十三条　依法设立的为安全生产提供技术、管理服务的机构，依照法律、行政法规和执业准则，接受生产经营单位的委托为其安全生产工作提供技术、管理服务。

生产经营单位委托前款规定的机构提供安全生产技术、管理服务的，保证安全生产的责任仍由本单位负责。

第十四条　国家实行生产安全事故责任追究制度，依照本法和有关法律、法规的规定，追究生产安全事故责任人员的法律责任。

第十五条　国家鼓励和支持安全生产科学技术研究和安全生产先进技术的推广应用，提高安全生产水平。

第十六条　国家对在改善安全生产条件、防止生产安全事故、参加抢险救护等方面取得显著成绩的单位和个人，给予奖励。

第二章　生产经营单位的安全生产保障

第十七条　生产经营单位应当具备本法和有关法律、行政法规和国家标准或者行业标准规定的安全生产条件；不具备安全生产条件的，不得从事生产经营活动。

第十八条　生产经营单位的主要负责人对本单位安全生产工作负有下列职责：

（一）建立、健全本单位安全生产责任制；

（二）组织制定本单位安全生产规章制度和操作规程；

（三）组织制定并实施本单位安全生产教育和培训计划；

（四）保证本单位安全生产投入的有效实施；

（五）督促、检查本单位的安全生产工作，及时消除生产安全事故隐患；

（六）组织制定并实施本单位的生产安全事故应急救援预案；

（七）及时、如实报告生产安全事故。

第十九条　生产经营单位的安全生产责任制应当明确各岗位的责任人员、责任范围和考核标准等内容。

生产经营单位应当建立相应的机制，加强对安全生产责任制落实情况的监督考核，保证安全生产责任制的落实。

第二十条　生产经营单位应当具备的安全生产条件所必需的资金投入，由生产经营单位的决策机构、主要负责人或者个人经营的投资人予以保证，并对由于安全生产所必需的资金投入不足导致的后果承担责任。

有关生产经营单位应当按照规定提取和使用安全生产费用，专门用于改善安全生产条件。安全生产费用在成本中据实列支。安全生产费用提取、使用和监督管理的具体办法由国务院财政部门会同国务院安全生产监督管理部门征求国务院有关部门意见后制定。

第二十一条　矿山、金属冶炼、建筑施工、道路运输单位和危险物品的生产、经营、储存单位，应当设置安全生产管理机构或者配备专职安全生产管理人员。

前款规定以外的其他生产经营单位，从业人员超过一百人的，应当设置安全生产管理机构或者配备专职安全生产管理人员；从业人员在一百人以下的，应当配备专职或者兼职的安全生产管理人员。

第二十二条　生产经营单位的安全生产管理机构以及安全生产管理人员履行下列职责：

（一）组织或者参与拟订本单位安全生产规章制度、操作规程和生产安全事故应急救援预案；

（二）组织或者参与本单位安全生产教育和培训，如实记录安全生产教育和培训情况；

（三）督促落实本单位重大危险源的安全管理措施；

（四）组织或者参与本单位应急救援演练；

（五）检查本单位的安全生产状况，及时排查生产安全事故隐患，提出改进安全生产管理的建议；

（六）制止和纠正违章指挥、强令冒险作业、违反操作规程的行为；

（七）督促落实本单位安全生产整改措施。

第二十三条　生产经营单位的安全生产管理机构以及安全生产管理人员应当恪尽职守，依法履行职责。

生产经营单位作出涉及安全生产的经营决策，应当听取安全生产管理机构以及安全生产管理人员的意见。

生产经营单位不得因安全生产管理人员依法履行职责而降低其工资、福利等待遇或者解除与其订立的劳动合同。

危险物品的生产、储存单位以及矿山、金属冶炼单位的安全生产管理人员的任免，应当告知主管的负有安全生产监督管理职责的部门。

第二十四条　生产经营单位的主要负责人和安全生产管理人员必须具备与本单位所从事的生产经营活动相应的安全生产知识和管理能力。

危险物品的生产、经营、储存单位以及矿山、金属冶炼、建筑施工、道路运输单位的主要负责人和安全生产管理人员，应当由主管的负有安全生产监督管理职责的部门对其安全生产知识和管理能力考核合格。考核不得收费。

危险物品的生产、储存单位以及矿山、金属冶炼单位应当有注册安全工程师从事安全生产管理工作。鼓励其他生产经营单位聘用注册安全工程师从事安全生产管理工作。注册安全工程师按专业分类管理，具体办法由国务院人力资源和社会保障部门、国务院安全生产监督管理部门会同国务院有关部门制定。

第二十五条　生产经营单位应当对从业人员进行安全生产教育和培训，保证从业人员具备必要的安全生产知识，熟悉有关的安全生产规章制度和安全操作规程，掌握本岗位的安全操作技能，了解事故应急处理措施，知悉自身在安全生产方面的权利和义务。未经安全生产教育和培训合格的从业人员，不得上岗作业。

生产经营单位使用被派遣劳动者的，应当将被派遣劳动者纳入本单位从业人员统一管理，对被派遣劳动者进行岗位安全操作规程和安全操作技能的教育和培训。劳务派遣单位应当对被派遣劳动者进行必要的安全生产教育和培训。

生产经营单位接收中等职业学校、高等学校学生实习的，应当对实习学生进行相应的安全生产教育和培训，提供必要的劳动防护用品。学校应当协助生产经营单位对实习学生进行安全生产教育和培训。

生产经营单位应当建立安全生产教育和培训档案，如实记录安全生产教育和培训的时间、内容、参加人员以及考核结果等情况。

第二十六条　生产经营单位采用新工艺、新技术、新材料或者使用新设备，必须了解、掌握其安全技术特性，采取有效的安全防护措施，并对从业人员进行专门的安全生产教育和培训。

第二十七条　生产经营单位的特种作业人员必须按照国家有关规定经专门的安全作业培训，取得相应资格，方可上岗作业。

特种作业人员的范围由国务院安全生产监督管理部门会同国务院有关部门确定。

第二十八条　生产经营单位新建、改建、扩建工程项目（以下统称建设项目）的安全设施，必须与主体工程同时设计、同时施工、同时投入生产和使用。安全设施投资应当纳入建设项目概算。

第二十九条　矿山、金属冶炼建设项目和用于生产、储存、装卸危险物品的建设项目，应当分别按照国家有关规定进行安全条件评价。

第三十条　建设项目安全设施的设计人、设计单位应当对安全设施设计负责。

矿山、金属冶炼建设项目和用于生产、储存、装卸危险物品的建设项目的安全设施设计应当按照国家有关规定报经有关部门审查，审查部门及其负责审查的人员对审查结果负责。

第三十一条　矿山、金属冶炼建设项目和用于生产、储存、装卸危险物品的建设项目的施工单位必须按照批准的安全设施设计施工，并对安全设施的工程质量负责。

矿山、金属冶炼建设项目和用于生产、储存危险物品的建设项目竣工投入生产或者使用前，应当由建设单位负责组织对安全设施进行验收；验收合格后，方可投入生产和使用。安全生产监督管理部门应当加强对建设单位验收活动和验收结果的监督核查。

第三十二条 生产经营单位应当在有较大危险因素的生产经营场所和有关设施、设备上，设置明显的安全警示标志。

第三十三条 安全设备的设计、制造、安装、使用、检测、维修、改造和报废，应当符合国家标准或者行业标准。

生产经营单位必须对安全设备进行经常性维护、保养，并定期检测，保证正常运转。维护、保养、检测应当作好记录，并由有关人员签字。

第三十四条 生产经营单位使用的危险物品的容器、运输工具，以及涉及人身安全、危险性较大的海洋石油开采特种设备和矿山井下特种设备，必须按照国家有关规定，由专业生产单位生产，并经具有专业资质的检测、检验机构检测、检验合格，取得安全使用证或者安全标志，方可投入使用。检测、检验机构对检测、检验结果负责。

第三十五条 国家对严重危及生产安全的工艺、设备实行淘汰制度，具体目录由国务院安全生产监督管理部门会同国务院有关部门制定并公布。法律、行政法规对目录的制定另有规定的，适用其规定。

省、自治区、直辖市人民政府可以根据本地区实际情况制定并公布具体目录，对前款规定以外的危及生产安全的工艺、设备予以淘汰。

生产经营单位不得使用应当淘汰的危及生产安全的工艺、设备。

第三十六条 生产、经营、运输、储存、使用危险物品或者处置废弃危险物品的，由有关主管部门依照有关法律、法规的规定和国家标准或者行业标准审批并实施监督管理。

生产经营单位生产、经营、运输、储存、使用危险物品或者处置废弃危险物品，必须执行有关法律、法规和国家标准或者行业标准，建立专门的安全管理制度，采取可靠的安全措施，接受有关主管部门依法实施的监督管理。

第三十七条 生产经营单位对重大危险源应当登记建档，进行定期检测、评估、监控，并制定应急预案，告知从业人员和相关人员在紧急情况下应当采取的应急措施。

生产经营单位应当按照国家有关规定将本单位重大危险源及有关安全措施、应急措施报有关地方人民政府安全生产监督管理部门和有关部门备案。

第三十八条 生产经营单位应当建立健全生产安全事故隐患排查治理制度，采取技术、管理措施，及时发现并消除事故隐患。事故隐患排查治理情况应当如实记录，并向从业人员通报。

县级以上地方各级人民政府负有安全生产监督管理职责的部门应当建立健全重大事故隐患治理督办制度，督促生产经营单位消除重大事故隐患。

第三十九条 生产、经营、储存、使用危险物品的车间、商店、仓库不得与员工宿舍在同一座建筑物内，并应当与员工宿舍保持安全距离。

生产经营场所和员工宿舍应当设有符合紧急疏散要求、标志明显、保持畅通的出口。禁止锁闭、封堵生产经营场所或者员工宿舍的出口。

第四十条 生产经营单位进行爆破、吊装以及国务院安全生产监督管理部门会同国务院有关部门规定的其他危险作业，应当安排专门人员进行现场安全管理，确保操作规程的遵守和安全措施的落实。

第四十一条 生产经营单位应当教育和督促从业人员严格执行本单位的安全生产规章制度和安全操作规程；并向从业人员如实告知作业场所和工作岗位存在的危险因素、防范措施以及事故应急措施。

第四十二条 生产经营单位必须为从业人员提供符合国家标准或者行业标准的劳动防护用品，并监督、教育从业人员按照使用规则佩戴、使用。

第四十三条 生产经营单位的安全生产管理人员应当根据本单位的生产经营特点，对安全生产状况进行经常性检查；对检查中发现的安全问题，应当立即处理；不能处理的，应当及时报告本单位有关负责人，有关负责人应当及时处理。检查及处理情况应当如实记录在案。

生产经营单位的安全生产管理人员在检查中发现重大事故隐患，依照前款规定向本单位有关负责人报告，有关负责人不及时处理的，安全生产管理人员可以向主管的负有安全生产监督管理职责的部门报告，接到报告的部门应当依法及时处理。

第四十四条 生产经营单位应当安排用于配备劳动防护用品、进行安全生产培训的经费。

第四十五条 两个以上生产经营单位在同一作业区域内进行生产经营活动，可能危及对方生产安全的，应当签订安全生产管理协议，明确各自的安全生产管理职责和应当采取的安全措施，并指定专职安全生产管理人员进行安全检查与协调。

第四十六条 生产经营单位不得将生产经营项目、场所、设备发包或者出租给不具备安全生产条件或者相应资质的单位或者个人。

生产经营项目、场所发包或者出租给其他单位的，生产经营单位应当与承包单位、承租单位签订专门的安全生产管理协议，或者在承包合同、租赁合同中约定各自的安全生产管理职责；生产经营单位对承包单位、承租单位的安全生产工作统一协调、管理，定期进行安全检查，发现安全问题的，应当及时督促整改。

第四十七条 生产经营单位发生生产安全事故时，单位的主要负责人应当立即组织抢救，并不得在事故调查处理期间擅离职守。

第四十八条 生产经营单位必须依法参加工伤保险，为从业人员缴纳保险费。

国家鼓励生产经营单位投保安全生产责任保险。

第三章 从业人员的安全生产权利义务

第四十九条 生产经营单位与从业人员订立的劳动合同，应当载明有关保障从业人员劳动安全、防止职业危害的事项，以及依法为从业人员办理工伤社会保险的事项。

生产经营单位不得以任何形式与从业人员订立协议，免除或者减轻其对从业人员因生产安全事故伤亡依法应承担的责任。

第五十条 生产经营单位的从业人员有权了解其作业场所和工作岗位存在的危险因素、防范措施及事故应急措施，有权对本单位的安全生产工作提出建议。

第五十一条 从业人员有权对本单位安全生产工作中存在的问题提出批评、检举、控告；有权拒绝违章指挥和强令冒险作业。

生产经营单位不得因从业人员对本单位安全生产工作提出批评、检举、控告或者拒绝违章指挥、强令冒险作业而降低其工资、福利等待遇或者解除与其订立的劳动合同。

第五十二条 从业人员发现直接危及人身安全的紧急情况时，有权停止作业或者在采取可能的应急措施后撤离作业场所。

生产经营单位不得因从业人员在前款紧急情况下停止作业或者采取紧急撤离措施而降低其工资、福利等待遇或者解除与其订立的劳动合同。

第五十三条 因生产安全事故受到损害的从业人员，除依法享有工伤保险外，依照有关民事法律尚有获得赔偿的权利的，有权向本单位提出赔偿要求。

第五十四条 从业人员在作业过程中，应当严格遵守本单位的安全生产规章制度和操作规程，服从管理，正确佩戴和使用劳动防护用品。

第五十五条 从业人员应当接受安全生产教育和培训，掌握本职工作所需的安全生产知识，提高安全生产技能，增强事故预防和应急处理能力。

第五十六条 从业人员发现事故隐患或者其他不安全因素，应当立即向现场安全生产管理人员或者本单位负责人报告；接到报告的人员应当及时予以处理。

第五十七条 工会有权对建设项目的安全设施与主体工程同时设计、同时施工、同时投入生产和使用进行监督，提出意见。

工会对生产经营单位违反安全生产法律、法规，侵犯从业人员合法权益的行为，有权要求纠正；发现生产经营单位违章指挥、强令冒险作业或者发现事故隐患时，有权提出解决的建议，生产经营单位应当及时研究答复；发现危及从业人员生命安全的情况时，有权向生产经营单位建议组织从业人员撤离危险场所，生产经营单位必须立即作出处理。

工会有权依法参加事故调查，向有关部门提出处理意见，并要求追究有关人员的责任。

第五十八条 生产经营单位使用被派遣劳动者的，被派遣劳动者享有本法规定的从业人员的权利，并应当履行本法规定的从业人员的义务。

第四章 安全生产的监督管理

第五十九条 县级以上地方各级人民政府应当根据本行政区域内的安全生产状况，组织有关部门按照职责分工，对本行政区域内容易发生重大生产安全事故的生产经营单位进行严格检查。

安全生产监督管理部门应当按照分类分级监督管理的要求，制定安全生产年度监督检查计划，并按照年度监督检查计划进行监督检查，发现事故隐患，应当及时处理。

第六十条 负有安全生产监督管理职责的部门依照有关法律、法规的规定，对涉及安全生产的事项需要审查批准（包括批准、核准、许可、注册、认证、颁发证照等，下同）或者验收的，必须严格依照有关法律、法规和国家标准或者行业标准规定的安全生产条件和程序进行审查；不符合有关法律、法规和国家标准或者行业标准规定的安全生产条件的，不得批准或者验收通过。对未依法取得批准或者验收合格的单位擅自从事有关活动的，负责行政审批的部门发现或者接到举报后应当立即予以取缔，并依法予以处理。对已经依法取得批准的单位，负责行政审批的部门发现其不再具备安全生产条件的，应当撤销原批准。

第六十一条 负有安全生产监督管理职责的部门对涉及安全生产的事项进行审查、验收，不得收取费用；不得要求接受审查、验收的单位购买其指定品牌或者指定生产、销售单位的安全设备、器材或者其他产品。

第六十二条 安全生产监督管理部门和其他负有安全生产监督管理职责的部门依法开展安全生产行政执法工作，对生产经营单位执行有关安全生产的法律、法规和国家标准或者行业标准的情况进行监督检查，行使以下职权：

（一）进入生产经营单位进行检查，调阅有关资料，向有关单位和人员了解情况。

（二）对检查中发现的安全生产违法行为，当场予以纠正或者要求限期改正；对依法应当给予行政处罚的行为，依照本法和其他有关法律、行政法规的规定作出行政处罚决定。

（三）对检查中发现的事故隐患，应当责令立即排除；重大事故隐患排除前或者排除过程中无法保证安全的，应当责令从危险区域内撤出作业人员，责令暂时停产停业或者停止使用相关设施、设备；重大事故隐患排除后，经审查同意，方可恢复生产经营和使用。

（四）对有根据认为不符合保障安全生产的国家标准或者行业标准的设施、设备、器材以及违法生产、储存、使用、经营、运输的危险物品予以查封或者扣押，对违法生产、储存、使用、经营危险物品的作业场所予以查封，并依法作出处理决定。

监督检查不得影响被检查单位的正常生产经营活动。

第六十三条 生产经营单位对负有安全生产监督管理职责的部门的监督检查人员（以下统称安全生产监督检查人员）依法履行监督检查职责，应当予以配合，不得拒绝、阻挠。

第六十四条 安全生产监督检查人员应当忠于职守，坚持原则，秉公执法。

安全生产监督检查人员执行监督检查任务时，必须出示有效的监督执法证件；对涉及被检查单位的技术秘密和业务秘密，应当为其保密。

第六十五条 安全生产监督检查人员应当将检查的时间、地点、内容、发现的问题及其处理情况，作出书面记录，并由检查人员和被检查单位的负责人签字；被检查单位的负责人拒绝签字的，检查人员应当将情况记录在案，并向负有安全生产监督管理职责的部门报告。

第六十六条 负有安全生产监督管理职责的部门在监督检查中，应当互相配合，实行联合检查；确需分别进行检查的，应当互通情况，发现存在的安全问题应当由其他有关部门进行处理的，应当及时移送其他有关部门并形成记录备查，接受移送的部门应当及时进行处理。

第六十七条 负有安全生产监督管理职责的部门依法对存在重大事故隐患的生产经营单位作出停产停业、停止施工、停止使用相关设施或者设备的决定，生产经营单位应当依法执行，及时消除事故隐患。生产经营单位拒不执行，有发生生产安全事故的现实危险的，在保证安全的前提下，经本部门主要负责人批准，负有安全生产监督管理职责的部门可以采取通知有关单位停止供电、停止供应民用爆炸物品等措施，强制生产经营单位履行决定。通知应当采用书面形式，有关单位应当予以配合。

负有安全生产监督管理职责的部门依照前款规定采取停止供电措施，除有危及生产安全的紧急情形外，应当提前二十四小时通知生产经营单位。生产经营单位依法履行行政决定、采取相应措施消除事故隐患的，负有安全生产监督管理职责的部门应当及时解除前款规定的措施。

第六十八条　监察机关依照行政监察法的规定，对负有安全生产监督管理职责的部门及其工作人员履行安全生产监督管理职责实施监察。

第六十九条　承担安全评价、认证、检测、检验的机构应当具备国家规定的资质条件，并对其作出的安全评价、认证、检测、检验的结果负责。

第七十条　负有安全生产监督管理职责的部门应当建立举报制度，公开举报电话、信箱或者电子邮件地址，受理有关安全生产的举报；受理的举报事项经调查核实后，应当形成书面材料；需要落实整改措施的，报经有关负责人签字并督促落实。

第七十一条　任何单位或者个人对事故隐患或者安全生产违法行为，均有权向负有安全生产监督管理职责的部门报告或者举报。

第七十二条　居民委员会、村民委员会发现其所在区域内的生产经营单位存在事故隐患或者安全生产违法行为时，应当向当地人民政府或者有关部门报告。

第七十三条　县级以上各级人民政府及其有关部门对报告重大事故隐患或者举报安全生产违法行为的有功人员，给予奖励。具体奖励办法由国务院负责安全生产监督管理的部门会同国务院财政部门制定。

第七十四条　新闻、出版、广播、电影、电视等单位有进行安全生产宣传教育的义务，有对违反安全生产法律、法规的行为进行舆论监督的权利。

第七十五条　负有安全生产监督管理职责的部门应当建立安全生产违法行为信息库，如实记录生产经营单位的安全生产违法行为信息；对违法行为情节严重的生产经营单位，应当向社会公告，并通报行业主管部门、投资主管部门、国土资源主管部门、证券监督管理机构以及有关金融机构。

第五章　生产安全事故的应急救援与调查处理

第七十六条　国家加强生产安全事故应急能力建设，在重点行业、领域建立应急救援基地和应急救援队伍，鼓励生产经营单位和其他社会力量建立应急救援队伍，配备相应的应急救援装备和物资，提高应急救援的专业化水平。

国务院安全生产监督管理部门建立全国统一的生产安全事故应急救援信息系统，国务院有关部门建立健全相关行业、领域的生产安全事故应急救援信息系统。

第七十七条　县级以上地方各级人民政府应当组织有关部门制定本行政区域内生产安全事故应急救援预案，建立应急救援体系。

第七十八条　生产经营单位应当制定本单位生产安全事故应急救援预案，与所在地县级以上地方人民政府组织制定的生产安全事故应急救援预案相衔接，并定期组织演练。

第七十九条　危险物品的生产、经营、储存单位以及矿山、金属冶炼、城市轨道交通运营、建筑施工单位应当建立应急救援组织；生产经营规模较小，可以不建立应急救援组织的，应当指定兼职的应急救援人员。

危险物品的生产、经营、储存单位以及矿山、金属冶炼、城市轨道交通运营、建筑施工单位应当配备必要的应急救援器材、设备和物资，并进行经常性维护、保养，保证正常运转。

第八十条　生产经营单位发生生产安全事故后，事故现场有关人员应当立即报告本单位负责人。

单位负责人接到事故报告后，应当迅速采取有效措施，组织抢救，防止事故扩大，减少人员伤亡和财产损失，并按照国家有关规定立即如实报告当地负有安全生产监督管理职责的部门，不得隐瞒不报、谎报或者拖延不报，不得故意破坏事故现场、毁灭有关证据。

第八十一条　负有安全生产监督管理职责的部门接到事故报告后，应当立即按照国家有关规定上报事故情况。负有安全生产监督管理职责的部门和有关地方人民政府对事故情况不得隐瞒不报、谎报或者拖延不报。

第八十二条　有关地方人民政府和负有安全生产监督管理职责的部门的负责人接到生产安全事故报告后，应当按照生产安全事故应急救援预案的要求立即赶到事故现场，组织事故抢救。

参与事故抢救的部门和单位应当服从统一指挥，加强协同联动，采取有效的应急救援措施，并根据事故救援的需要采取警戒、疏散等措施，防止事故扩大和次生灾害的发生，减少人员伤亡和财产损失。

事故抢救过程中应当采取必要措施，避免或者减少对环境造成的危害。

任何单位和个人都应当支持、配合事故抢救，并提供一切便利条件。

第八十三条 事故调查处理应当按照科学严谨、依法依规、实事求是、注重实效的原则，及时、准确地查清事故原因，查明事故性质和责任，总结事故教训，提出整改措施，并对事故责任者提出处理意见。事故调查报告应当依法及时向社会公布。事故调查和处理的具体办法由国务院制定。

事故发生单位应当及时全面落实整改措施，负有安全生产监督管理职责的部门应当加强监督检查。

第八十四条 生产经营单位发生生产安全事故，经调查确定为责任事故的，除了应当查明事故单位的责任并依法予以追究外，还应当查明对安全生产的有关事项负有审查批准和监督职责的行政部门的责任，对有失职、渎职行为的，依照本法第八十七条的规定追究法律责任。

第八十五条 任何单位和个人不得阻挠和干涉对事故的依法调查处理。

第八十六条 县级以上地方各级人民政府负责安全生产监督管理的部门应当定期统计分析本行政区域内发生生产安全事故的情况，并定期向社会公布。

第六章　法律责任

第八十七条 负有安全生产监督管理职责的部门的工作人员，有下列行为之一的，给予降级或者撤职的处分；构成犯罪的，依照刑法有关规定追究刑事责任：

（一）对不符合法定安全生产条件的涉及安全生产的事项予以批准或者验收通过的；

（二）发现未依法取得批准、验收的单位擅自从事有关活动或者接到举报后不予取缔或者不依法予以处理的；

（三）对已经依法取得批准的单位不履行监督管理职责，发现其不再具备安全生产条件而不撤销原批准或者发现安全生产违法行为不予查处的；

（四）在监督检查中发现重大事故隐患，不依法及时处理的。

负有安全生产监督管理职责的部门的工作人员有前款规定以外的滥用职权、玩忽职守、徇私舞弊行为的，依法给予处分；构成犯罪的，依照刑法有关规定追究刑事责任。

第八十八条 负有安全生产监督管理职责的部门，要求被审查、验收的单位购买其指定的安全设备、器材或者其他产品的，在对安全生产事项的审查、验收中收取费用的，由其上级机关或者监察机关责令改正，责令退还收取的费用；情节严重的，对直接负责的主管人员和其他直接责任人员依法给予行政处分。

第八十九条 承担安全评价、认证、检测、检验工作的机构，出具虚假证明的，没收违法所得；违法所得在十万元以上的，并处违法所得二倍以上五倍以下的罚款；没有违法所得或者违法所得不足十万元的，单处或者并处十万元以上二十万元以下的罚款；对其直接负责的主管人员和其他直接责任人员处二万元以上五万元以下的罚款；给他人造成损害的，与生产经营单位承担连带赔偿责任；构成犯罪的，依照刑法有关规定追究刑事责任。

对有前款违法行为的机构，吊销其相应资质。

第九十条 生产经营单位的决策机构、主要负责人或者个人经营的投资人不依照本法规定保证安全生产所必需的资金投入，致使生产经营单位不具备安全生产条件的，责令限期改正，提供必需的资金；逾期未改正的，责令生产经营单位停产停业整顿。

有前款违法行为，导致发生生产安全事故的，对生产经营单位的主要负责人给予撤职处分，对个人经营的投资人处二万元以上二十万元以下的罚款；构成犯罪的，依照刑法有关规定追究刑事责任。

第九十一条 生产经营单位的主要负责人未履行本法规定的安全生产管理职责的，责令限期改正；逾期未改正的，处二万元以上五万元以下的罚款，责令生产经营单位停产停业整顿。

生产经营单位的主要负责人有前款违法行为，导致发生生产安全事故的，给予撤职处分；构成犯罪的，依照刑法有关规定追究刑事责任。

生产经营单位的主要负责人依照前款规定受刑事处罚或者撤职处分的，自刑罚执行完毕或者受处分之日起，五年内不得担任任何生产经营单位的主要负责人；对重大、特别重大生产安全事故负有责任的，终身不得担任本行业生产经营单位的主要负责人。

第九十二条 生产经营单位的主要负责人未履行本法规定的安全生产管理职责，导致发生生产安全事故的，由安全生产监督管理部门依照下列规定处以罚款：

（一）发生一般事故的，处上一年年收入百分之三十的罚款；

（二）发生较大事故的，处上一年年收入百分之四十的罚款；

（三）发生重大事故的，处上一年年收入百分之六十的罚款；

（四）发生特别重大事故的，处上一年年收入百分之八十的罚款。

第九十三条 生产经营单位的安全生产管理人员未履行本法规定的安全生产管理职责的，责令限期改正；导致发生生产安全事故的，暂停或者撤销其与安全生产有关的资格；构成犯罪的，依照刑法有关规定追究刑事责任。

第九十四条 生产经营单位有下列行为之一的，责令限期改正，可以处五万元以下的罚款；逾期未改正的，责令停产停业整顿，并处五万元以上十万元以下的罚款，对其直接负责的主管人员和其他直接责任人员处一万元以上二万元以下的罚款：

（一）未按照规定设置安全生产管理机构或者配备安全生产管理人员的；

（二）危险物品的生产、经营、储存单位以及矿山、金属冶炼、建筑施工、道路运输单位的主要负责人和安全生产管理人员未按照规定经考核合格的；

（三）未按照规定对从业人员、被派遣劳动者、实习学生进行安全生产教育和培训，或者未按照规定如实告知有关的安全生产事项的；

（四）未如实记录安全生产教育和培训情况的；

（五）未将事故隐患排查治理情况如实记录或者未向从业人员通报的；

（六）未按照规定制定生产安全事故应急救援预案或者未定期组织演练的；

（七）特种作业人员未按照规定经专门的安全作业培训并取得相应资格，上岗作业的。

第九十五条 生产经营单位有下列行为之一的，责令停止建设或者停产停业整顿，限期改正；逾期未改正的，处五十万元以上一百万元以下的罚款，对其直接负责的主管人员和其他直接责任人员处二万元以上五万元以下的罚款；构成犯罪的，依照刑法有关规定追究刑事责任：

（一）未按照规定对矿山、金属冶炼建设项目或者用于生产、储存、装卸危险物品的建设项目进行安全评价的；

（二）矿山、金属冶炼建设项目或者用于生产、储存、装卸危险物品的建设项目没有安全设施设计或者安全设施设计未按照规定报经有关部门审查同意的；

（三）矿山、金属冶炼建设项目或者用于生产、储存、装卸危险物品的建设项目的施工单位未按照批准的安全设施设计施工的；

（四）矿山、金属冶炼建设项目或者用于生产、储存危险物品的建设项目竣工投入生产或者使用前，安全设施未经验收合格的。

第九十六条 生产经营单位有下列行为之一的，责令限期改正，可以处五万元以下的罚款；逾期未改正的，处五万元以上二十万元以下的罚款，对其直接负责的主管人员和其他直接责任人员处一万元以上二万元以下的罚款；情节严重的，责令停产停业整顿；构成犯罪的，依照刑法有关规定追究刑事责任：

（一）未在有较大危险因素的生产经营场所和有关设施、设备上设置明显的安全警示标志的；

（二）安全设备的安装、使用、检测、改造和报废不符合国家标准或者行业标准的；

（三）未对安全设备进行经常性维护、保养和定期检测的；

（四）未为从业人员提供符合国家标准或者行业标准的劳动防护用品的；

（五）危险物品的容器、运输工具，以及涉及人身安全、危险性较大的海洋石油开采特种设备和矿山井下特种设备未经具有专业资质的机构检测、检验合格，取得安全使用证或者安全标志，投入使用的；

（六）使用应当淘汰的危及生产安全的工艺、设备的。

第九十七条 未经依法批准，擅自生产、经营、运输、储存、使用危险物品或者处置废弃危险物品的，依照有关危险物品安全管理的法律、行政法规的规定予以处罚；构成犯罪的，依照刑法有关规定追究刑事责任。

第九十八条 生产经营单位有下列行为之一的，责令限期改正，可以处十万元以下的罚款；逾期未改正的，责令停产停业整顿，并处十万元以上二十万元以下的罚款，对其直接负责的主管人员和其他直接责任人员处二万元以上五万元以下的罚款；构成犯罪的，依照刑法有关规定追究刑事责任：

（一）生产、经营、运输、储存、使用危险物品或者处置废弃危险物品，未建立专门安全管理制度、未采取可靠的安全措施的；

（二）对重大危险源未登记建档，或者未进行评估、监控，或者未制定应急预案的；

（三）进行爆破、吊装以及国务院安全生产监督管理部门会同国务院有关部门规定的其他危险作业，未安排专门人员进行现场安全管理的；

（四）未建立事故隐患排查治理制度的。

第九十九条 生产经营单位未采取措施消除事故隐患的，责令立即消除或者限期消除；生产经营单位拒不执行的，责令停产停业整顿，并处十万元以上五十万元以下的罚款，对其直接负责的主管人员和其他直接责任人员处二万元以上五万元以下的罚款。

第一百条 生产经营单位将生产经营项目、场所、设备发包或者出租给不具备安全生产条件或者相应资质的单位或者个人的，责令限期改正，没收违法所得；违法所得十万元以上的，并处违法所得二倍以上五倍以下的罚款；没有违法所得或者违法所得不足十万元的，单处或者并处十万元以上二十万元以下的罚款；对其直接负责的主管人员和其他直接责任人员处一万元以上二万元以下的罚款；导致发生生产安全事故给他人造成损害的，与承包方、承租方承担连带赔偿责任。

生产经营单位未与承包单位、承租单位签订专门的安全生产管理协议或者未在承包合同、租赁合同中明确各自的安全生产管理职责，或者未对承包单位、承租单位的安全生产统一协调、管理的，责令限期改正，可以处五万元以下的罚款，对其直接负责的主管人员和其他直接责任人员可以处一万元以下的罚款；逾期未改正的，责令停产停业整顿。

第一百零一条 两个以上生产经营单位在同一作业区域内进行可能危及对方安全生产的生产经营活动，未签订安全生产管理协议或者未指定专职安全生产管理人员进行安全检查与协调的，责令限期改正，可以处五万元以下的罚款，对其直接负责的主管人员和其他直接责任人员可以处一万元以下的罚款；逾期未改正的，责令停产停业。

第一百零二条 生产经营单位有下列行为之一的，责令限期改正，可以处五万元以下的罚款，对其直接负责的主管人员和其他直接责任人员可以处一万元以下的罚款；逾期未改正的，责令停产停业整顿；构成犯罪的，依照刑法有关规定追究刑事责任：

（一）生产、经营、储存、使用危险物品的车间、商店、仓库与员工宿舍在同一座建筑内，或者与员工宿舍的距离不符合安全要求的；

（二）生产经营场所和员工宿舍未设有符合紧急疏散需要、标志明显、保持畅通的出口，或者锁闭、封堵生产经营场所或者员工宿舍出口的。

第一百零三条 生产经营单位与从业人员订立协议，免除或者减轻其对从业人员因生产安全事故伤亡依法应承担的责任的，该协议无效；对生产经营单位的主要负责人、个人经营的投资人处二万元以上十万元以下的罚款。

第一百零四条 生产经营单位的从业人员不服从管理，违反安全生产规章制度或者操作规程的，由生产经营单位给予批评教育，依照有关规章制度给予处分；构成犯罪的，依照刑法有关规定追究刑事责任。

第一百零五条 违反本法规定，生产经营单位拒绝、阻碍负有安全生产监督管理职责的部门依法实施监督检查的，责令改正；拒不改正的，处二万元以上二十万元以下的罚款；对其直接负责的主管人员和其他直接责任人员处一万元以上二万元以下的罚款；构成犯罪的，依照刑法有关规定追究刑事责任。

第一百零六条 生产经营单位的主要负责人在本单位发生生产安全事故时，不立即组织抢救或者在事故调查处理期间擅离职守或者逃匿的，给予降级、撤职的处分，并由安全生产监督管理部门处上一年年收入百分之六十至百分之一百的罚款；对逃匿的处十五日以下拘留；构成犯罪的，依照刑法有关规定追究刑事责任。

生产经营单位的主要负责人对生产安全事故隐瞒不报、谎报或者迟报的，依照前款规定处罚。

第一百零七条 有关地方人民政府、负有安全生产监督管理职责的部门，对生产安全事故隐瞒不报、谎报或者迟报的，对直接负责的主管人员和其他直接责任人员依法给予行政处分；构成犯罪的，依照刑法有关规定追究刑事责任。

第一百零八条 生产经营单位不具备本法和其他有关法律、行政法规和国家标准或者行业标准规定的安全生产条件，经停产停业整顿仍不具备安全生产条件的，予以关闭；有关部门应当依法吊销其有关证照。

第一百零九条 本法规定的行政处罚，由负责安全生产监督管理的部门决定；予以关闭的行政处罚由负责安全生产监督管理的部门报请县级以上人民政府按照国务院规定的权限决定；给予拘留的行政处罚由公安机关依照治安管理处罚条例的规定决定。有关法律、行政法规对行政处罚的决定机关另有规定的，依照其规定。

第一百一十条 发生生产安全事故，对负有责任的生产经营单位除要求其依法承担相应的赔偿等责任外，由安全生产监督管理部门依照下列规定处以罚款：

（一）发生一般事故的，处二十万元以上五十万元以下的罚款；

（二）发生较大事故的，处五十万元以上一百万元以下的罚款；

（三）发生重大事故的，处一百万元以上五百万元以下的罚款；

（四）发生特别重大事故的，处五百万元以上一千万元以下的罚款；情节特别严重的，处一千万元以上二千万元以下的罚款。

第一百一十一条 本法规定的行政处罚，由安全生产监督管理部门和其他负有安全生产监督管理职责的部门按照职责分工决定。予以关闭的行政处罚由负有安全生产监督管理职责的部门报请县级以上人民政府按照国务院规定的权限决定；给予拘留的行政处罚由公安机关依照治安管理处罚法的规定决定。

第一百一十二条 生产经营单位发生生产安全事故造成人员伤亡、他人财产损失的，应当依法承担赔偿责任；拒不承担或者其负责人逃匿的，由人民法院依法强制执行。

生产安全事故的责任人未依法承担赔偿责任，经人民法院依法采取执行措施后，仍不能对受害人给予足额赔偿的，应当继续履行赔偿义务；受害人发现责任人有其他财产的，可以随时请求人民法院执行。

第七章 附 则

第一百一十三条 本法下列用语的含义：

危险物品，是指易燃易爆物品、危险化学品、放射性物品等能够危及人身安全和财产安全的物品。

重大危险源，是指长期地或者临时地生产、搬运、使用或者储存危险物品，且危险物品的数量等于或者超过临界量的单元（包括场所和设施）。

第一百一十四条 本法规定的生产安全一般事故、较大事故、重大事故、特别重大事故的划分标准由国务院规定。

国务院安全生产监督管理部门和其他负有安全生产监督管理职责的部门应当根据各自的职责分工，制定相关行业、领域重大事故隐患的判定标准。

第一百一十五条 本法自 2014 年 12 月 1 日起施行。

附录三 建设工程安全生产管理条例
（2003 年 11 月 24 日中华人民共和国国务院令第 393 号）

第一章 总 则

第一条 为了加强建设工程安全生产监督管理，保障人民群众生命和财产安全，根据《中华人民共和国建筑法》、《中华人民共和国安全生产法》，制定本条例。

第二条 在中华人民共和国境内从事建设工程的新建、扩建、改建和拆除等有关活动及实施对建设工程安全生产的监督管理，必须遵守本条例。

本条例所称建设工程，是指土木工程、建筑工程、线路管道和设备安装工程及装修工程。

第三条 建设工程安全生产管理，坚持安全第一、预防为主的方针。

第四条 建设单位、勘察单位、设计单位、施工单位、工程监理单位及其他与建设工程安全生产有关的单位，必须遵守安全生产法律、法规的规定，保证建设工程安全生产，依法承担建设工程安全生产责任。

第五条 国家鼓励建设工程安全生产的科学技术研究和先进技术的推广应用，推进建设工程安全生产的科学管理。

第二章 建设单位的安全责任

第六条 建设单位应当向施工单位提供施工现场及毗邻区域内供水、排水、供电、供气、供热、通信、广播电视等地下管线资料，气象和水文观测资料，相邻建筑物和构筑物、地下工程的有关资料，并保证资料的真实、准确、完整。

建设单位因建设工程需要，向有关部门或者单位查询前款规定的资料时，有关部门或者单位应当及时提供。

第七条 建设单位不得对勘察、设计、施工、工程监理等单位提出不符合建设工程安全生产法律、法规和强制性标准规定的要求，不得压缩合同约定的工期。

第八条 建设单位在编制工程概算时，应当确定建设工程安全作业环境及安全施工措施所需费用。

第九条 建设单位不得明示或者暗示施工单位购买、租赁、使用不符合安全施工要求的安全防护用具、机械设备、施工机具及配件、消防设施和器材。

第十条 建设单位在申请领取施工许可证时，应当提供建设工程有关安全施工措施的资料。

依法批准开工报告的建设工程，建设单位应当自开工报告批准之日起 15 日内，将保证安全施工的措施报送建设工程所在地的县级以上地方人民政府建设行政主管部门或者其他有关部门备案。

第十一条 建设单位应当将拆除工程发包给具有相应资质等级的施工单位。

建设单位应当在拆除工程施工 15 日前，将下列资料报送建设工程所在地的县级以上地方人民政府建设行政主管部门或者其他有关部门备案：

（一）施工单位资质等级证明；

（二）拟拆除建筑物、构筑物及可能危及毗邻建筑的说明；

（三）拆除施工组织方案；

（四）堆放、清除废弃物的措施。

实施爆破作业的，应当遵守国家有关民用爆炸物品管理的规定。

第三章 勘察、设计、工程监理及其他有关单位的安全责任

第十二条 勘察单位应当按照法律、法规和工程建设强制性标准进行勘察，提供的勘察文件应当真实、准确，满足建设工程安全生产的需要。

勘察单位在勘察作业时，应当严格执行操作规程，采取措施保证各类管线、设施和周边建筑物、构筑物的安全。

第十三条 设计单位应当按照法律、法规和工程建设强制性标准进行设计，防止因设计不合理导致生产安全事故的发生。

设计单位应当考虑施工安全操作和防护的需要，对涉及施工安全的重点部位和环节在设计文件中注明，并对防范生产安全事故提出指导意见。

采用新结构、新材料、新工艺的建设工程和特殊结构的建设工程，设计单位应当在设计中提出保障施工作业人员安全和预防生产安全事故的措施建议。

设计单位和注册建筑师等注册执业人员应当对其设计负责。

第十四条 工程监理单位应当审查施工组织设计中的安全技术措施或者专项施工方案是否符合工程建设强制性标准。

工程监理单位在实施监理过程中，发现存在安全事故隐患的，应当要求施工单位整改；情况严重的，应当要求施工单位暂时停止施工，并及时报告建设单位。施工单位拒不整改或者不停止施工的，工程监理单位应当及时向有关主管部门报告。

工程监理单位和监理工程师应当按照法律、法规和工程建设强制性标准实施监理，并对建设工程安全

生产承担监理责任。

第十五条　为建设工程提供机械设备和配件的单位，应当按照安全施工的要求配备齐全有效的保险、限位等安全设施和装置。

第十六条　出租的机械设备和施工机具及配件，应当具有生产（制造）许可证、产品合格证。

出租单位应当对出租的机械设备和施工机具及配件的安全性能进行检测，在签订租赁协议时，应当出具检测合格证明。禁止出租检测不合格的机械设备和施工机具及配件。

第十七条　在施工现场安装、拆卸施工起重机械和整体提升脚手架、模板等自升式架设设施，必须由具有相应资质的单位承担。

安装、拆卸施工起重机械和整体提升脚手架、模板等自升式架设设施，应当编制拆装方案、制定安全施工措施，并由专业技术人员现场监督。

施工起重机械和整体提升脚手架、模板等自升式架设设施安装完毕后，安装单位应当自检，出具自检合格证明，并向施工单位进行安全使用说明，办理验收手续并签字。

第十八条　施工起重机械和整体提升脚手架、模板等自升式架设设施的使用达到国家规定的检验检测期限的，必须经具有专业资质的检验检测机构检测。经检测不合格的，不得继续使用。

第十九条　检验检测机构对检测合格的施工起重机械和整体提升脚手架、模板等自升式架设设施，应当出具安全合格证明文件，并对检测结果负责。

第四章　施工单位的安全责任

第二十条　施工单位从事建设工程的新建、扩建、改建和拆除等活动，应当具备国家规定的注册资本、专业技术人员、技术装备和安全生产等条件，依法取得相应等级的资质证书，并在其资质等级许可的范围内承揽工程。

第二十一条　施工单位主要负责人依法对本单位的安全生产工作全面负责。施工单位应当建立健全安全生产责任制度和安全生产教育培训制度，制定安全生产规章制度和操作规程，保证本单位安全生产条件所需资金的投入，对所承担的建设工程进行定期和专项安全检查，并做好安全检查记录。

施工单位的项目负责人应当由取得相应执业资格的人员担任，对建设工程项目的安全施工负责，落实安全生产责任制度、安全生产规章制度和操作规程，确保安全生产费用的有效使用，并根据工程的特点组织制定安全施工措施，消除安全事故隐患，及时、如实报告生产安全事故。

第二十二条　施工单位对列入建设工程概算的安全作业环境及安全施工措施所需费用，应当用于施工安全防护用具及设施的采购和更新、安全施工措施的落实、安全生产条件的改善，不得挪作他用。

第二十三条　施工单位应当设立安全生产管理机构，配备专职安全生产管理人员。

专职安全生产管理人员负责对安全生产进行现场监督检查。发现安全事故隐患，应当及时向项目负责人和安全生产管理机构报告；对违章指挥、违章操作的，应当立即制止。

专职安全生产管理人员的配备办法由国务院建设行政主管部门会同国务院其他有关部门制定。

第二十四条　建设工程实行施工总承包的，由总承包单位对施工现场的安全生产负总责。

总承包单位应当自行完成建设工程主体结构的施工。

总承包单位依法将建设工程分包给其他单位的，分包合同中应当明确各自的安全生产方面的权利、义务。总承包单位和分包单位对分包工程的安全生产承担连带责任。

分包单位应当服从总承包单位的安全生产管理，分包单位不服从管理导致生产安全事故的，由分包单位承担主要责任。

第二十五条　垂直运输机械作业人员、安装拆卸工、爆破作业人员、起重信号工、登高架设作业人员等特种作业人员，必须按照国家有关规定经过专门的安全作业培训，并取得特种作业操作资格证书后，方可上岗作业。

第二十六条　施工单位应当在施工组织设计中编制安全技术措施和施工现场临时用电方案，对下列达到一定规模的危险性较大的分部分项工程编制专项施工方案，并附具安全验算结果，经施工单位技术负责人、总监理工程师签字后实施，由专职安全生产管理人员进行现场监督：

（一）基坑支护与降水工程；

（二）土方开挖工程；

（三）模板工程；

（四）起重吊装工程；

（五）脚手架工程；

（六）拆除、爆破工程；

（七）国务院建设行政主管部门或者其他有关部门规定的其他危险性较大的工程。

对前款所列工程中涉及深基坑、地下暗挖工程、高大模板工程的专项施工方案，施工单位还应当组织专家进行论证、审查。

本条第一款规定的达到一定规模的危险性较大工程的标准，由国务院建设行政主管部门会同国务院其他有关部门制定。

第二十七条 建设工程施工前，施工单位负责项目管理的技术人员应当对有关安全施工的技术要求向施工作业班组、作业人员作出详细说明，并由双方签字确认。

第二十八条 施工单位应当在施工现场入口处、施工起重机械、临时用电设施、脚手架、出入通道口、楼梯口、电梯井口、孔洞口、桥梁口、隧道口、基坑边沿、爆破物及有害危险气体和液体存放处等危险部位，设置明显的安全警示标志。安全警示标志必须符合国家标准。

施工单位应当根据不同施工阶段和周围环境及季节、气候的变化，在施工现场采取相应的安全施工措施。施工现场暂时停止施工的，施工单位应当做好现场防护，所需费用由责任方承担，或者按照合同约定执行。

第二十九条 施工单位应当将施工现场的办公、生活区与作业区分开设置，并保持安全距离；办公、生活区的选址应当符合安全性要求。职工的膳食、饮水、休息场所等应当符合卫生标准。施工单位不得在尚未竣工的建筑物内设置员工集体宿舍。

施工现场临时搭建的建筑物应当符合安全使用要求。施工现场使用的装配式活动房屋应当具有产品合格证。

第三十条 施工单位对因建设工程施工可能造成损害的毗邻建筑物、构筑物和地下管线等，应当采取专项防护措施。

施工单位应当遵守有关环境保护法律、法规的规定，在施工现场采取措施，防止或者减少粉尘、废气、废水、固体废物、噪声、振动和施工照明对人和环境的危害和污染。

在城市市区内的建设工程，施工单位应当对施工现场实行封闭围挡。

第三十一条 施工单位应当在施工现场建立消防安全责任制度，确定消防安全责任人，制定用火、用电、使用易燃易爆材料等各项消防安全管理制度和操作规程，设置消防通道、消防水源，配备消防设施和灭火器材，并在施工现场入口处设置明显标志。

第三十二条 施工单位应当向作业人员提供安全防护用具和安全防护服装，并书面告知危险岗位的操作规程和违章操作的危害。

作业人员有权对施工现场的作业条件、作业程序和作业方式中存在的安全问题提出批评、检举和控告，有权拒绝违章指挥和强令冒险作业。

在施工中发生危及人身安全的紧急情况时，作业人员有权立即停止作业或者采取必要的应急措施后撤离危险区域。

第三十三条 作业人员应当遵守安全施工的强制性标准、规章制度和操作规程，正确使用安全防护用具、机械设备等。

第三十四条 施工单位采购、租赁的安全防护用具、机械设备、施工机具及配件，应当具有生产（制造）许可证、产品合格证，并在进入施工现场前进行查验。

施工现场的安全防护用具、机械设备、施工机具及配件必须由专人管理，定期进行检查、维修和保养，建立相应的资料档案，并按照国家有关规定及时报废。

第三十五条 施工单位在使用施工起重机械和整体提升脚手架、模板等自升式架设设施前，应当组织有关单位进行验收，也可以委托具有相应资质的检验检测机构进行验收；使用承租的机械设备和施工机具及配件的，由施工总承包单位、分包单位、出租单位和安装单位共同进行验收。验收合格的方可使用。

《特种设备安全监察条例》规定的施工起重机械，在验收前应当经有相应资质的检验检测机构监督检验合格。

施工单位应当自施工起重机械和整体提升脚手架、模板等自升式架设设施验收合格之日起 30 日内，向建设行政主管部门或者其他有关部门登记。登记标志应当置于或者附着于该设备的显著位置。

第三十六条　施工单位的主要负责人、项目负责人、专职安全生产管理人员应当经建设行政主管部门或者其他有关部门考核合格后方可任职。

施工单位应当对管理人员和作业人员每年至少进行一次安全生产教育培训，其教育培训情况记入个人工作档案。安全生产教育培训考核不合格的人员，不得上岗。

第三十七条　作业人员进入新的岗位或者新的施工现场前，应当接受安全生产教育培训。未经教育培训或者教育培训考核不合格的人员，不得上岗作业。

施工单位在采用新技术、新工艺、新设备、新材料时，应当对作业人员进行相应的安全生产教育培训。

第三十八条　施工单位应当为施工现场从事危险作业的人员办理意外伤害保险。

意外伤害保险费由施工单位支付。实行施工总承包的，由总承包单位支付意外伤害保险费。意外伤害保险期限自建设工程开工之日起至竣工验收合格止。

第五章　监督管理

第三十九条　国务院负责安全生产监督管理的部门依照《中华人民共和国安全生产法》的规定，对全国建设工程安全生产工作实施综合监督管理。

县级以上地方人民政府负责安全生产监督管理的部门依照《中华人民共和国安全生产法》的规定，对本行政区域内建设工程安全生产工作实施综合监督管理。

第四十条　国务院建设行政主管部门对全国的建设工程安全生产实施监督管理。国务院铁路、交通、水利等有关部门按照国务院规定的职责分工，负责有关专业建设工程安全生产的监督管理。县级以上地方人民政府建设行政主管部门对本行政区域内的建设工程安全生产实施监督管理。

县级以上地方人民政府交通、水利等有关部门在各自的职责范围内，负责本行政区域内的专业建设工程安全生产的监督管理。

第四十一条　建设行政主管部门和其他有关部门应当将本条例第十条、第十一条规定的有关资料的主要内容抄送同级负责安全生产监督管理的部门。

第四十二条　建设行政主管部门在审核发放施工许可证时，应当对建设工程是否有安全施工措施进行审查，对没有安全施工措施的，不得颁发施工许可证。

建设行政主管部门或者其他有关部门对建设工程是否有安全施工措施进行审查时，不得收取费用。

第四十三条　县级以上人民政府负有建设工程安全生产监督管理职责的部门在各自的职责范围内履行安全监督检查职责时，有权采取下列措施：

（一）要求被检查单位提供有关建设工程安全生产的文件和资料；

（二）进入被检查单位施工现场进行检查；

（三）纠正施工中违反安全生产要求的行为；

（四）对检查中发现的安全事故隐患，责令立即排除；重大安全事故隐患排除前或者排除过程中无法保证安全的，责令从危险区域内撤出作业人员或者暂时停止施工。

第四十四条　建设行政主管部门或者其他有关部门可以将施工现场的监督检查委托给建设工程安全监督机构具体实施。

第四十五条　国家对严重危及施工安全的工艺、设备、材料实行淘汰制度。具体目录由国务院建设行政主管部门会同国务院其他有关部门制定并公布。

第四十六条　县级以上人民政府建设行政主管部门和其他有关部门应当及时受理对建设工程生产安全事故及安全事故隐患的检举、控告和投诉。

第六章　生产安全事故的应急救援和调查处理

第四十七条　县级以上地方人民政府建设行政主管部门应当根据本级人民政府的要求，制定本行政区域内建设工程特大生产安全事故应急救援预案。

第四十八条   施工单位应当制定本单位生产安全事故应急救援预案,建立应急救援组织或者配备应急救援人员,配备必要的应急救援器材、设备,并定期组织演练。

第四十九条   施工单位应当根据建设工程施工的特点、范围,对施工现场易发生重大事故的部位、环节进行监控,制定施工现场生产安全事故应急救援预案。实行施工总承包的,由总承包单位统一组织编制建设工程生产安全事故应急救援预案,工程总承包单位和分包单位按照应急救援预案,各自建立应急救援组织或者配备应急救援人员,配备救援器材、设备,并定期组织演练。

第五十条   施工单位发生生产安全事故,应当按照国家有关伤亡事故报告和调查处理的规定,及时、如实地向负责安全生产监督管理的部门、建设行政主管部门或者其他有关部门报告;特种设备发生事故的,还应当同时向特种设备安全监督管理部门报告。接到报告的部门应当按照国家有关规定,如实上报。

实行施工总承包的建设工程,由总承包单位负责上报事故。

第五十一条   发生生产安全事故后,施工单位应当采取措施防止事故扩大,保护事故现场。需要移动现场物品时,应当做出标记和书面记录,妥善保管有关证物。

第五十二条   建设工程生产安全事故的调查、对事故责任单位和责任人的处罚与处理,按照有关法律、法规的规定执行。

第七章   法律责任

第五十三条   违反本条例的规定,县级以上人民政府建设行政主管部门或者其他有关行政管理部门的工作人员,有下列行为之一的,给予降级或者撤职的行政处分;构成犯罪的,依照刑法有关规定追究刑事责任:

(一)对不具备安全生产条件的施工单位颁发资质证书的;

(二)对没有安全施工措施的建设工程颁发施工许可证的;

(三)发现违法行为不予查处的;

(四)不依法履行监督管理职责的其他行为。

第五十四条   违反本条例的规定,建设单位未提供建设工程安全生产作业环境及安全施工措施所需费用的,责令限期改正;逾期未改正的,责令该建设工程停止施工。

建设单位未将保证安全施工的措施或者拆除工程的有关资料报送有关部门备案的,责令限期改正,给予警告。

第五十五条   违反本条例的规定,建设单位有下列行为之一的,责令限期改正,处 20 万元以上 50 万元以下的罚款;造成重大安全事故,构成犯罪的,对直接责任人员,依照刑法有关规定追究刑事责任;造成损失的,依法承担赔偿责任:

(一)对勘察、设计、施工、工程监理等单位提出不符合安全生产法律、法规和强制性标准规定的要求的;

(二)要求施工单位压缩合同约定的工期的;

(三)将拆除工程发包给不具有相应资质等级的施工单位的。

第五十六条   违反本条例的规定,勘察单位、设计单位有下列行为之一的,责令限期改正,处 10 万元以上 30 万元以下的罚款;情节严重的,责令停业整顿,降低资质等级,直至吊销资质证书;造成重大安全事故,构成犯罪的,对直接责任人员,依照刑法有关规定追究刑事责任;造成损失的,依法承担赔偿责任:

(一)未按照法律、法规和工程建设强制性标准进行勘察、设计的;

(二)采用新结构、新材料、新工艺的建设工程和特殊结构的建设工程,设计单位未在设计中提出保障施工作业人员安全和预防生产安全事故的措施建议的。

第五十七条   违反本条例的规定,工程监理单位有下列行为之一的,责令限期改正;逾期未改正的,责令停业整顿,并处 10 万元以上 30 万元以下的罚款;情节严重的,降低资质等级,直至吊销资质证书;造成重大安全事故,构成犯罪的,对直接责任人员,依照刑法有关规定追究刑事责任;造成损失的,依法承担赔偿责任:

(一)未对施工组织设计中的安全技术措施或者专项施工方案进行审查的;

(二)发现安全事故隐患未及时要求施工单位整改或者暂时停止施工的;

(三)施工单位拒不整改或者不停止施工,未及时向有关主管部门报告的;

（四）未依照法律、法规和工程建设强制性标准实施监理的。

第五十八条 注册执业人员未执行法律、法规和工程建设强制性标准的，责令停止执业 3 个月以上 1 年以下；情节严重的，吊销执业资格证书，5 年内不予注册；造成重大安全事故的，终身不予注册；构成犯罪的，依照刑法有关规定追究刑事责任。

第五十九条 违反本条例的规定，为建设工程提供机械设备和配件的单位，未按照安全施工的要求配备齐全有效的保险、限位等安全设施和装置的，责令限期改正，处合同价款 1 倍以上 3 倍以下的罚款；造成损失的，依法承担赔偿责任。

第六十条 违反本条例的规定，出租单位出租未经安全性能检测或者经检测不合格的机械设备和施工机具及配件的，责令停业整顿，并处 5 万元以上 10 万元以下的罚款；造成损失的，依法承担赔偿责任。

第六十一条 违反本条例的规定，施工起重机械和整体提升脚手架、模板等自升式架设设施安装、拆卸单位有下列行为之一的，责令限期改正，处 5 万元以上 10 万元以下的罚款；情节严重的，责令停业整顿，降低资质等级，直至吊销资质证书；造成损失的，依法承担赔偿责任：

（一）未编制拆装方案、制定安全施工措施的；

（二）未由专业技术人员现场监督的；

（三）未出具自检合格证明或者出具虚假证明的；

（四）未向施工单位进行安全使用说明，办理移交手续的。

施工起重机械和整体提升脚手架、模板等自升式架设设施安装、拆卸单位有前款规定的第（一）项、第（三）项行为，经有关部门或者单位职工提出后，对事故隐患仍不采取措施，因而发生重大伤亡事故或者造成其他严重后果，构成犯罪的，对直接责任人员，依照刑法有关规定追究刑事责任。

第六十二条 违反本条例的规定，施工单位有下列行为之一的，责令限期改正；逾期未改正的，责令停业整顿，依照《中华人民共和国安全生产法》的有关规定处以罚款；造成重大安全事故，构成犯罪的，对直接责任人员，依照刑法有关规定追究刑事责任：

（一）未设立安全生产管理机构、配备专职安全生产管理人员或者分部分项工程施工时无专职安全生产管理人员现场监督的；

（二）施工单位的主要负责人、项目负责人、专职安全生产管理人员、作业人员或者特种作业人员，未经安全教育培训或者经考核不合格即从事相关工作的；

（三）未在施工现场的危险部位设置明显的安全警示标志，或者未按照国家有关规定在施工现场设置消防通道、消防水源、配备消防设施和灭火器材的；

（四）未向作业人员提供安全防护用具和安全防护服装的；

（五）未按照规定在施工起重机械和整体提升脚手架、模板等自升式架设设施验收合格后登记的；

（六）使用国家明令淘汰、禁止使用的危及施工安全的工艺、设备、材料的。

第六十三条 违反本条例的规定，施工单位挪用列入建设工程概算的安全生产作业环境及安全施工措施所需费用的，责令限期改正，处挪用费用 20% 以上 50% 以下的罚款；造成损失的，依法承担赔偿责任。

第六十四条 违反本条例的规定，施工单位有下列行为之一的，责令限期改正；逾期未改正的，责令停业整顿，并处 5 万元以上 10 万元以下的罚款；造成重大安全事故，构成犯罪的，对直接责任人员，依照刑法有关规定追究刑事责任：

（一）施工前未对有关安全施工的技术要求作出详细说明的；

（二）未根据不同施工阶段和周围环境及季节、气候的变化，在施工现场采取相应的安全施工措施，或者在城市市区内的建设工程的施工现场未实行封闭围挡的；

（三）在尚未竣工的建筑物内设置员工集体宿舍的；

（四）施工现场临时搭建的建筑物不符合安全使用要求的；

（五）未对因建设工程施工可能造成损害的毗邻建筑物、构筑物和地下管线等采取专项防护措施的。

施工单位有前款规定第（四）项、第（五）项行为，造成损失的，依法承担赔偿责任。

第六十五条 违反本条例的规定，施工单位有下列行为之一的，责令限期改正；逾期未改正的，责令停业整顿，并处 10 万元以上 30 万元以下的罚款；情节严重的，降低资质等级，直至吊销资质证书；造成重大安全事故，构成犯罪的，对直接责任人员，依照刑法有关规定追究刑事责任；造成损失的，依法承担赔偿责任：

（一）安全防护用具、机械设备、施工机具及配件在进入施工现场前未经查验或者查验不合格即投入使用的；

（二）使用未经验收或者验收不合格的施工起重机械和整体提升脚手架、模板等自升式架设设施的；

（三）委托不具有相应资质的单位承担施工现场安装、拆卸施工起重机械和整体提升脚手架、模板等自升式架设设施的；

（四）在施工组织设计中未编制安全技术措施、施工现场临时用电方案或者专项施工方案的。

第六十六条 违反本条例的规定，施工单位的主要负责人、项目负责人未履行安全生产管理职责的，责令限期改正；逾期未改正的，责令施工单位停业整顿；造成重大安全事故、重大伤亡事故或者其他严重后果，构成犯罪的，依照刑法有关规定追究刑事责任。

作业人员不服管理、违反规章制度和操作规程冒险作业造成重大伤亡事故或者其他严重后果，构成犯罪的，依照刑法有关规定追究刑事责任。

施工单位的主要负责人、项目负责人有前款违法行为，尚不够刑事处罚的，处 2 万元以上 20 万元以下的罚款或者按照管理权限给予撤职处分；自刑罚执行完毕或者受处分之日起，5 年内不得担任任何施工单位的主要负责人、项目负责人。

第六十七条 施工单位取得资质证书后，降低安全生产条件的，责令限期改正；经整改仍未达到与其资质等级相适应的安全生产条件的，责令停业整顿，降低其资质等级直至吊销资质证书。

第六十八条 本条例规定的行政处罚，由建设行政主管部门或者其他有关部门依照法定职权决定。

违反消防安全管理规定的行为，由公安消防机构依法处罚。

有关法律、行政法规对建设工程安全生产违法行为的行政处罚决定机关另有规定的，从其规定。

第八章 附 则

第六十九条 抢险救灾和农民自建低层住宅的安全生产管理，不适用本条例。

第七十条 军事建设工程的安全生产管理，按照中央军事委员会的有关规定执行。

第七十一条 本条例自 2004 年 2 月 1 日起施行。

附录四 建设工程质量管理条例
（2000 年 1 月 30 日中华人民共和国国务院令第 279 号）

第一章 总 则

第一条 为了加强对建设工程质量的管理，保证建设工程质量，保护人民生命和财产安全，根据《中华人民共和国建筑法》，制定本条例。

第二条 凡在中华人民共和国境内从事建设工程的新建、扩建、改建等有关活动及实施对建设工程质量监督管理的，必须遵守本条例。

本条例所称建设工程，是指土木工程、建筑工程、线路管道和设备安装工程及装修工程。

第三条 建设单位、勘察单位、设计单位、施工单位、工程监理单位依法对建设工程质量负责。

第四条 县级以上人民政府建设行政主管部门和其他有关部门应当加强对建设工程质量的监督管理。

第五条 从事建设工程活动，必须严格执行基本建设程序，坚持先勘察、后设计、再施工的原则。

县级以上人民政府及其有关部门不得超越权限审批建设项目或者擅自简化基本建设程序。

第六条 国家鼓励采用先进的科学技术和管理方法，提高建设工程质量。

第二章 建设单位的质量责任和义务

第七条 建设单位应当将工程发包给具有相应资质等级的单位。

建设单位不得将建设工程肢解发包。

第八条 建设单位应当依法对工程建设项目的勘察、设计、施工、监理以及与工程建设有关的重要设备、材料等的采购进行招标。

第九条 建设单位必须向有关的勘察、设计、施工、工程监理等单位提供与建设工程有关的原始资料。原始资料必须真实、准确、齐全。

第十条 建设工程发包单位不得迫使承包方以低于成本的价格竞标，不得任意压缩合理工期。

建设单位不得明示或者暗示设计单位或者施工单位违反工程建设强制性标准，降低建设工程质量。

第十一条 建设单位应当将施工图设计文件报县级以上人民政府建设行政主管部门或者其他有关部门审查。施工图设计文件审查的具体办法，由国务院建设行政主管部门会同国务院其他有关部门制定。

施工图设计文件未经审查批准的，不得使用。

第十二条 实行监理的建设工程，建设单位应当委托具有相应资质等级的工程监理单位进行监理，也可以委托具有工程监理相应资质等级并与被监理工程的施工承包单位没有隶属关系或者其他利害关系的该工程的设计单位进行监理。

下列建设工程必须实行监理：

（一）国家重点建设工程；

（二）大中型公用事业工程；

（三）成片开发建设的住宅小区工程；

（四）利用外国政府或者国际组织贷款、援助资金的工程；

（五）国家规定必须实行监理的其他工程。

第十三条 建设单位在领取施工许可证或者开工报告前，应当按照国家有关规定办理工程质量监督手续。

第十四条 按照合同约定，由建设单位采购建筑材料、建筑构配件和设备的，建设单位应当保证建筑材料、建筑构配件和设备符合设计文件和合同要求。

建设单位不得明示或者暗示施工单位使用不合格的建筑材料、建筑构配件和设备。

第十五条 涉及建筑主体和承重结构变动的装修工程，建设单位应当在施工前委托原设计单位或者具有相应资质等级的设计单位提出设计方案；没有设计方案的，不得施工。

房屋建筑使用者在装修过程中，不得擅自变动房屋建筑主体和承重结构。

第十六条 建设单位收到建设工程竣工报告后，应当组织设计、施工、工程监理等有关单位进行竣工验收。

建设工程竣工验收应当具备下列条件：

（一）完成建设工程设计和合同约定的各项内容；

（二）有完整的技术档案和施工管理资料；

（三）有工程使用的主要建筑材料、建筑构配件和设备的进场试验报告；

（四）有勘察、设计、施工、工程监理等单位分别签署的质量合格文件；

（五）有施工单位签署的工程保修书。

建设工程经验收合格的，方可交付使用。

第十七条 建设单位应当严格按照国家有关档案管理的规定，及时收集、整理建设项目各环节的文件资料，建立、健全建设项目档案，并在建设工程竣工验收后，及时向建设行政主管部门或者其他有关部门移交建设项目档案。

第三章 勘察、设计单位的质量责任和义务

第十八条 从事建设工程勘察、设计的单位应当依法取得相应等级的资质证书，并在其资质等级许可的范围内承揽工程。

禁止勘察、设计单位超越其资质等级许可的范围或者以其他勘察、设计单位的名义承揽工程。禁止勘察、设计单位允许其他单位或者个人以本单位的名义承揽工程。

勘察、设计单位不得转包或者违法分包所承揽的工程。

第十九条 勘察、设计单位必须按照工程建设强制性标准进行勘察、设计，并对其勘察、设计的质量负责。

注册建筑师、注册结构工程师等注册执业人员应当在设计文件上签字，对设计文件负责。

第二十条 勘察单位提供的地质、测量、水文等勘察成果必须真实、准确。

第二十一条 设计单位应当根据勘察成果文件进行建设工程设计。

设计文件应当符合国家规定的设计深度要求，注明工程合理使用年限。

第二十二条 设计单位在设计文件中选用的建筑材料、建筑构配件和设备，应当注明规格、型号、性能等技术指标，其质量要求必须符合国家规定的标准。

除有特殊要求的建筑材料、专用设备、工艺生产线等外，设计单位不得指定生产厂、供应商。

第二十三条 设计单位应当就审查合格的施工图设计文件向施工单位作出详细说明。

第二十四条 设计单位应当参与建设工程质量事故分析，并对因设计造成的质量事故，提出相应的技术处理方案。

第四章 施工单位的质量责任和义务

第二十五条 施工单位应当依法取得相应等级的资质证书，并在其资质等级许可的范围内承揽工程。

禁止施工单位超越本单位资质等级许可的业务范围或者以其他施工单位的名义承揽工程。禁止施工单位允许其他单位或者个人以本单位的名义承揽工程。

施工单位不得转包或者违法分包工程。

第二十六条 施工单位对建设工程的施工质量负责。

施工单位应当建立质量责任制，确定工程项目的项目经理、技术负责人和施工管理负责人。

建设工程实行总承包的，总承包单位应当对全部建设工程质量负责；建设工程勘察、设计、施工、设备采购的一项或者多项实行总承包的，总承包单位应当对其承包的建设工程或者采购的设备的质量负责。

第二十七条 总承包单位依法将建设工程分包给其他单位的，分包单位应当按照分包合同的约定对其分包工程的质量向总承包单位负责，总承包单位与分包单位对分包工程的质量承担连带责任。

第二十八条 施工单位必须按照工程设计图纸和施工技术标准施工，不得擅自修改工程设计，不得偷工减料。

施工单位在施工过程中发现设计文件和图纸有差错的，应当及时提出意见和建议。

第二十九条 施工单位必须按照工程设计要求、施工技术标准和合同约定，对建筑材料、建筑构配件、设备和商品混凝土进行检验，检验应当有书面记录和专人签字；未经检验或者检验不合格的，不得使用。

第三十条 施工单位必须建立、健全施工质量的检验制度，严格工序管理，作好隐蔽工程的质量检查和记录。隐蔽工程在隐蔽前，施工单位应当通知建设单位和建设工程质量监督机构。

第三十一条 施工人员对涉及结构安全的试块、试件以及有关材料，应当在建设单位或者工程监理单位监督下现场取样，并送具有相应资质等级的质量检测单位进行检测。

第三十二条 施工单位对施工中出现质量问题的建设工程或者竣工验收不合格的建设工程，应当负责返修。

第三十三条 施工单位应当建立、健全教育培训制度，加强对职工的教育培训；未经教育培训或者考核不合格的人员，不得上岗作业。

第五章 工程监理单位的质量责任和义务

第三十四条 工程监理单位应当依法取得相应等级的资质证书，并在其资质等级许可的范围内承担工程监理业务。

禁止工程监理单位超越本单位资质等级许可的范围或者以其他工程监理单位的名义承担工程监理业务。禁止工程监理单位允许其他单位或者个人以本单位的名义承担工程监理业务。

工程监理单位不得转让工程监理业务。

第三十五条 工程监理单位与被监理工程的施工承包单位以及建筑材料、建筑构配件和设备供应单位有隶属关系或者其他利害关系的，不得承担该项建设工程的监理业务。

第三十六条　工程监理单位应当依照法律、法规以及有关技术标准、设计文件和建设工程承包合同，代表建设单位对施工质量实施监理，并对施工质量承担监理责任。

第三十七条　工程监理单位应当选派具备相应资格的总监理工程师和监理工程师进驻施工现场。

未经监理工程师签字，建筑材料、建筑构配件和设备不得在工程上使用或者安装，施工单位不得进行下一道工序的施工。未经总监理工程师签字，建设单位不拨付工程款，不进行竣工验收。

第三十八条　监理工程师应当按照工程监理规范的要求，采取旁站、巡视和平行检验等形式，对建设工程实施监理。

第六章　建设工程质量保修

第三十九条　建设工程实行质量保修制度。

建设工程承包单位在向建设单位提交工程竣工验收报告时，应当向建设单位出具质量保修书。质量保修书中应当明确建设工程的保修范围、保修期限和保修责任等。

第四十条　在正常使用条件下，建设工程的最低保修期限为：

（一）基础设施工程、房屋建筑的地基基础工程和主体结构工程，为设计文件规定的该工程的合理使用年限；

（二）屋面防水工程、有防水要求的卫生间、房间和外墙面的防渗漏，为5年；

（三）供热与供冷系统，为2个采暖期、供冷期；

（四）电气管线、给排水管道、设备安装和装修工程，为2年。

其他项目的保修期限由发包方与承包方约定。

建设工程的保修期，自竣工验收合格之日起计算。

第四十一条　建设工程在保修范围和保修期限内发生质量问题的，施工单位应当履行保修义务，并对造成的损失承担赔偿责任。

第四十二条　建设工程在超过合理使用年限后需要继续使用的，产权所有人应当委托具有相应资质等级的勘察、设计单位鉴定，并根据鉴定结果采取加固、维修等措施，重新界定使用期。

第七章　监督管理

第四十三条　国家实行建设工程质量监督管理制度。

国务院建设行政主管部门对全国的建设工程质量实施统一监督管理。国务院铁路、交通、水利等有关部门按照国务院规定的职责分工，负责对全国的有关专业建设工程质量的监督管理。

县级以上地方人民政府建设行政主管部门对本行政区域内的建设工程质量实施监督管理。县级以上地方人民政府交通、水利等有关部门在各自的职责范围内，负责对本行政区域内的专业建设工程质量的监督管理。

第四十四条　国务院建设行政主管部门和国务院铁路、交通、水利等有关部门应当加强对有关建设工程质量的法律、法规和强制性标准执行情况的监督检查。

第四十五条　国务院发展计划部门按照国务院规定的职责，组织稽察特派员，对国家出资的重大建设项目实施监督检查。

国务院经济贸易主管部门按照国务院规定的职责，对国家重大技术改造项目实施监督检查。

第四十六条　建设工程质量监督管理，可以由建设行政主管部门或者其他有关部门委托的建设工程质量监督机构具体实施。

从事房屋建筑工程和市政基础设施工程质量监督的机构，必须按照国家有关规定经国务院建设行政主管部门或者省、自治区、直辖市人民政府建设行政主管部门考核；从事专业建设工程质量监督的机构，必须按照国家有关规定经国务院有关部门或者省、自治区、直辖市人民政府有关部门考核。经考核合格后，方可实施质量监督。

第四十七条　县级以上地方人民政府建设行政主管部门和其他有关部门应当加强对有关建设工程质量的法律、法规和强制性标准执行情况的监督检查。

第四十八条 县级以上人民政府建设行政主管部门和其他有关部门履行监督检查职责时，有权采取下列措施：

（一）要求被检查的单位提供有关工程质量的文件和资料；

（二）进入被检查单位的施工现场进行检查；

（三）发现有影响工程质量的问题时，责令改正。

第四十九条 建设单位应当自建设工程竣工验收合格之日起 15 日内，将建设工程竣工验收报告和规划、公安消防、环保等部门出具的认可文件或者准许使用文件报建设行政主管部门或者其他有关部门备案。

建设行政主管部门或者其他有关部门发现建设单位在竣工验收过程中有违反国家有关建设工程质量管理规定行为的，责令停止使用，重新组织竣工验收。

第五十条 有关单位和个人对县级以上人民政府建设行政主管部门和其他有关部门进行的监督检查应当支持与配合，不得拒绝或者阻碍建设工程质量监督检查人员依法执行职务。

第五十一条 供水、供电、供气、公安消防等部门或者单位不得明示或者暗示建设单位、施工单位购买其指定的生产供应单位的建筑材料、建筑构配件和设备。

第五十二条 建设工程发生质量事故，有关单位应当在 24 小时内向当地建设行政主管部门和其他有关部门报告。对重大质量事故，事故发生地的建设行政主管部门和其他有关部门应当按照事故类别和等级向当地人民政府和上级建设行政主管部门和其他有关部门报告。

特别重大质量事故的调查程序按照国务院有关规定办理。

第五十三条 任何单位和个人对建设工程的质量事故、质量缺陷都有权检举、控告、投诉。

第八章 罚 则

第五十四条 违反本条例规定，建设单位将建设工程发包给不具有相应资质等级的勘察、设计、施工单位或者委托给不具有相应资质等级的工程监理单位的，责令改正，处 50 万元以上 100 万元以下的罚款。

第五十五条 违反本条例规定，建设单位将建设工程肢解发包的，责令改正，处工程合同价款百分之零点五以上百分之一以下的罚款；对全部或者部分使用国有资金的项目，并可以暂停项目执行或者暂停资金拨付。

第五十六条 违反本条例规定，建设单位有下列行为之一的，责令改正，处 20 万元以上 50 万元以下的罚款：

（一）迫使承包方以低于成本的价格竞标的；

（二）任意压缩合理工期的；

（三）明示或者暗示设计单位或者施工单位违反工程建设强制性标准，降低工程质量的；

（四）施工图设计文件未经审查或者审查不合格，擅自施工的；

（五）建设项目必须实行工程监理而未实行工程监理的；

（六）未按照国家规定办理工程质量监督手续的；

（七）明示或者暗示施工单位使用不合格的建筑材料、建筑构配件和设备的；

（八）未按照国家规定将竣工验收报告、有关认可文件或者准许使用文件报送备案的。

第五十七条 违反本条例规定，建设单位未取得施工许可证或者开工报告未经批准，擅自施工的，责令停止施工，限期改正，处工程合同价款百分之一以上百分之二以下的罚款。

第五十八条 违反本条例规定，建设单位有下列行为之一的，责令改正，处工程合同价款百分之二以上百分之四以下的罚款；造成损失的，依法承担赔偿责任：

（一）未组织竣工验收，擅自交付使用的；

（二）验收不合格，擅自交付使用的；

（三）对不合格的建设工程按照合格工程验收的。

第五十九条 违反本条例规定，建设工程竣工验收后，建设单位未向建设行政主管部门或者其他有关部门移交建设项目档案的，责令改正，处 1 万元以上 10 万元以下的罚款。

第六十条 违反本条例规定，勘察、设计、施工、工程监理单位超越本单位资质等级承揽工程的，责令停止违法行为，对勘察、设计单位或者工程监理单位处合同约定的勘察费、设计费或者监理酬金 1 倍以上2倍以下的罚款；对施工单位处工程合同价款百分之二以上百分之四以下的罚款，可以责令停业整顿，降低资质等级；情节严重的，吊销资质证书；有违法所得的，予以没收。

未取得资质证书承揽工程的，予以取缔，依照前款规定处以罚款；有违法所得的，予以没收。

以欺骗手段取得资质证书承揽工程的，吊销资质证书，依照本条第一款规定处以罚款；有违法所得的，予以没收。

第六十一条 违反本条例规定，勘察、设计、施工、工程监理单位允许其他单位或者个人以本单位名义承揽工程的，责令改正，没收违法所得，对勘察、设计单位和工程监理单位处合同约定的勘察费、设计费和监理酬金1倍以上2倍以下的罚款；对施工单位处工程合同价款百分之二以上百分之四以下的罚款；可以责令停业整顿，降低资质等级；情节严重的，吊销资质证书。

第六十二条 违反本条例规定，承包单位将承包的工程转包或者违法分包的，责令改正，没收违法所得，对勘察、设计单位处合同约定的勘察费、设计费百分之二十五以上百分之五十以下的罚款；对施工单位处工程合同价款百分之零点五以上百分之一以下的罚款；可以责令停业整顿，降低资质等级；情节严重的，吊销资质证书。

工程监理单位转让工程监理业务的，责令改正，没收违法所得，处合同约定的监理酬金百分之二十五以上百分之五十以下的罚款；可以责令停业整顿，降低资质等级；情节严重的，吊销资质证书。

第六十三条 违反本条例规定，有下列行为之一的，责令改正，处10万元以上30万元以下的罚款：

（一）勘察单位未按照工程建设强制性标准进行勘察的；

（二）设计单位未根据勘察成果文件进行工程设计的；

（三）设计单位指定建筑材料、建筑构配件的生产厂、供应商的；

（四）设计单位未按照工程建设强制性标准进行设计的。

有前款所列行为，造成工程质量事故的，责令停业整顿，降低资质等级；情节严重的，吊销资质证书；造成损失的，依法承担赔偿责任。

第六十四条 违反本条例规定，施工单位在施工中偷工减料的，使用不合格的建筑材料、建筑构配件和设备的，或者有不按照工程设计图纸或者施工技术标准施工的其他行为的，责令改正，处工程合同价款百分之二以上百分之四以下的罚款；造成建设工程质量不符合规定的质量标准的，负责返工、修理，并赔偿因此造成的损失；情节严重的，责令停业整顿，降低资质等级或者吊销资质证书。

第六十五条 违反本条例规定，施工单位未对建筑材料、建筑构配件、设备和商品混凝土进行检验，或者未对涉及结构安全的试块、试件以及有关材料取样检测的，责令改正，处10万元以上20万元以下的罚款；情节严重的，责令停业整顿，降低资质等级或者吊销资质证书；造成损失的，依法承担赔偿责任。

第六十六条 违反本条例规定，施工单位不履行保修义务或者拖延履行保修义务的，责令改正，处10万元以上20万元以下的罚款，并对在保修期内因质量缺陷造成的损失承担赔偿责任。

第六十七条 工程监理单位有下列行为之一的，责令改正，处50万元以上100万元以下的罚款，降低资质等级或者吊销资质证书；有违法所得的，予以没收；造成损失的，承担连带赔偿责任：

（一）与建设单位或者施工单位串通，弄虚作假、降低工程质量的；

（二）将不合格的建设工程、建筑材料、建筑构配件和设备按照合格签字的。

第六十八条 违反本条例规定，工程监理单位与被监理工程的施工承包单位以及建筑材料、建筑构配件和设备供应单位有隶属关系或者其他利害关系承担该项建设工程的监理业务的，责令改正，处5万元以上10万元以下的罚款，降低资质等级或者吊销资质证书；有违法所得的，予以没收。

第六十九条 违反本条例规定，涉及建筑主体或者承重结构变动的装修工程，没有设计方案擅自施工的，责令改正，处50万元以上100万元以下的罚款；房屋建筑使用者在装修过程中擅自变动房屋建筑主体和承重结构的，责令改正，处5万元以上10万元以下的罚款。

有前款所列行为，造成损失的，依法承担赔偿责任。

第七十条 发生重大工程质量事故隐瞒不报、谎报或者拖延报告期限的，对直接负责的主管人员和其他责任人员依法给予行政处分。

第七十一条 违反本条例规定，供水、供电、供气、公安消防等部门或者单位明示或者暗示建设单位或者施工单位购买其指定的生产供应单位的建筑材料、建筑构配件和设备的，责令改正。

第七十二条　违反本条例规定，注册建筑师、注册结构工程师、监理工程师等注册执业人员因过错造成质量事故的，责令停止执业1年；造成重大质量事故的，吊销执业资格证书，5年以内不予注册；情节特别恶劣的，终身不予注册。

第七十三条　依照本条例规定，给予单位罚款处罚的，对单位直接负责的主管人员和其他直接责任人员处单位罚款数额百分之五以上百分之十以下的罚款。

第七十四条　建设单位、设计单位、施工单位、工程监理单位违反国家规定，降低工程质量标准，造成重大安全事故，构成犯罪的，对直接责任人员依法追究刑事责任。

第七十五条　本条例规定的责令停业整顿、降低资质等级和吊销资质证书的行政处罚，由颁发资质证书的机关决定；其他行政处罚，由建设行政主管部门或者其他有关部门依照法定职权决定。

依照本条例规定被吊销资质证书的，由工商行政管理部门吊销其营业执照。

第七十六条　国家机关工作人员在建设工程质量监督管理工作中玩忽职守、滥用职权、徇私舞弊，构成犯罪的，依法追究刑事责任；尚不构成犯罪的，依法给予行政处分。

第七十七条　建设、勘察、设计、施工、工程监理单位的工作人员因调动工作、退休等原因离开该单位后，被发现在该单位工作期间违反国家有关建设工程质量管理规定，造成重大工程质量事故的，仍应当依法追究法律责任。

第九章　附　　则

第七十八条　本条例所称肢解发包，是指建设单位将应当由一个承包单位完成的建设工程分解成若干部分发包给不同的承包单位的行为。

本条例所称违法分包，是指下列行为：

（一）总承包单位将建设工程分包给不具备相应资质条件的单位的；

（二）建设工程总承包合同中未有约定，又未经建设单位认可，承包单位将其承包的部分建设工程交由其他单位完成的；

（三）施工总承包单位将建设工程主体结构的施工分包给其他单位的；

（四）分包单位将其承包的建设工程再分包的。

本条例所称转包，是指承包单位承包建设工程后，不履行合同约定的责任和义务，将其承包的全部建设工程转给他人或者将其承包的全部建设工程肢解以后以分包的名义分别转给其他单位承包的行为。

第七十九条　本条例规定的罚款和没收的违法所得，必须全部上缴国库。

第八十条　抢险救灾及其他临时性房屋建筑和农民自建低层住宅的建设活动，不适用本条例。

第八十一条　军事建设工程的管理，按照中央军事委员会的有关规定执行。

第八十二条　本条例自发布之日起施行。

《建设工程质量管理条例》已经于2000年1月10日国务院第25次常务会议通过，现予发布，自发布之日起实行。

附　刑法有关条款

第一百三十七条　建设单位、设计单位、施工单位、工程监理单位违反国家规定，降低工程质量标准，造成重大安全事故的，对直接责任人员处五年以下有期徒刑或者拘役，并处罚金；后果特别严重的，处五年以上十年以下有期徒刑，并处罚金。

参 考 文 献

[1] 龚益鸣. 质量管理学. 第 3 版. 上海：复旦大学出版社，2008.

[2] 张良成. 建设项目质量控制. 北京：中国水利水电出版社，1999.

[3] 马虎臣，马振州. 建筑施工质量控制技术. 北京：中国建筑工业出版社，2007.

[4] 张国志，王海彪，杨海旭. 土木工程施工质量控制. 哈尔滨：哈尔滨地图出版社，2006.

[5] 应惠清. 土木工程施工技术. 上海：同济大学出版社，2004.

[6] 严刚汉，刘庆凡. 建筑施工现场管理. 北京：中国铁道出版社，2000.

[7] 丁士昭. 建设工程项目管理. 北京：中国建筑工业出版社，2004.

[8] 建设工程施工质量验收统一标准（GB 50300—2013）. 北京：中国建筑工业出版社，2014.

[9] 张书良，陈红领等. 土木工程质量控制. 北京：科学出版社，2004.

[10] 中国建设监理协会. 建设工程质量控制. 北京：中国建筑工业出版社，2007.

[11] 廖品槐. 建筑工程质量与安全管理. 北京：中国建筑工业出版社，2005.

[12] 张仕廉，董勇，潘承仕. 建筑安全管理. 北京：中国建筑工业出版社，2005.

[13] 方东平，黄新宇，Jimmie Hinze. 工程建设安全管理. 北京：中国水利水电出版社，2005.

[14] 姜华. 施工项目安全控制. 北京：中国建筑工业出版社，2003.

[15] 李坤宅. 建筑施工安全资料手册. 北京：中国建筑工业出版社，2003.

[16] 任宏，兰定筠. 建设工程施工安全管理. 北京：中国建筑工业出版社，2005.

[17] 李世蓉，兰定筠，罗刚. 建设工程施工安全控制. 北京：中国建筑工业出版社，2004.

[18] 李世蓉，兰定筠. 建设工程安全生产管理条例实施指南. 北京：中国建筑工业出版社，2004.

[19] 李世蓉，兰定筠. 建设工程施工安全监理. 北京：中国建筑工业出版社，2004.

[20] 李泰国. 安全工程技术与管理基础. 北京：机械工业出版社，2003.

[21] 徐家铮. 建筑工程施工项目管理. 武汉：武汉理工大学出版社，2005.

[22] 王国诚. 建筑装饰装修工程项目管理. 北京：化学工业出版社，2006.

[23] 全国建筑企业项目经理培训教材编写委员会. 施工项目质量与安全管理. 北京：中国建筑工业出版社，2002.

[24] 全国一级建造师执业资格考试用书编写委员会. 建设工程项目管理. 第 4 版. 北京：中国建筑工业出版社，2014.

[25] 质量管理体系标准. 北京：国家质量技术监督局，2008.